活性毁伤科学与技术研究丛书

活性毁伤增强侵彻战斗部技术

Physics of Reactive Filling Enhanced Penetrating Warheads

王海福 余庆波 葛超 著

内容简介

本书系统阐述活性毁伤增强侵彻战斗部技术研究最新进展及成果，共分5章内容。第1章主要阐述弹丸侵彻金属薄靶、中厚靶和混凝土靶基础理论等内容。第2章主要阐述惰性复合结构和活性复合结构侵彻体侵彻行为理论模型、侵彻效应数值模拟及机理等内容。第3章主要阐述半穿甲活性毁伤增强侵彻战斗部作用模拟轻装甲目标毁伤效应数值模拟、实验及毁伤增强机理等内容。第4章主要阐述脱壳穿甲活性毁伤增强侵彻战斗部作用模拟导弹目标毁伤效应数值模拟、实验及毁伤增强机理等内容。第5章主要阐述攻坚破障活性毁伤增强侵彻战斗部作用钢筋混凝土靶毁伤效应数值模拟、实验及毁伤增强机理等内容。

本书可作为高等院校兵器科学与技术、航空宇航科学与技术、材料科学与工程等学科的研究生教材使用，也可供从事兵器、航天、材料等领域工作的科研人员参考使用。

版权专有　侵权必究

图书在版编目（CIP）数据

活性毁伤增强侵彻战斗部技术/王海福，余庆波，葛超著．—北京：北京理工大学出版社，2020.8（2024.7重印）

（活性毁伤科学与技术研究丛书）

国家出版基金项目　"十三五"国家重点出版物出版规划项目　国之重器出版工程

ISBN 978-7-5682-8920-7

Ⅰ.①活…　Ⅱ.①王…②余…③葛…　Ⅲ.①弹药 – 战斗部 – 研究　Ⅳ.①TJ410.3

中国版本图书馆 CIP 数据核字（2020）第 151648 号

责任编辑：王佳蕾　　**文案编辑**：王佳蕾
责任校对：周瑞红　　**责任印制**：王美丽

出版发行 /	北京理工大学出版社有限责任公司
社　　址 /	北京市丰台区四合庄路6号
邮　　编 /	100070
电　　话 /	（010）68944439（学术售后服务热线）
网　　址 /	http://www.bitpress.com.cn
版 印 次 /	2024年7月第1版第2次印刷
印　　刷 /	北京虎彩文化传播有限公司
开　　本 /	710 mm×1000 mm　1/16
印　　张 /	19
字　　数 /	330千字
定　　价 /	82.00元

图书出现印装质量问题，请拨打售后服务热线，负责调换

《国之重器出版工程》
编辑委员会

编辑委员会主任：苗 圩

编辑委员会副主任：刘利华　辛国斌

编辑委员会委员：

冯长辉	梁志峰	高东升	姜子琨	许科敏
陈　因	郑立新	马向晖	高云虎	金　鑫
李　巍	高延敏	何　琼	刁石京	谢少锋
闻　库	韩　夏	赵志国	谢远生	赵永红
韩占武	刘　多	尹丽波	赵　波	卢　山
徐惠彬	赵长禄	周　玉	姚　郁	张　炜
聂　宏	付梦印	季仲华		

专家委员会委员（按姓氏笔画排列）：

于　全	中国工程院院士
王　越	中国科学院院士、中国工程院院士
王小谟	中国工程院院士
王少萍	"长江学者奖励计划"特聘教授
王建民	清华大学软件学院院长
王哲荣	中国工程院院士
尤肖虎	"长江学者奖励计划"特聘教授
邓玉林	国际宇航科学院院士
邓宗全	中国工程院院士
甘晓华	中国工程院院士
叶培建	人民科学家、中国科学院院士
朱英富	中国工程院院士
朵英贤	中国工程院院士
邬贺铨	中国工程院院士
刘大响	中国工程院院士
刘辛军	"长江学者奖励计划"特聘教授
刘怡昕	中国工程院院士
刘韵洁	中国工程院院士
孙逢春	中国工程院院士
苏东林	中国工程院院士
苏彦庆	"长江学者奖励计划"特聘教授
苏哲子	中国工程院院士
李寿平	国际宇航科学院院士

李伯虎	中国工程院院士
李应红	中国科学院院士
李春明	中国兵器工业集团首席专家
李莹辉	国际宇航科学院院士
李得天	国际宇航科学院院士
李新亚	国家制造强国建设战略咨询委员会委员、中国机械工业联合会副会长
杨绍卿	中国工程院院士
杨德森	中国工程院院士
吴伟仁	中国工程院院士
宋爱国	国家杰出青年科学基金获得者
张　彦	电气电子工程师学会会士、英国工程技术学会会士
张宏科	北京交通大学下一代互联网互联设备国家工程实验室主任
陆　军	中国工程院院士
陆建勋	中国工程院院士
陆燕荪	国家制造强国建设战略咨询委员会委员、原机械工业部副部长
陈　谋	国家杰出青年科学基金获得者
陈一坚	中国工程院院士
陈懋章	中国工程院院士
金东寒	中国工程院院士
周立伟	中国工程院院士

郑纬民　　中国工程院院士
郑建华　　中国科学院院士
屈贤明　　国家制造强国建设战略咨询委员会委员、工业和信息化部智能制造专家咨询委员会副主任
项昌乐　　中国工程院院士
赵沁平　　中国工程院院士
郝　跃　　中国科学院院士
柳百成　　中国工程院院士
段海滨　　"长江学者奖励计划"特聘教授
侯增广　　国家杰出青年科学基金获得者
闻雪友　　中国工程院院士
姜会林　　中国工程院院士
徐德民　　中国工程院院士
唐长红　　中国工程院院士
黄　维　　中国科学院院士
黄卫东　　"长江学者奖励计划"特聘教授
黄先祥　　中国工程院院士
康　锐　　"长江学者奖励计划"特聘教授
董景辰　　工业和信息化部智能制造专家咨询委员会委员
焦宗夏　　"长江学者奖励计划"特聘教授
谭春林　　航天系统开发总师

序 一

  弹药战斗部是武器完成毁伤使命的关键要素，是多学科、多专业科学技术高度融合的毁伤技术的载体。毁伤技术先进与否，决定武器威力的高低和毁伤目标能力的强弱。先进毁伤技术，是发展性能优良的现代武器的重大关键技术，引不进，买不来，必须自主创新。

  活性毁伤元弹药战斗部技术，为大幅提升武器威力开辟了新途径。北京理工大学王海福教授研究团队是国内外最早致力于这项前沿技术研究的团队之一。从"十五"期间承担兵器预研基金、武器装备前沿探索和技术预研等课题研究开始，20年来，在概念探索验证、关键技术突破、装备工程研制中，做出了开拓性、奠基性、具有里程碑意义的重要贡献。

  "活性毁伤科学与技术研究丛书"是王海福教授团队从事该前沿技术方向20年研究所取得学术成果的深度凝练，形成了《活性毁伤材料冲击响应》《活性毁伤材料终点效应》《活性毁伤增强聚能战斗部技术》《活性毁伤增强侵彻战斗部技术》和《活性毁伤增强破片战斗部技术》5部学术专著。前两部着重阐述活性毁伤元材料与终点效应研究方面取得的学术进展，后3部系统阐述活性材料毁伤元在聚能类、侵彻类和杀爆类弹药战斗部上的应用研究方面取得的学术进展。该丛书理论、技术和工程应用相得益彰，体系完整，学术原创性强，作为国内外首套系统阐述活性毁伤元弹药战斗部技术最新研究进展及成果的系列学术专著，既可用作高等院校兵器科学与技术、材料科学与工程等学科研究生的教学参考书，也可供从事兵器、航天、材料等领域研究工作的科研人员、工程技术人员自学参考使用。

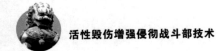

很高兴应作者之邀为该丛书撰写序言，相信该系列学术专著的出版必将对活性毁伤元弹药战斗部技术的发展发挥重要作用。

中国工程院院士 杨绍卿

序 二

    大幅提升威力是陆海空天武器的共性重大需求，现役弹药战斗部的惰性金属毁伤元命中目标后，仅能造成动能侵彻和机械贯穿毁伤作用，从机理上制约了毁伤能力的显著增强，成为大幅提升武器威力的技术瓶颈。

    活性毁伤元弹药战斗部技术，是近20年来发展起来的一项武器高效毁伤新技术，打破了惰性金属毁伤元弹药战斗部技术体制，通过毁伤元材料及武器化应用技术创新，实现威力的大幅提升。与惰性金属毁伤元相比，活性材料毁伤元的显著技术优势是，既有类似金属材料的力学强度，又有类似高能炸药的爆炸能量。也就是说，活性材料毁伤元高速命中目标时，不仅能发挥类似金属毁伤元的动能侵彻毁伤能力，在侵入或贯穿目标后，还能自行冲击激活引发爆炸，产生更高效的动能和爆炸能两种毁伤机理的联合作用，从而显著增强对目标的结构爆裂、引燃、引爆等毁伤能力，大幅提升弹药战斗部威力。

    从活性毁伤元弹药战斗部技术发展看，核心在于活性毁伤元材料技术、终点效应表征技术和武器化应用技术等的创新突破。北京理工大学王海福教授研究团队历经20余年创新攻关，从概念探索验证、关键技术突破，到装备工程型号研制，取得了丰硕的研究成果，形成了"活性毁伤科学与技术研究丛书"系列学术专著，包括《活性毁伤材料冲击响应》《活性毁伤材料终点效应》《活性毁伤增强侵彻战斗部技术》《活性毁伤增强聚能战斗部技术》和《活性毁伤增强破片战斗部技术》5部，作为国内外首套系统阐述相关研究最新进展及成果的系列专著，形成了较为完整的学术体系，既可用作高等院校相关学科的研究生教材，也可供从事相关研究工作的技术人员自学参考使用。

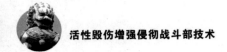

　　我衷心祝贺作者所取得的学术成果,并热忱期待"活性毁伤科学与技术研究丛书"早日出版发行。应作者邀请为该丛书作序,相信该系列学术专著的出版发行,必将对活性毁伤元弹药战斗部技术发展产生有力的推动作用。

中国工程院院士

序 三

　　毁伤是武器打击链路的最终环节,弹药战斗部是毁伤技术的载体、武器的有效载荷。现役弹药战斗部的惰性金属毁伤元,通过动能侵彻机理和机械贯穿模式毁伤目标,成为制约武器威力大幅提升的技术瓶颈之一。

　　活性毁伤元弹药战斗部技术,为大幅提升武器威力开辟了新途径。这项先进毁伤技术的核心创新,一是着眼毁伤元材料技术创新,突破现役惰性金属毁伤元动能侵彻毁伤机理和机械贯穿毁伤模式的局限,通过创造一种更高效的动能和爆炸能时序联合毁伤机理和模式,实现对目标毁伤能力的显著增强,包括结构毁伤增强、引燃毁伤增强、引爆毁伤增强等;二是通过活性毁伤元在不同弹药战斗部上应用技术的创新,实现毁伤威力的大幅提升。

　　"活性毁伤科学与技术研究丛书"是北京理工大学王海福教授团队长期从事该技术方向研究取得的创新成果的学术凝练,并获批了国家出版基金项目、"十三五"国家重点出版物规划项目和国之重器出版工程项目的资助出版,学术成果的原创性和前沿性得到了肯定。该系列学术专著分为《活性毁伤材料冲击响应》《活性毁伤材料终点效应》《活性毁伤增强侵彻战斗部技术》《活性毁伤增强聚能战斗部技术》和《活性毁伤增强破片战斗部技术》5部。从活性毁伤材料创制,到终点效应表征,再到不同弹药战斗部上应用,形成了以技术创新为牵引、学术创新为核心的较完整知识体系,既可用作高等院校相关学科的研究生教材,也可供从事相关研究工作的技术人员自学参考使用。

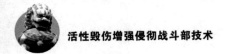

我应作者邀请为"活性毁伤科学与技术研究丛书"作序,相信该丛书的出版发行将进一步有力推动活性毁伤元弹药战斗部技术的创新发展。

中国工程院院士

序 四

先进武器，一是要能精确命中目标，二是要能高效毁伤目标。先进武器只有配置高效毁伤弹药战斗部，才能发挥更有效的精确打击；否则，击而弱毁，事倍功半。换言之，毁伤技术的创新突破，是引领和推动弹药战斗部技术发展的核心源动力，是支撑先进武器研发的技术基石之一。

近20年来，活性毁伤元弹药战斗部技术的创新与突破，为大幅提升武器威力开辟了新途径。这项具有重大颠覆性意义的武器终端毁伤技术核心创新内涵是，打破现役惰性金属毁伤元技术理念，创制新一代兼备类金属力学强度和类炸药爆炸能量双重属性的活性材料毁伤元，由此突破惰性金属毁伤元纯动能毁伤机理的局限，从而创造一种更高效的动能与爆炸能联合毁伤机理，显著增强毁伤目标能力，实现弹药战斗部威力的大幅提升。

"活性毁伤科学与技术研究丛书"是北京理工大学王海福教授团队历经20年创新研究，取得的原创性学术成果的深度凝练，作为国内外首套系统阐述活性毁伤元弹药战斗部技术最新研究进展的系列学术专著，内容涵盖活性毁伤元材料创制、终点效应工程表征和武器化应用三个方面，互为支撑，衔接紧密，形成了《活性毁伤材料冲击响应》《活性毁伤材料终点效应》《活性毁伤增强侵彻战斗部技术》《活性毁伤增强聚能战斗部技术》和《活性毁伤增强破片战斗部技术》5部专著。专著着力工程应用为学术创新牵引，从理论分析、模型建立、数值模拟、机理讨论、实验验证等方面，阐述学术研究最新进展及成果，体现丛书内容的体系性和学术原创性。

应作者邀请为"活性毁伤科学与技术研究丛书"作序，我热忱祝贺作者的同时,期待该系列学术专著早日出版发行。相信该丛书的出版发行,将对活性毁伤元弹药战斗部技术发展产生重要、深远的影响。

中国工程院院士

前　言

　　武器的根本使命是打击和摧毁目标，弹药战斗部是武器毁伤技术的载体和终端毁伤系统。毁伤技术先进与否，决定弹药战斗部威力的高低和武器摧毁目标能力的强弱，先进毁伤技术，是推动和支撑高新武器研发的重大核心技术。创新毁伤技术，大幅度提升弹药战斗部威力，是陆海空天武器的共性重大需求，同时也是世界各国先进武器研发共同面临的重大瓶颈性难题。

　　活性毁伤元弹药战斗部技术，是近二十年来发展起来的一项具有颠覆性意义的武器先进终端毁伤技术，开辟了大幅度提升武器威力新途径。这项先进毁伤技术的核心创新内涵和重大军事价值在于，打破了现役弹药战斗部主要基于钨、铜、钢等惰性金属材料毁伤元（破片、射流、杆条、弹丸等）打击和毁伤目标并形成威力的传统技术理念，着眼于毁伤材料、毁伤机理、毁伤模式及应用技术的创新突破，创制新一代既有类似惰性金属材料的力学强度，又有类似炸药、火药等传统含能材料的爆炸能量双重属性优势的活性毁伤材料。由这种活性毁伤材料制备而成的活性毁伤元高速命中目标时，不仅能产生类似惰性金属毁伤元的动能侵彻贯穿毁伤作用，更重要的是，侵入或贯穿目标后还能自行激活爆炸，发挥类似传统含能材料的爆炸毁伤优势，由此创造一种全新的动能与爆炸能双重时序联合毁伤机理和模式，显著增强毁伤目标能力，实现弹药战斗部威力的大幅提升。特别是，这项先进毁伤技术可以广泛推广应用于陆海空天武器平台的各类弹药战斗部，从防空反导反辐射、反舰反潜反装甲，到反硬目标攻坚等，已成为推动和支撑高新武器研发的重大核心技术。

　　"活性毁伤科学与技术研究丛书"是作者历经二十年创新研究，成功实现从概念探索验证，到关键技术突破，再到装备工程型号研制的里程碑式跨越，所取得的创新成果深度凝练而形成的系列学术专著。本丛书总体内容分为活性毁伤材料创制、毁伤效应表征和武器化应用三部分，形成《活性毁伤材料冲击响应》《活性毁伤材料终点效应》《活性毁伤增强聚能战斗部技术》和《活性毁伤增强侵彻战斗部技术》《活性毁伤增强破片战斗部技术》5部专著。

《活性毁伤增强侵彻战斗部技术》是本丛书的第四部，共分5章。第1章侵彻效应基础理论，主要阐述侵彻效应类型、侵彻毁伤模式、活性毁伤增强侵彻战斗部技术优势及金属薄靶、金属中厚靶、混凝土靶的侵彻理论等内容。第2章复合结构侵彻体侵彻效应，主要阐述惰性复合结构侵彻体侵彻理论、侵彻效应，活性复合结构侵彻体侵彻理论、侵彻效应等内容。第3章半穿甲活性毁伤增强侵彻战斗部技术，主要阐述半穿甲活性毁伤增强侵彻战斗部作用轻型装甲目标毁伤增强效应数值模拟、实验、毁伤增强机理等内容。第4章脱壳穿甲活性毁伤增强侵彻战斗部技术，主要阐述脱壳穿甲活性毁伤增强侵彻战斗部作用导弹目标毁伤增强效应数值模拟、实验、毁伤增强机理等内容。第5章攻坚破障活性毁伤增强侵彻战斗部技术，主要阐述攻坚破障活性毁伤增强侵彻战斗部作用钢筋混凝土硬目标毁伤增强效应数值模拟、实验、毁伤增强模型等内容。

本书由北京理工大学王海福教授、余庆波教授、葛超助理研究员撰写。在本书撰写过程中，已毕业研究生郑元枫博士、刘舒波博士、耿宝群博士、马红兵硕士等，在读博士生钟世威、唐乐、张甲浩、谢剑文、袁盈、曲卓君等，参与了部分书稿内容的讨论、绘图和校对等工作，付出了辛勤劳动。

海军研究院邱志明院士、火箭军研究院冯煜芳院士、中国兵器工业第二○三研究所杨绍卿院士和杨树兴院士，对本丛书的初稿进行了审阅，提出了宝贵的修改意见。谨向各位院士致以诚挚的感谢！

感谢北京理工大学出版社和各位编辑为本丛书出版所付出的辛勤劳动！特别感谢国家出版基金、国防科技创新项目、国家自然科学基金等的资助！

本书是国内外首部系统阐述活性毁伤材料冲击响应问题研究进展的学术专著，由于作者水平有限，书中难免存在尚不成熟或值得商榷的内容，欢迎广大读者争鸣，若有不当之处，恳请广大读者批评斧正。

王海福
2020年8月于北京

目 录

第 1 章　侵彻效应基础理论 …………………………………………… 001

  1.1　概述 ……………………………………………………………… 002
      1.1.1　侵彻效应类型 …………………………………………… 002
      1.1.2　侵彻毁伤模式 …………………………………………… 007
      1.1.3　活性毁伤增强侵彻战斗部技术优势 …………………… 012
  1.2　金属薄靶侵彻理论 ……………………………………………… 015
      1.2.1　侵彻金属靶基础理论 …………………………………… 016
      1.2.2　平头弹丸侵彻理论 ……………………………………… 017
      1.2.3　卵形弹丸侵彻理论 ……………………………………… 020
  1.3　金属中厚靶侵彻理论 …………………………………………… 024
      1.3.1　侵彻阻力模型 …………………………………………… 024
      1.3.2　靶板侵彻模型 …………………………………………… 026
      1.3.3　靶板贯穿模型 …………………………………………… 027
  1.4　混凝土靶侵彻理论 ……………………………………………… 029
      1.4.1　侵彻运动模型 …………………………………………… 030
      1.4.2　侵彻量纲分析 …………………………………………… 032
      1.4.3　侵深经验模型 …………………………………………… 033

第 2 章　复合结构侵彻体侵彻效应 …………………………………… 037

  2.1　惰性复合结构侵彻体侵彻理论 ………………………………… 038

		2.1.1 弹靶作用行为	038
		2.1.2 径向效应模型	043
		2.1.3 轴向存速模型	048
	2.2	惰性复合结构侵彻体侵彻效应	050
		2.2.1 数值模拟方法	050
		2.2.2 径向效应影响规律	052
		2.2.3 轴向存速影响规律	061
	2.3	活性复合结构侵彻体侵彻理论	066
		2.3.1 活性芯体激活模型	066
		2.3.2 侵爆作用模型	069
		2.3.3 侵爆毁伤效应	075
	2.4	活性复合结构侵彻体侵彻效应	081
		2.4.1 数值模拟方法	082
		2.4.2 侵彻作用影响规律	084
		2.4.3 侵爆作用影响规律	087

第3章　半穿甲活性毁伤增强侵彻战斗部技术 …… 093

	3.1	概述	094
		3.1.1 典型轻型装甲目标特性	094
		3.1.2 传统半穿甲战斗部技术	099
		3.1.3 活性毁伤增强半穿甲战斗部技术	101
	3.2	毁伤增强效应数值模拟	103
		3.2.1 内爆超压效应	103
		3.2.2 结构毁伤增强效应	109
		3.2.3 引燃毁伤增强效应	118
	3.3	毁伤增强效应实验	126
		3.3.1 内爆超压效应	126
		3.3.2 结构毁伤增强效应	130
		3.3.3 引燃毁伤增强效应	137
	3.4	毁伤增强机理	139
		3.4.1 内爆毁伤增强机理	140
		3.4.2 结构毁伤增强机理	146

3.4.3　引燃毁伤增强机理 …………………………………… 152

第4章　脱壳穿甲活性毁伤增强侵彻战斗部技术 …………………… 159

4.1　概述 ……………………………………………………………… 160
　　4.1.1　典型导弹目标特性 ……………………………………… 160
　　4.1.2　传统脱壳穿甲战斗部技术 ……………………………… 163
　　4.1.3　活性毁伤增强脱壳穿甲战斗部技术 …………………… 166

4.2　毁伤增强效应数值模拟 ………………………………………… 169
　　4.2.1　结构毁伤增强效应 ……………………………………… 170
　　4.2.2　引燃毁伤增强效应 ……………………………………… 174
　　4.2.3　引爆毁伤增强效应 ……………………………………… 179

4.3　毁伤增强效应实验 ……………………………………………… 185
　　4.3.1　结构毁伤增强效应 ……………………………………… 185
　　4.3.2　引燃毁伤增强效应 ……………………………………… 189
　　4.3.3　引爆毁伤增强效应 ……………………………………… 193

4.4　毁伤增强机理 …………………………………………………… 199
　　4.4.1　结构毁伤增强机理 ……………………………………… 199
　　4.4.2　引燃毁伤增强机理 ……………………………………… 203
　　4.4.3　引爆毁伤增强机理 ……………………………………… 208

第5章　攻坚破障活性毁伤增强侵彻战斗部技术 …………………… 215

5.1　概述 ……………………………………………………………… 216
　　5.1.1　典型硬目标特性 ………………………………………… 216
　　5.1.2　传统攻坚破障战斗部技术 ……………………………… 219
　　5.1.3　活性毁伤增强攻坚破障战斗部技术 …………………… 222

5.2　毁伤增强效应数值模拟 ………………………………………… 224
　　5.2.1　数值模拟方法 …………………………………………… 224
　　5.2.2　薄钢筋混凝土靶毁伤增强效应 ………………………… 225
　　5.2.3　厚钢筋混凝土靶毁伤增强效应 ………………………… 235

5.3　毁伤增强效应实验 ……………………………………………… 244
　　5.3.1　实验方法 ………………………………………………… 244
　　5.3.2　薄钢筋混凝土靶毁伤增强效应 ………………………… 246

5.3.3 厚钢筋混凝二靶毁伤增强效应 …………………………… 248
 5.4 毁伤增强模型 …………………………………………………… 250
  5.4.1 侵爆联合毁伤时序模型 …………………………………… 250
  5.4.2 薄钢筋混凝土靶毁伤增强模型 …………………………… 253
  5.4.3 厚钢筋混凝土靶毁伤增强模型 …………………………… 260

参考文献 ……………………………………………………………………… 264

索引 …………………………………………………………………………… 270

第 1 章
侵彻效应基础理论

1.1 概　　述

侵彻效应系指通过炸药、火药、推进剂等燃烧爆炸作用获取动能的侵彻体（如弹丸、破片、聚能侵彻体等）凭借自身动能侵入目标并引起毁伤的作用效应，是防空反导和反装甲反混凝土类弹药战斗部的主要毁伤效应。本节主要介绍侵彻效应类型、侵彻毁伤模式及活性毁伤增强侵彻战斗部技术优势等内容。

1.1.1 侵彻效应类型

侵彻效应不仅与侵彻体结构相关，还显著受弹靶作用条件和靶板特性的影响。按侵彻体速度，侵彻效应可分为低速侵彻效应、高速侵彻效应和超高速侵彻效应；按侵彻体与目标碰撞角度，侵彻效应可分为正侵彻效应和斜侵彻效应；按目标类型，侵彻效应可分为装甲类目标（如坦克、步战车、武装直升机、舰船等）侵彻效应、混凝土类目标（如地下深层工程、碉堡、机库、大桥大坝等）侵彻效应和特种效应类目标（如航空炸弹、导弹战斗部、飞机油箱等）侵彻效应。

1. 装甲类目标侵彻效应

典型穿甲弹丸对装甲类目标的侵彻效应如图1.1所示。当弹丸速度较低时，只能在靶板上形成一个与弹头形状相近的浅坑，同时在靶板背面形成鼓包，大小和形状与弹丸头部形状及碰撞速度相关，如图1.1（a）所示。当弹丸速度较高时，可在靶板上形成与弹丸直径相近的穿孔，同时在穿透装甲后，还可依靠剩余动能和装甲崩落碎片杀伤装甲内目标，如图1.1（b）所示。

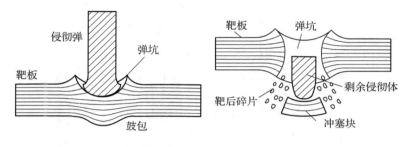

图1.1　典型穿甲弹丸对装甲目标的侵彻效应

主战坦克和轻型装甲车辆是最为典型的装甲类目标，作为现代陆上作战的主要武器装备，具有火力强、机动性高、防护强等特点，特别是随着装甲防护技术的不断发展，从均质装甲逐步发展出了复合装甲、贫铀装甲、反应装甲、主动防护装甲等装甲类型，如图1.2所示，大幅提升了装甲类目标的抗毁伤能力，对反装甲弹药战斗部发展提出了严峻挑战。

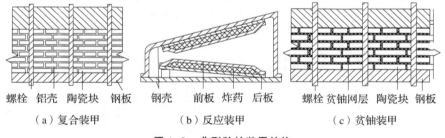

图1.2　典型防护装甲结构

随着装甲目标防护能力的不断提升，穿甲弹药的穿甲能力也不断加强，从最初的尖头穿甲弹逐步发展出了钝头穿甲弹、半穿甲弹、次口径穿甲弹以及脱壳穿甲弹等，如图1.3所示。脱壳穿甲弹，特别是尾翼稳定脱壳穿甲弹的发展，大幅提升了对装甲目标的侵彻能力。尾翼稳定脱壳穿甲弹主要由穿甲弹芯和弹托组成，弹托与发射平台口径相适应，多设计为马鞍形，在火药压力作用下带动次口径穿甲弹芯获得高初速，并在出炮口后通过气动作用脱落分离，典型脱壳穿甲弹弹托分离过程如图1.4所示。为提高穿甲能力，穿甲弹芯通常设计为大长径比长杆形，口径远小于发射平台口径，以获得更多动能，材料多采用高密度钨合金或贫铀合金，以实现对防护装甲的高效侵彻毁伤。穿甲弹侵彻过程如图1.5所示。

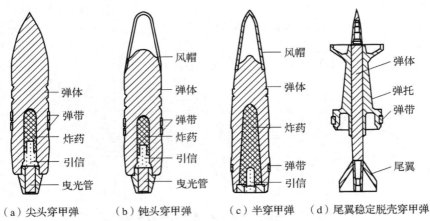

(a) 尖头穿甲弹　　(b) 钝头穿甲弹　　(c) 半穿甲弹　　(d) 尾翼稳定脱壳穿甲弹

图 1.3　典型穿甲弹药类型

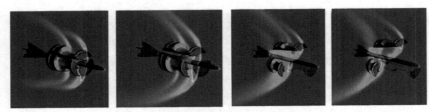

图 1.4　典型脱壳穿甲弹弹托分离过程

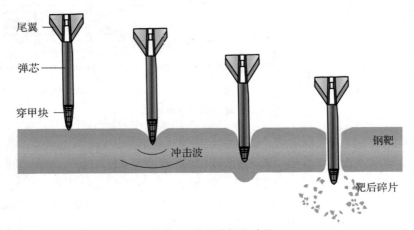

图 1.5　穿甲弹侵彻过程

2. 混凝土类目标侵彻效应

典型穿甲弹丸对混凝土类目标侵彻效应如图 1.6 所示。当穿甲弹丸速度较低时，仅能在靶板上形成漏斗形浅坑，并在混凝土面层形成崩落区，崩落区形状和大小与弹丸头部形状及碰撞速度有关,且不会在靶板背面形成隆起,如图1.6(a)所示。而当穿甲弹丸速度较高时,可在靶板上形成直径远大于弹丸直径的穿孔,并在靶板前后形成崩落区,如图1.6(b)所示。

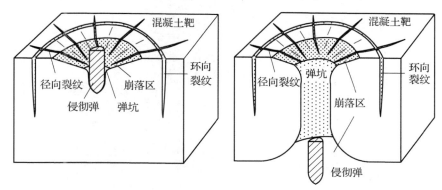

（a）低速侵彻混凝土靶　　　　　　（b）高速侵彻混凝土靶

图1.6　典型穿甲弹丸对混凝土类目标侵彻效应

典型的混凝土/钢筋混凝土类目标,如军用机库、机场跑道、地下深层工事等,是现代战争中的高价值目标,特点是目标大、易被发现和攻击,但防护强,致命毁伤困难。典型反混凝土目标侵彻弹药,如美国联合空面防区外导弹(JASSM)、德国"金牛座"导弹,如图1.7所示。战斗部类型通常采用侵爆战斗部,结构如图1.8(a)所示。作用混凝土类目标过程中,其首先利用自身动能穿透混凝土或侵入混凝土内部一定位置/层数后发生爆炸,利用爆炸产生高温高压对目标内部造成毁伤,作用过程如图1.8(b)所示。

（a）JASSM　　　　　　　　　（b）"金牛座"导弹

图1.7　典型反混凝土目标侵彻弹药

3. 特种效应类目标侵彻效应

油箱和导弹战斗部是最为典型的特种效应类目标,主要为武器装备提供运动和爆炸驱动能量来源,搭载于各类飞机、巡航导弹等,具有机动性强、防护弱、可爆燃性强等特点,是防空反导作战中打击的首要目标。

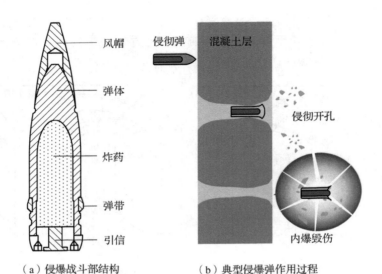

(a) 侵爆战斗部结构　　　　　(b) 典型侵爆弹作用过程

图 1.8　侵爆战斗部结构及其作用过程

典型侵彻弹丸对油箱目标的侵彻效应如图 1.9 所示。当弹丸低速侵彻油箱时，仅能贯穿油箱壁面，在油箱壁面形成与弹丸直径相近的机械穿孔，增大油箱内压，导致燃油喷出，但无法引燃燃油，如图 1.9（a）所示。当弹丸高速撞击油箱时，可导致油箱结构解体，使燃油持续燃烧，有效摧毁油箱，并对燃油载具如飞机、装甲车等造成有效毁伤，如图 1.9（b）所示。

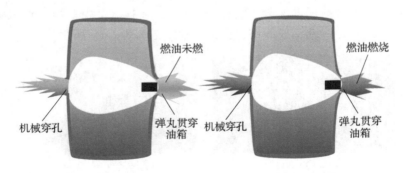

(a) 低速碰撞油箱　　　　　　(b) 高速碰撞油箱

图 1.9　典型侵彻弹丸对油箱目标的侵彻效应

典型防空反导型侵彻弹药如美国 30 mm 侵爆穿甲弹、瑞士易碎穿甲弹（FAPDS）等，典型结构如图 1.10 所示，易碎穿甲弹作用目标过程如图 1.11 所示。面对飞机导弹等高速目标，这类侵彻弹药具有高射速、高初速等特点，命中目标概率高，通过击穿目标防护结构，引燃燃油或引爆装药。

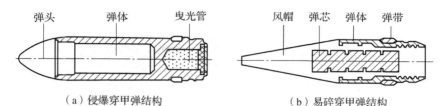

(a) 侵爆穿甲弹结构　　　　(b) 易碎穿甲弹结构

图 1.10　典型防空侵彻弹药结构

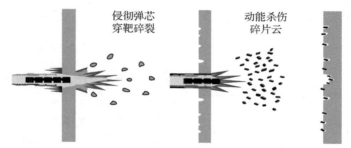

图 1.11　易碎穿甲弹作用目标过程

1.1.2　侵彻毁伤模式

侵彻毁伤模式与侵彻体材料特性、结构形状、碰撞条件、靶板材料、厚度以及结构等都有直接联系。按厚度，靶板类型可分为以下几种。

（1）薄靶：侵彻体侵彻过程中沿靶板厚度方向应力应变无梯度分布。

（2）中厚靶：侵彻体侵彻过程中会受到远方边界表面影响。

（3）厚靶：侵彻体进入靶板相当距离后才受到远方边界表面影响。

（4）半无限靶：侵彻体侵彻过程中不受远方边界表面影响。

侵彻作用下，不同厚度靶板破坏模式不同，主要包括脆性破坏、层裂破坏、冲塞破坏、花瓣形穿孔、崩落破坏、延性穿孔等类型。

脆性破坏一般出现于靶板材料拉伸强度明显低于压缩强度时。侵彻过程中，弹丸撞击产生的压缩应力超过靶板材料抗压强度，穿孔处将产生大量向外延伸的径向裂纹，典型脆性破坏毁伤模式如图 1.12（a）所示。

靶板材料压缩强度大于拉伸强度时，弹丸侵彻作用下，在非加载表面附近，一个或多个稀疏波相互作用导致靶板材料发生失效，形成层裂；对低密度靶板，初始应力超过材料极限强度时也易导致材料发生层裂，如图 1.12（b）所示。

柱形或钝头弹侵彻刚性薄靶或中厚靶时，弹丸挤压作用下，弹靶接触位置环形截面处产生显著剪切效应，并同时产生热量。由于侵彻过程速度较高，产生的热量无法及时传导，剪应力聚集区域温升显著，靶板局部抗剪强度降低，

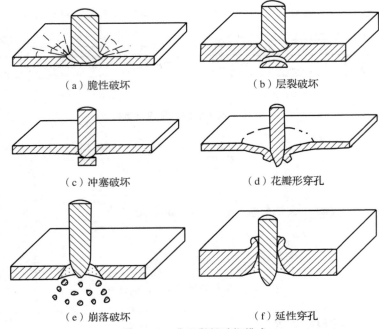

图1.12　典型靶板破坏模式

随弹丸侵彻产生柱状塞块，即为冲塞破坏，如图1.12（c）所示。

外形变化很大的弹丸侵彻延性薄靶时，首先引起沿穿孔的星形径向破坏。弹丸继续侵彻时，星形裂纹向整个靶板厚度和径向扩展，裂纹间角料转折成花瓣状，在靶板上形成花瓣形穿孔，如图1.12（d）所示。

钝头弹侵彻强度较低中厚靶时，由于弹丸撞击，靶板受到强烈冲击，靶内产生压缩应力波。压缩应力波传到靶板背面发生发射，形成一道自靶板背面与反射应力波传播方向相反的拉伸波。入射压缩波与反射拉伸波相互干涉，在靶内一定厚度处出现拉伸应力并超过靶板抗拉强度，靶板背面产生崩落碎片，导致靶板产生崩落破坏，如图1.12（e）所示。

锥形或卵形头部弹丸侵彻延性靶时，由于弹丸挤压，靶板穿孔处产生剧烈膨胀，靶板材料轴向和径向塑性变形，被挤向穿孔入口和出口处，并随弹丸贯穿过程将孔口扩大，在靶板上形成延性穿孔，如图1.12（f）所示。

对于锥头弹丸正撞击下延性金属靶板的破坏，延性穿孔和冲塞破坏是两种最主要的破坏模式。从本质上讲，不同耗能机制和运动破坏过程决定最终破坏模式：随侵入深度的增加，弹丸不断将靶体材料挤向两侧，当弹丸头部到达靶板背面时，靶板发生延性扩孔；弹丸头部压入靶体过程中，由于弹靶相互作用，在接触区边缘形成剪切合力，达到材料剪切破坏极限后，则形成冲塞破坏。

若仅考虑靶板的局部变形，则以上两种破坏模式的转化临界条件为：当弹丸头部刚达到靶板背面的同时满足了剪切破坏条件。根据 H 与 L_n 的大小，该转换模式的出现面临两种情况，如图 1.13 所示。

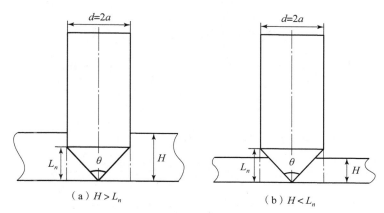

图 1.13　不同临界条件下弹靶作用模型

当 $H > L_n$ 时，典型弹靶作用模型如图 1.13（a）所示，弹丸尖部刚好达到靶板背面且满足剪切破坏条件。假设不考虑速度效应影响和塑性变形堆积，靶体材料对弹丸表面的压力可表述为 $\sigma_n = \alpha \sigma_y$，式中系数 α 可表述为

$$\alpha = \frac{\sigma_s f(H,d,\theta)}{\sigma_y} = \begin{cases} \ln\left(1 + N \dfrac{H}{d\sin(\theta/2)}\right), & \dfrac{H}{d} < K_1; \\ \dfrac{1}{2}\left[1 + \ln\dfrac{2E}{(5-4\nu)\sigma_y}\right] + \dfrac{\pi^2 E_P}{18\sigma_y}, & \dfrac{H}{d} \geqslant K_1. \end{cases} \quad (1.1)$$

由靶体材料对弹丸表面压力方程

$$\pi a^2 \sigma_n = 2\pi a L_n \left(\frac{\sigma_y}{\sqrt{3}}\right) \quad (1.2)$$

临界锥角 θ_c 可表述为

$$\theta_c = 2\arctan\left(\frac{2}{\sqrt{3}\alpha}\right) \quad (1.3)$$

当 $H < L_n$ 时，典型弹靶作用模型如图 1.13（b）所示。弹丸尖部刚好达到靶板背面且满足剪切破坏条件，此时弹丸的圆柱段尚未侵入靶体，仍假定弹丸表面压力为 $\sigma_n = \sigma_0$，靶体材料对弹丸表面压力方程可表述为

$$\pi \left[H\tan\left(\frac{\theta}{2}\right)\right]^2 \sigma_n = 2\pi H^2 \tan\left(\frac{\theta}{2}\right)\left(\frac{\sigma_y}{\sqrt{3}}\right) \quad (1.4)$$

比较式（1.4）和式（1.3）可以发现，两种条件下锥角 θ 表达式相同。根据式（1.1）和式（1.4），可获得临界锥角 θ_c 与几何参数 H/d、靶板的材料参

数 σ_y、E、E_P 等因素关系,表明靶板材料屈服应力越大,弹头临界锥角越大。

为便于分析,引入变量 K_2,定义为:当 $F_{max} = F_c$ 时,$H/d = K_2$。根据靶板厚度(H)与锥头部分长度(L_n)之间的相对大小和厚径比 H/d 与 K_1 之间的相对大小,K_2 的值有如下四种情况:

(1)当 $H \leqslant L_n$,$H/d < K_1$ 时,K_2 通过式(1.5)计算:

$$\left[\tan\left(\frac{\theta}{2}\right) - K_2 \tan^2\left(\frac{\theta}{2}\right)\right] \ln\left[1 + \frac{NK_2}{\sin(\theta/2)}\right] - AK_2 = 0 \quad (1.5)$$

$$A = \frac{1}{\sqrt{3}}\left[1 + \left(1 + \frac{\sqrt{3}}{2}\right) \bigg/ \ln\left(\frac{R}{a}\right)\right]$$

(2)当 $H \leqslant L_n$,$H/d \geqslant K_1$ 时,K_2 可表述为

$$K_2 = \tan\left(\frac{\theta}{2}\right) \bigg/ \left\{A \bigg/ \left[\left(\frac{1}{2} + \ln\frac{E}{(5-4\upsilon)}\right) + \frac{\pi^2 E_P}{18\sigma_y}\right] + \tan^2\frac{\theta}{2}\right\} \quad (1.6)$$

(3)当 $H > L_n$,$H/d < K_1$ 时,K_2 通过式(1.7)计算:

$$\ln\left[1 + N\frac{K_2}{\sin(\theta/2)}\right] - AK_2^2 = 0 \quad (1.7)$$

(4)当 $H > L_n$,$H/d \geqslant K_1$ 时,K_2 可表述为

$$K_2 = \left[\frac{\sqrt{3}}{2} + \ln\frac{\sqrt{3}E}{(5-4\upsilon)\sigma_y} + \frac{\sqrt{3}\pi^2 E_P}{18}\right] \bigg/ A^{\frac{1}{2}} \quad (1.8)$$

需要特别指出的是,薄靶的破坏行为往往表现为伴有整体变形的简单剪切破坏,无绝热剪切现象的出现。基于 Wen-Jones 模型,忽略绝热剪切效应,可分析包含整体大变形的平头弹丸冲击下靶板冲塞破坏。

从机理上讲,材料绝热剪切破坏是热软化和塑性应变硬化竞争的结果,当绝热温升导致的热软化超过塑性应变硬化时,材料的承载能力开始降低,随即发生绝热剪切破坏。首先分析简单剪切破坏与绝热剪切冲塞破坏的临界条件,对于有总体变形的情况,该模型基于剪切塑性铰的理论给出了靶板发生局部剪切破坏时,弹丸的局部侵入深度 P_c,可表述为

$$P_c = \frac{1+\sqrt{3}}{8}\gamma_c H \quad (1.9)$$

根据绝热剪切模型,绝热剪切失稳时弹丸的局部侵入深度 P_i 可表述为

$$P_i = \frac{n}{1-n}a\gamma_i \quad (1.10)$$

比较 P_i 和 P_c 值,靶板将出现两种破坏模式:$P_i < P_c$ 时,靶板破坏时发生绝热剪切失稳;$P_i > P_c$ 时,靶板局部剪切破坏时无绝热剪切失稳。

该过程中两种破坏模式转化的临界条件即为 $P_i = P_c$,则根据式(1.9)和

式(1.10),结合绝热剪切失稳临界剪应变γ_i,两种破坏模式转化时临界厚径比$(H/d)_c$为

$$\left(\frac{H}{d}\right)_c = \frac{4n}{(1+\sqrt{3})(1-n)\gamma_c}\left\{\frac{n\rho_t C_v}{\tau_0 \alpha\beta[1+(\dot{\gamma}_m/p)^{1/q}]}\right\}^{1/(n+1)} \quad (1.11)$$

式(1.11)表明,材料的硬化较强,τ_0和$\dot{\gamma}_m$较小时,发生绝热剪切失稳的临界厚径比更大。同时,通过以上分析可知,当$H/d < K_2$时,靶板为薄靶;当$H/d \geqslant K_2$时,靶板为厚靶。

对于厚靶的冲塞破坏,存在两种破坏模式,一是弹头压入后发生绝热冲塞破坏,通过两阶段冲塞模型分析;二是作用过程由弹头压入阶段、侵彻扩孔阶段和绝热冲塞阶段组成,通过三阶段冲塞模型分析。研究表明,当金属靶板在锥头弹丸正侵彻下产生冲塞破坏时,若$H/d \leqslant (H/d)_{c2}$,即可通过二阶段冲塞破坏模型分析;若$H/d > (H/d)_{c2}$,即可通过三阶段冲塞破坏模型分析。

临界厚径比$(H/d)_{c2}$表述为

$$\left(\frac{H}{d}\right)_{c2} = \frac{\alpha\sigma_y}{4\tau_M} \quad (1.12)$$

式中,τ_M为材料发生绝热剪切失稳时对应的最大剪切应力。

基于上述分析,临界锥角θ随H/d变化如图1.14所示。结合式(1.11),冲塞破坏时,若$H/d \leqslant (H/d)_c$,则为简单剪切破坏;若$H/d > (H/d)_c$,为绝热剪切破坏;若$H/d > (H/d)_{c2}$,则破坏过程前期为扩孔过程,后期为绝热冲塞破坏。

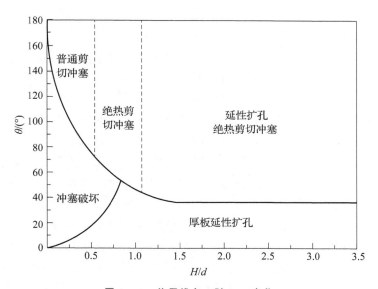

图1.14 临界锥角θ随H/d变化

综上所述，图 1.14 可分为若干破坏区域，分别为以下几方面。

(1) 当 $\theta < \theta_c$ 且 $H/d < K_2$ 时，为薄靶的扩孔破坏。

(2) 当 $\theta < \theta_c$ 且 $H/d \geqslant K_2$ 时，为厚靶的扩孔破坏。

(3) $\theta \geqslant \theta_c$ 且 $H/d < K_2$ 时，为简单剪切冲塞破坏。

(4) $\theta \geqslant \theta_c$ 且 $K_2 \leqslant H/d \leqslant (H/d)_{c2}$ 时，为绝热剪切冲塞破坏。

(5) 当 $H/d > (H/d)_{c2}$ 时，为先扩孔后绝热冲塞破坏。

由图 1.14 中可知，随着 H/d 增大，弹丸临界锥角 θ_c 先减小，当 H/d 达到一定值时，弹丸的临界锥角 θ_c 逐渐趋于一定值。考虑到 θ_c 的物理意义，可以认为当 $\theta_c \geqslant 0$ 时，靶板发生冲塞破坏，即为图 1.14 中 θ_c 曲线上方的区域；当 $\theta < \theta_c$ 时，靶板发生扩孔破坏，即为图 1.14 中 θ_c 曲线下方的区域。

对扩孔破坏模式而言，K_2 值根据方程（1.5）～方程（1.8）求解。由图 1.14 可知，对于扩孔破坏，K_2 与弹丸锥角 θ 相关，θ 值较大时 K_2 值也较大。同时，θ 取值还与靶板固支半径与弹丸半径比值 R/a 有关。

1.1.3 活性毁伤增强侵彻战斗部技术优势

1. 传统侵彻弹药技术

随着目标防护需求的不断提升，防护装甲技术不断发展，目标防护能力不断增强。相应地，结合新材料、新机理、新工艺，侵彻弹药侵彻毁伤能力也不断提升。目前，应用最广泛的侵彻弹药类型主要包括穿甲弹和半穿甲弹两类，针对目标类型不同，作用方式和毁伤机理也不同。

对半穿甲型弹药而言，基本结构一般为高强度金属弹体内装填炸药，同时配备引信，实现对目标的侵彻、爆炸双重毁伤效应。但存在的不足是，由于炸药的装填，弹体动能侵彻能力显著减弱。同时由于引信的装配，弹药作用可靠性、勤务处理安全性受到显著影响，且制造成本高。对穿甲弹而言，由于受纯动能侵彻毁伤机理的限制，对目标毁伤效应不显著，且后效毁伤威力较弱。

同时，对半穿甲与穿甲弹药，由于均需装备火工品，为勤务处理和后勤保障带来诸多不便。着眼于未来作战模式的转变，快速机动能力成为军队战力的重要指标。随着新材料技术的发展和应用，在自重增加不大的前提下，轻型装甲车辆防护性能得以显著提升，机动性优势将得以进一步发挥。

从毁伤模式和机理角度看，现役侵彻类弹药战斗部基本设计理念均为依靠金属毁伤元动能侵彻机理毁伤目标。由于毁伤机理的局限，大幅制约了弹药战斗部威力的发挥和提升，亟需突破现役惰性金属毁伤元材料和单一动能侵彻毁伤机理的限制，从而实现侵彻类弹药战斗部毁伤威力的大幅提升。

2. 活性毁伤增强侵彻战斗部技术

活性毁伤材料的显著技术特点是，集强度和能量双重材料属性优势于一体，即既有类似金属毁伤材料的力学强度，又具备类似传统含能材料的爆炸能量。因此，当这种活性毁伤材料以一定的速度命中目标时，既能产生类似金属毁伤材料的动能侵彻毁伤作用，又能发挥类似含能材料的爆炸毁伤优势，从而创造一种全新的动能与爆炸能双重时序联合毁伤机理，使目标毁伤模式从纯动能机械贯穿模式向先穿后爆毁伤模式跨越性提升。

活性毁伤增强侵彻战斗部技术为大幅提升现役侵彻战斗部毁伤威力开辟了新途径。按应用方式不同，其基本技术理念可分为两类，一是由活性毁伤材料部分或全部替换现役穿甲/脱壳穿甲类战斗部的重金属杆芯，实现在无引信、无装药情况下显著发挥战斗部穿爆联合毁伤优势；二是由活性毁伤材料部分替代半穿甲/侵爆类战斗部壳体或高能炸药，显著提升战斗部毁伤威力。

与杀爆类、聚爆类战斗部主要通过炸药爆炸驱动破片或药形罩形成高速金属毁伤元打击目标不同，活性毁伤增强侵彻战斗部主要依靠战斗部自身动能，首先高速侵彻目标，强动载作用下活性毁伤材料发生激活爆炸，从而在动能与爆炸化学能的时序联合作用机理下，对目标造成结构爆裂解体毁伤，大幅提升侵彻战斗部毁伤威力。设计和研制面临的关键技术难题有以下两个。

（1）活性毁伤材料芯体高效激活爆炸技术。活性毁伤增强侵爆战斗部高速作用目标过程中，活性芯体承受载荷从头部到尾部显著衰减，导致后部芯体不易激活爆炸，如何实现活性芯体高效激活爆炸，成为武器化应用技术难题之一。

（2）高效穿爆联合毁伤一体化结构设计技术。活性毁伤增强侵爆战斗部贯穿不同厚度目标承载时间不同，导致活性芯体激活率显著不同。开展高效穿爆联合毁伤一体化战斗部结构设计，实现既有足够侵彻能力又能适应贯穿不同厚度目标均能显著发挥爆炸毁伤优势，成为武器化应用又一技术难题。

经过多年创新研究和关键技术攻关，活性毁伤增强侵爆弹药战斗部设计和研制方面取得了重大突破，攻克了武器化应用系列难题，主要应用于以下几方面。

1）半穿甲型侵彻战斗部

传统半穿甲型侵彻战斗部在反轻型装甲防护目标方面，难以实现在击穿装甲的同时，有效毁伤其内部人员、技术装备等，后效毁伤威力不足。通过活性毁伤材料全部或部分替代传统半穿甲战斗部内高能炸药、燃烧剂等，在满足击穿轻型装甲基础上，可实现对装甲车内部有生力量、电子元器件的高效毁伤。

某小口径半穿甲型活性毁伤增强侵彻战斗部如图1.15所示，武装直升机模拟靶标典型毁伤效应如图1.16所示。结果表明，活性毁伤增强侵爆弹贯穿装甲后，对多层后效铝靶均能造成结构大爆裂穿孔毁伤，平均爆裂毁伤孔径达 10～15 倍弹径，展现出良好的穿靶能力和毁伤增强适应性。

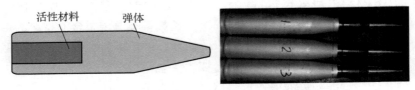

图 1.15　小口径半穿甲型活性毁伤增强侵彻战斗部

（a）模拟靶标　　　（b）穿靶后激活爆炸　　　（c）后效靶毁伤效应

图 1.16　武装直升机模拟靶标典型毁伤效应

2）脱壳穿甲型侵彻战斗部

受制于传统重金属毁伤元单一动能毁伤机理，传统脱壳穿甲型侵彻战斗部往往存在穿甲后效不足的问题，从而难以实现对目标防护后结构的有效毁伤。

活性毁伤材料为提升脱壳穿甲型侵彻战斗部毁伤威力开辟了新途径。其基本设计理念为，在原有战斗部结构基础上，采用活性毁伤材料替代部分重金属弹芯材料。活性毁伤材料在外部高强度载荷，如高速冲击作用下将发生剧烈爆燃反应，释放大量化学能和气体产物。基于活性毁伤材料特有的冲击激活后延时爆燃特性，脱壳穿甲型活性战斗部可实现在打击目标过程中的动能与化学能时序联合作用，显著提升其后效毁伤效能，实现从纯动能机械贯穿毁伤到动能/爆炸化学能时序联合作用下的结构爆裂毁伤模式跨越。

典型小口径活性脱壳穿甲弹基本结构如图 1.17 所示，主要由上弹托、活性弹芯和底弹托组成，其中，活性弹芯主要由穿甲弹芯和活性芯体组成。活性芯体可采用多种形式，可制成芯体填充在重金属弹芯尾部中心位置，也可制成中空圆环加装在重金属弹芯尾部。

3）攻坚破障型侵彻战斗部

传统攻坚破障型侵彻战斗部主要基于径向效应增强原理，在高强度、高密度金属壳体内装填低密度、高泊松比非金属材料，击中目标后，壳体首先通过动能进行侵彻，内部芯体中压力不断升高，导致壳体膨胀，同时产生径向作用

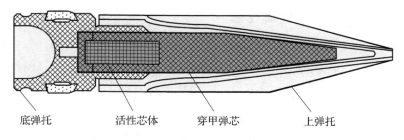

图 1.17　典型小口径活性脱壳穿甲弹基本结构

力作用于壳体。当弹体穿透靶板后,靶板约束力突然卸载,芯体应力释放,壳体在芯体径向力作用下碎裂成破片。因此,传统攻坚破障型侵彻战斗部可在贯穿钢筋混凝土类目标的同时产生一定后效,但威力有限。

通过活性毁伤材料全部或部分替换现役攻坚破障型侵彻战斗部惰性芯体,可实现毁伤威力及后效的大幅提升。其显著技术优势在于,高强度金属壳体具有强侵彻能力,能够高效贯穿钢筋混凝土靶。芯体为活性毁伤材料,在弹靶碰撞强动载作用下,可激活爆炸释能,一方面可进一步增加钢筋混凝土目标穿孔孔径;另一方面,可提升壳体膨胀破片速度,增加靶后超压。通过侵彻-爆炸联合毁伤模式,提升攻坚破障型侵彻战斗部威力,作用过程如图 1.18 所示。

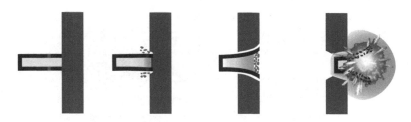

图 1.18　攻坚破障型活性毁伤增强侵彻战斗部作用过程

1.2　金属薄靶侵彻理论

金属薄靶侵彻理论主要描述弹丸侵彻薄金属靶过程的动力学响应行为,弹丸形状不同,侵彻薄靶过程动力学响应行为不同,薄靶毁伤模式不同。本节主要介绍侵彻金属靶基础理论、平头弹丸侵彻理论和卵形弹丸侵彻理论。

1.2.1 侵彻金属靶基础理论

弹丸侵彻薄靶过程中，传入靶板的应力远大于材料强度。因此，侵彻过程中可忽略薄靶材料强度及其惯性力对弹丸侵彻运动过程的影响，同时可假设靶板变形区域 r_1 与弹丸无外力作用。弹丸侵彻薄靶过程如图 1.19 所示。

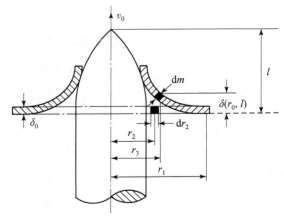

图 1.19 弹丸侵彻薄靶过程

由轴线方向的动量守恒：

$$mv_0 = mv + M_t(x) \tag{1.13}$$

式中，m 为弹丸质量；v_0 为弹丸初速；v 为弹丸在侵彻薄靶过程中某一时刻瞬时速度；$M_t(x)$ 为薄靶在轴线方向所受到的冲量。

在未变形薄靶上取一个环状微元体，如图 1.19 所示，质量 $\mathrm{d}m$ 可表述为

$$\mathrm{d}m = 2\pi r_2 \delta_0 \rho \mathrm{d}r_2 \tag{1.14}$$

式中，r_2 为某一微元体离弹轴距离；δ_0 为薄靶厚度；ρ 为薄靶密度。

弹丸碰撞薄靶后，l 为弹丸的位移量或侵彻距离，δ 为薄靶在弹轴方向的变形量，设 $\dot{\delta}$ 为其轴向速度，则微元体沿轴向冲量 $\mathrm{d}M_t(x)$ 为

$$\mathrm{d}M_t(x) = \dot{\delta}\mathrm{d}m = 2\pi r_2 \delta_0 \rho \dot{\delta} \mathrm{d}r_2 \tag{1.15}$$

薄靶沿弹轴的变形量 δ 是 r_2 和 l 的变形函数，轴向速度 $\dot{\delta}$ 可表述为

$$\dot{\delta} = \frac{\partial \delta}{\partial l} \cdot \frac{\partial l}{\partial t} = v \cdot \frac{\partial \delta}{\partial l} \tag{1.16}$$

薄靶轴向冲量 $M_t(x)$ 为

$$\begin{aligned} M_t(x) &= \int \mathrm{d}M_t(x) = \int \dot{\xi} \mathrm{d}m \\ &= 2\pi h_0 \rho \int r_0 \dot{\xi} \mathrm{d}r_0 = 2\pi h_0 \rho \int_{r_{0\min}}^{r_1} r_0 v \frac{\partial \xi(r_0, x)}{\partial x} \mathrm{d}r_0 \end{aligned} \tag{1.17}$$

式中，$r_{0\min}$ 为扩孔前穿孔半径。对尖头弹，$r_{0\min}=0$，对平顶弹，$r_{0\min}=r_1$。

薄靶有效质量为速度与弹丸速度相等、动量变化量和薄靶动量变化量相等条件下的钢靶的质量，则薄靶有效质量 $M(x)$ 可表述为

$$M(x) = \frac{M_t(x)}{v} = 2\pi\delta_0\rho\int_{r_{2\min}}^{r_1} r_0 \frac{\partial \xi(r_0,x)}{\partial x}\mathrm{d}r_0 \quad (1.18)$$

已知弹丸着靶速度 v_0 和瞬时侵彻速度 v 时，弹丸速度损失 Δv 表述为

$$\Delta v = v_0 - v = \frac{M_t(x)}{m} = \frac{M(x)\cdot v}{m} \quad (1.19)$$

若已知 $\delta(r_0,x)$，则可求得有效质量、速度损失、瞬时速度和侵彻距离。

1.2.2 平头弹丸侵彻理论

平头弹丸侵彻薄靶过程如图 1.20 所示。当弹丸速度较高时，薄靶会产生一半径为 a_1 的冲塞块，冲塞块质量为 $M_1 = \pi\rho\delta_0 r_1^2$，速度 v_s 可表述为

$$v_s = K(v_0,\delta_0)\cdot v_0 \quad (1.20)$$

式中，系数 K 为碰撞速度 v_0 和薄靶厚度 δ_0 的函数，取值范围为 $1\sim 2$。K 值为 2 时，碰撞为弹性碰撞；K 值为 1 时，碰撞为非弹性碰撞。可通过高速摄影确定不同时刻冲塞块位置，确定 K 值，不同条件下的 K 值列于表 1.1。

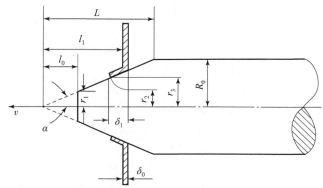

图 1.20 平头弹丸侵彻薄靶过程

表 1.1 不同条件下的 K 值

薄靶厚度/in	碰撞速度/(ft·s^{-1})	K
0.040	2 510	1.33
0.125	2 590	1.23
0.040	900	1.16
0.125	900	1.12

考虑到塞块被冲下时，需克服惯性和材料强度做功消耗部分弹丸能量，因此，冲塞块惯性损失的冲量 I 可表述为

$$I = \pi r_1^2 \delta_0 \rho \cdot K v_0 \tag{1.21}$$

冲塞块材料强度损失冲量 S 可表述为

$$S \leqslant 2\pi a_0 \delta_0 \tau_{\max} \frac{2\delta_0}{K v_0} \tag{1.22}$$

式中，$\tau_{\max}$ 为靶板剪切失效应力。比较两种冲量可得

$$\frac{S}{I} \leqslant \frac{4\tau_{\max} \delta_0}{K^2 v_0^2 \rho r_1} \tag{1.23}$$

由式（1.23）可知，当弹丸速度 v_0 很大或靶板厚度 δ_0 很小时，材料强度的影响 $\tau_{\max}$ 可忽略不计。但当速度较低时，材料强度影响将会较大。

假设弹丸在侵彻过程中，侵孔周围材料不发生变形。根据动量守恒原理，弹丸损失动量 $m\Delta v$ 等于圆盘动量与薄靶动量之和，表述为

$$m\Delta v = K \cdot M_1 v_0 + M(x) \cdot v \tag{1.24}$$

由图 1.20 所示几何关系可得微元体变形量 δ_1 为

$$\delta_1 = (l_1 \tan\alpha - r_2)\cos\alpha \tag{1.25}$$

有效质量 $M(x)$ 为

$$M(x) = 2\pi \delta_0 \rho \int_{x_{0\min}}^{x_1} r_2 \frac{\partial \delta_1 (r_0, x)}{\partial x} \mathrm{d} r_1 \tag{1.26}$$

考虑到 $x_1 = x\tan\alpha$，$x_{0\min} = r_1 = l_0 \tan\alpha$，则动量方程可表述为

$$\Delta v = \frac{\pi \rho \delta_0}{m}[K l_0^2 v_0 + (l_1^2 - l_0^2) v \sin\alpha] \tan^2\alpha \tag{1.27}$$

式（1.27）表明，已知速度损失 Δv，即可求得任一时刻的侵彻速度 v：

$$v = \frac{m - \pi\rho\delta_0 K l_0^2 \tan^2\alpha}{m + \pi\rho\delta_0 (l_1^2 - l_0^2) \sin\alpha \tan^2\alpha} \tag{1.28}$$

实际分析中，将侵彻过程分为若干阶段，分别计算速度、速度损失和作用力等参量。如对于第一阶段，弹丸行程为 $l_0 + \delta_0$，则速度损失 Δv_1 为

$$\Delta v_1 = \frac{\pi\rho\delta_0}{m} K l_0^2 v_0 \tan^2\alpha \tag{1.29}$$

侵彻第一阶段末，弹丸速度为 $v_1 = v_0 - \Delta v_1$，所需侵彻时间为 $t_1 = (l_0 + \delta_0)/v_0$。同理，可根据侵彻阶段划分，求得其余各段参量。

侵彻过程中弹丸受力可分解为轴向力 F_A 和径向力 F_r。在第一阶段侵彻过程末，取平均阻力，根据动量原理，轴向力 F_A 可表述为

$$F_A = \frac{1}{\Delta t_1} \pi\rho\delta_0 r_1^2 K v_0 \tag{1.30}$$

第1章　侵彻效应基础理论

在第二阶段侵彻过程内，弹丸所受轴向力 F_A 可表述为

$$F_A = -mv \frac{dv}{dx} \tag{1.31}$$

$$v_0 - v = \frac{1}{m}[KM_1 v_0 + vM(x)] \tag{1.32}$$

对式（1.32）进行微分，可得弹丸所受轴向力 F_A：

$$F_A = \frac{mv^3}{m - K\pi\rho\delta_0 r_1^2} \cdot 2\pi\rho\delta_0 l_1 \tan^2\alpha \cdot \sin\alpha \tag{1.33}$$

在第一阶段侵彻过程中，薄靶材料无径向运动，弹丸不受径向力。在第二阶段，主要分析破坏产生各花瓣所受径向力。假设侵彻作用下，靶板共产生 n 个花瓣，由图1.20可知，微元体径向位置 r_3 可表述为

$$r_3 = (l_1 - \delta_1)\tan\alpha \tag{1.34}$$

花瓣径向速度 $\dot{r}_3$ 可表述为

$$\frac{dr_3}{dt} = \dot{r}_3 = v(1 - \sin\alpha)\tan\alpha \tag{1.35}$$

考虑到花瓣根部半径为 $l_1 \tan\alpha$，则各花瓣质量 M_p 可表述为

$$M_p = \frac{1}{n}\pi\rho\delta_0(l_1^2 \tan^2\alpha - l_0^2 \tan^2\alpha) \tag{1.36}$$

花瓣径向冲量 M_r 可表述为

$$M_r = M_p \cdot \dot{r}_3 = \frac{v}{n}\pi\rho\delta_0 \tan^3\alpha(l_1^2 - l_0^2)(1 - \sin\alpha) \tag{1.37}$$

径向力 F_r 可表述为

$$F_r = \frac{2\pi\rho\delta_0 \tan^3\alpha}{n} \cdot l_1(1 - \sin\alpha)\frac{mv^3}{(m - KM_1)v_0} \tag{1.38}$$

对弹丸而言，单位周长上的轴向力 L_A 可表述为

$$L_A = \frac{F_A}{2\pi l_1 \tan\alpha} = \frac{mv^3}{(m - K\pi\rho\delta_0 a_1^2)v_0}\rho\delta_0 \tan\alpha \cdot \sin\alpha \tag{1.39}$$

单位周长上的径向力 L_r 可表述为

$$L_r = \frac{nF_r}{2\pi l_1 \tan\alpha} = \frac{mv^3}{(m - KM_1)v_0}\rho\delta_0 \tan^2\alpha \cdot (1 - \sin\alpha) \tag{1.40}$$

单位周长上的综合载荷 L 可表述为

$$L = \sqrt{L_A^2 + L_r^2} = \frac{mv^3}{(m - KM_1)v_0}\rho\delta_0 \tan^2\alpha \cdot \sqrt{2(1 - \sin\alpha)} \tag{1.41}$$

由式（1.39）和式（1.40）可知

$$\tan\beta = \frac{L_r}{L_A} = \frac{1 - \sin\alpha}{\cos\alpha} \tag{1.42}$$

则综合载荷 L 和弹轴的夹角可表述为

$$\beta = \frac{\pi}{4} - \frac{\alpha}{2} \tag{1.43}$$

1.2.3 卵形弹丸侵彻理论

卵形弹丸侵彻薄靶过程如图 1.21 所示。其侵彻过程与平头弹类似，假设同上，认为第一个侵彻过程内花瓣无径向拉伸，花瓣与卵形头部曲线相切。由图 1.21 可知，弹丸平顶部半径为 r_1，卵形圆弧延伸，顶点为 O，弹顶 O 点到平顶的距离为 l_0，离弹顶 l 处头部母线的切线与弹轴的夹角为 α。

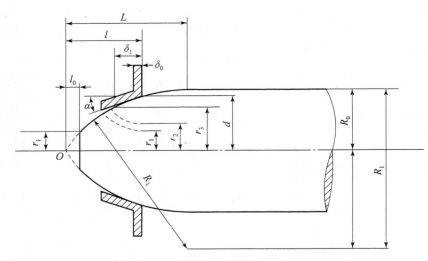

图 1.21　卵形弹丸侵彻薄靶过程

假设弹丸侵彻距离为 l 时，对应穿孔半径为 d。为便于计算，把侵彻过程等间距分为若干段，求出各段过程末的速度和时间，即可得弹丸运动规律。

1. 侵彻过程弹丸速度损失

在第一阶段，弹丸侵彻过程的位移为平顶部长和薄靶厚度之和，则弹丸速度损失可表述为

$$\Delta v_1 = \frac{\pi \rho \delta_0}{m} K r_1^2 v_0 \tag{1.44}$$

在该距离内，速度 v_1 可表述为

$$v_1 = v_0 - \Delta v_1 \tag{1.45}$$

所用的时间 t_1 可表述为

$$t_1 = \frac{l_0 + \delta_0}{v_1} \quad (1.46)$$

第 i 段侵彻过程中，速度损失 Δv_i 和速度 v_i 可通过同样方法获得。

速度损失 Δv 可表述为

$$\Delta v = \frac{1}{m}[KM_1 v_0 + M(x)v] \quad (1.47)$$

由几何关系，变形量 δ_1、侵彻距离 l_1 和 $\tan \alpha$ 分别可表述为

$$\begin{aligned} \delta_1 &= (r_4 - r_2)\cos\alpha \\ l_1 &= L - R_1 \sin\alpha \\ \tan\alpha &= \frac{L - l_1}{d + (R_1 - R_0)} \end{aligned} \quad (1.48)$$

$M(x)$ 可表述为

$$M(x) = \frac{1}{3}\pi\rho\delta_0 L\left(1 + \frac{l_1}{L}\right)\left(\frac{d}{R_1} - \frac{r_1}{R_1}\right)\left[3(d + r_1) + \frac{(d + 2r_1)(d - r_1)}{d - R_0 + R_1}\right] \quad (1.49)$$

由式（1.45）和式（1.47），瞬时速度 v 可表述为

$$v = \frac{mv_0 - \pi\rho\delta_0 R_1^2 K v_0 \left(\dfrac{r_1}{R_1}\right)^2}{m + AB} \quad (1.50)$$

式中

$$\begin{cases} A = \dfrac{\pi\rho\delta_0 R_1 L}{3}\left(1 - \dfrac{l_1}{L}\right)\left(\dfrac{d}{R_1} - \dfrac{r_1}{R_1}\right) \\ B = 3\left(\dfrac{d}{R_1} + \dfrac{r_1}{R_1}\right) + \dfrac{\left(\dfrac{d}{R_1} + \dfrac{2r_1}{R_1}\right)(d - r_1)}{d - R_0 + R_1} \\ \dfrac{d}{R_1} = \dfrac{R_0}{R_1} - 1 + \sqrt{1 - \left(\dfrac{L}{R_1}\right)^2 \left(1 - \dfrac{l_1}{L}\right)^2} \end{cases}$$

上式表明，已知侵彻距离 l 和穿孔半径 d 值，即可得弹丸瞬时速度 v。

第二距离间隔的速度 v_2 为

$$v_2 = \frac{mv_0 - \pi\rho\delta_0 R_1^2 K v_0 \left(\dfrac{r_1}{R_1}\right)^2}{m + A_2 B_2} \quad (1.51)$$

式中

$$\begin{cases} A_2 = \dfrac{\pi \rho \delta_0 R_1 L}{3}\left(1 - \dfrac{l_2}{L}\right)\left(\dfrac{d_2}{R_1} - \dfrac{r_1}{R_1}\right) \\ B_2 = 3\left(\dfrac{d_2}{R_1} + \dfrac{r_1}{R_1}\right) + \dfrac{\left(\dfrac{d_2}{R_1} + \dfrac{2r_1}{R_1}\right)(d_2 - r_1)}{d_2 - R_0 + R_1} \\ \dfrac{d_2}{R_1} = \dfrac{R_0}{R_1} - 1 + \sqrt{1 - \left(\dfrac{L}{R_1}\right)^2 \cdot \left(1 - \dfrac{l_2}{L}\right)^2} \end{cases} \quad (1.52)$$

同理，可得到侵彻过程各段内速度和速度损失。

2. 侵彻过程弹丸受力分析

1）轴向力 F_A

第一阶段侵彻过程中，平均轴向力 F_A 可表述为

$$F_A = \dfrac{\pi \rho \delta_0 r_1^2 K^2 v_0}{2} \quad (1.53)$$

在第二阶段侵彻过程中，弹丸所受轴向力 F_A 可表述为

$$F_A = \dfrac{mv^3}{(m - KM_1)v_0} \cdot \dfrac{\mathrm{d}M(x)}{\mathrm{d}l} \quad (1.54)$$

$$M(x) = 2\pi \rho \delta_0 \tan\alpha \left[\dfrac{d_1^2 - r_1^2}{2}\cos\alpha + \dfrac{d^2 - r_1^2}{2R_1}d - \dfrac{(d^3 - r_1^3)}{3R_1}\right] \quad (1.55)$$

综合可获得弹丸所受平均轴向力 F_A 为

$$F_A = \dfrac{2\pi \rho \delta_0 R_1 mv^3}{(m - KM_1)v_0}\left(A - B - \dfrac{d^2 - r_1^2}{2R_1^2}\right) \quad (1.56)$$

式中

$$\begin{cases} A = \left[\dfrac{d^2 - r_1^2}{2R_1^2} + \left(\dfrac{d}{R_1}\right)\sqrt{1 - \left(\dfrac{L}{R_1} - \dfrac{l_1}{R_1}\right)^2}\right]\left(\dfrac{L - l_1}{d + R_1 - R_0}\right) \\ B = \dfrac{d^3 - 3r_1 d R_1 + 2r_1^3}{6R_1^3}\left[1 + \left(\dfrac{L - l_1}{d + R_1 - R_0}\right)^2\right]^{3/2} \end{cases}$$

由上式可知，若已知各段内速度 v、侵彻距离 l 和侵孔半径 d 值，即可得到该段内弹丸所受轴向力 F_A，其中 d、l 关系可表述为

$$\dfrac{d}{R_1} = \dfrac{R_0}{R_1} - 1 + \sqrt{1 - \left(\dfrac{L}{R_1}\right)^2\left(1 - \dfrac{l}{R_1}\right)^2} \quad (1.57)$$

2）径向力 F_r

在第一阶段侵彻过程中，薄靶材料无径向运动，弹丸不受径向力。在第二阶段侵彻过程中，微元体的径向位置 r_3 为

$$r_3 = d - (d - r_2)\sin\alpha \tag{1.58}$$

微元体的径向速度 $\dot{r}_3$ 为

$$\dot{r}_3 = \frac{dr_3}{dt} = v\left[\frac{L-l_1}{d+(R_1-R_0)}\cdot\left(1-\frac{L-l_1}{R_1}\right)+\frac{d-r_2}{R_1}\right] \tag{1.59}$$

微元体径向速度与 r_2 有关,由式(1.15),其径向冲量 $dM_t(r)$ 为

$$dM_t(r) = \dot{r}\,dm = 2\pi r_2 \delta_0 \rho_0 \dot{r}_3\,dr_2 \tag{1.60}$$

因此,单个花瓣的径向冲量 $M_t(r)$ 可表述为

$$M_t(r) = \frac{2\pi\rho\delta_0}{n}v\left[\frac{L-l_1}{d+R_1-R_0}\left(\frac{R_1-L+l_1}{R_1}\right)\left(\frac{d^2-r_1^2}{2}\right)+\frac{d^3-r_1^2 d}{2R_1}-\frac{d^3-r_1^3}{3R_1}\right] \tag{1.61}$$

单个花瓣所受径向力 F_r 为

$$F_r = v\cdot\frac{dM_t(r)}{dl} \tag{1.62}$$

将径向冲量 $M_t(r)$ 对 l_1 微分,代入式(1.62)得

$$F_r = \frac{2\pi\rho\delta_0}{n}v(ABl_1 + Cv) \tag{1.63}$$

式中

$$\begin{cases}A = \dfrac{v^2}{(KM_1-m)v_0}\left[\tan\alpha(1-\sin\alpha)\left(\dfrac{d^2-r_1^2}{2}\right)+\dfrac{d^3-3r_1^2 d+2r_1^3}{6R_1}\right] \\ B = 2\pi\rho\delta_0\left[\tan^2\alpha\left(y\cos\alpha+\dfrac{d^2-r_1^2}{2R_1}\right)-\dfrac{d^2-r_1^2}{2R_1}-\dfrac{d^3-3r_1^2 d+2r_1^3}{6R_1^2\cos^3\alpha}\right] \\ C = \tan\alpha\dfrac{2d^2-2r_1^2}{2R_1}+(1-\sin\alpha)\left(d\tan^2\alpha-\dfrac{d^2-r_1^2}{2R_1}\sec^3\alpha\right)\end{cases}$$

将速度 v、侵彻距离 l 和侵孔半径 d 以第二阶段内的值代入,即可得到该阶段的径向力 F_{r2}。其中

$$\sin\alpha = \frac{L-l_1}{R_1} \tag{1.64}$$

$$\frac{d}{R_1} = \frac{R_0}{R_1} - 1 + \sqrt{1-\left(\frac{L}{R_1}\right)^2\cdot\left(1-\frac{l_1}{L}\right)^2} \tag{1.65}$$

同理可得第 i 阶段内花瓣径向力 F_{ri}。

3) 单位周长载荷

对弹丸而言,单位周长上轴向力 L_A 可表述为

$$L_A = \frac{F_A}{2\pi d} \tag{1.66}$$

弹丸单位周长上径向力 L_r 可表述为

$$L_r = \frac{F_r}{2\pi d} \qquad (1.67)$$

弹丸单位周长上的综合载荷 L 可表述为

$$L = \sqrt{L_A^2 + L_r^2} \qquad (1.68)$$

载荷与弹轴的夹角 β 可表述为

$$\beta = \tan^{-1}\frac{L_r}{L_A} \qquad (1.69)$$

1.3 金属中厚靶侵彻理论

金属中厚靶侵彻理论主要描述弹丸侵彻中厚金属靶过程中，弹丸和靶板的动力学响应行为。不同于薄金属靶，由于靶板厚度增加，弹丸侵彻过程中会受到靶板远方边界表面影响，弹靶动力学响应行为更为复杂。本节主要介绍金属中厚靶侵彻阻力模型、靶板侵彻模型和靶板贯穿模型。

1.3.1 侵彻阻力模型

弹丸侵彻靶板过程中的阻力主要由静阻力和动阻力组成。静阻力系指速度无限小的弹丸侵彻靶板时，弹丸单位面积所受的阻力。典型静阻力计算模型如图 1.22 所示，弹丸直径为 $2a$，侵入钢靶距离 x，由于弹丸侵彻速度无限小，可忽略弹丸所受摩擦力。静阻力 F 可表述为

$$F = \pi a^2 P \qquad (1.70)$$

式中，F 为弹丸所受静阻力；P 为侵彻钢板过程中弹丸单位面积所受阻力。

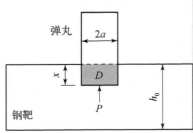

图 1.22 典型静阻力计算模型

假设弹丸发生纯弹性变形，根据修正胡克定律，弹丸侵入距离为 x 时，变形能 E 可表述为

$$E = \frac{n}{2}Fx \qquad (1.71)$$

式中，n 为修正系数。

硬度指数 D 定义为变形能与弹丸侵入钢靶体积之比，可表述为

$$D = \frac{E}{\pi a^2 x} \tag{1.72}$$

需要指出的是，硬度指数与压坑形状无关，仅由金属状态决定。钢板抗力 P 和硬度指数 D 的关系可表述为

$$D = \frac{n}{2} P \tag{1.73}$$

变形功 T 可表述为

$$T = \frac{n}{2} P' l \tag{1.74}$$

式中，P' 为材料所承受的载荷；l 为弹丸侵彻深度。

另外，变形功 T 也可通过布氏硬度指数的形式表述：

$$T = \pi l^2 \cdot rD \tag{1.75}$$

式中，r 为弹丸半径。

由式（1.74）和式（1.75）可得

$$\frac{n}{2} P' = \pi l r D \tag{1.76}$$

若以布氏硬度来表示硬度值，则

$$H_B = \frac{P'}{2\pi l r} \tag{1.77}$$

$$P_0 = \frac{2D}{n} = 2H_B \tag{1.78}$$

式中，P_0 为弹丸初始碰撞钢靶时所承受的单位阻力。

根据上述分析，可获得中厚钢板上单位静阻力和侵彻距离 x 的关系，如图 1.23 所示，其中 h_0 为钢板厚度。

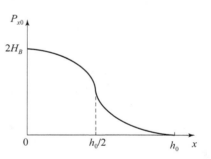

图 1.23　单位静阻力与侵彻距离关系

图 1.23 中曲线的解析形式可表述为

$$P_{x0} = A(1 - x/h_0)^3 + B(1 - x/h_0)^2 + C(1 - x/h_0) + D \tag{1.79}$$

对应边界条件为

$$\begin{cases} x = 0 \text{ 时}, P_{x0} = 2H_B, \dfrac{\mathrm{d}P_{x0}}{\mathrm{d}x} = 0 \\ x = h_0 \text{ 时}, P_{x0} = 0, \dfrac{\mathrm{d}P_{x0}}{\mathrm{d}x} = 0 \end{cases} \tag{1.80}$$

弹丸侵彻钢板时静阻力 P_{x0} 可表述为

$$P_{x0} = 6H_B(1 - x/h_0)^2 - 4H_B(1 - x/h_0)^3 \tag{1.81}$$

动阻力 P_{xv} 和弹丸速度 v 关系可表述为

$$P_{xv} = P_{x0}(1 + bv^2) \tag{1.82}$$

式中，$b = \rho/gP_{x0}$；ρ 为钢板材料密度。

则弹丸高速侵彻钢板时，动阻力 P_{xv} 可表述为

$$P_{xv} = 6H_B(1 - x/h_0)^2 - 4H_B(1 - x/h_0)^3 + \rho/gv^2 \tag{1.83}$$

1.3.2 靶板侵彻模型

靶板侵彻模型主要描述弹丸从碰撞靶板瞬间到弹丸头部到达靶板背面的时间段内，侵彻阻力及弹丸存速与侵彻距离的关系。弹丸侵彻靶板计算模型如图 1.24 所示。假设侵彻过程中，靶板厚度 h_0 不发生变化，弹丸质量为 m，弹丸在碰撞面 $A'B'$ 的截面面积为 σ_x，根据牛顿第二定律，弹丸侵彻方程表述为

$$m\frac{dv}{dt} = -\sigma_x \cdot P_{xv} \tag{1.84}$$

选取弹顶为原点建立直角坐标系，如图 1.25 所示。则侵彻方程可表述为

$$\frac{dv^2}{d\frac{x}{h_0}} = -\frac{2\pi}{m}h_0^3\left(\frac{y}{h_0}\right)^3\left[6H_B\left(1 - \frac{x}{h_0}\right)^2 - 4H_B\left(\frac{x}{h_0}\right)^3 + \frac{\rho}{gv^2}\right] \tag{1.85}$$

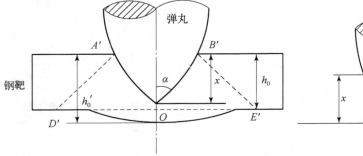

图 1.24 弹丸侵彻靶板计算模型

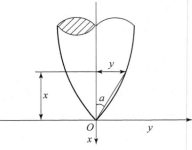

图 1.25 以弹顶为原点的直角坐标系建立

若弹丸母线方程已知，则 $\tan\alpha$ 为 x 的函数，侵彻方程转化为关于弹丸剩余速度 v 和侵彻距离 x 微分方程。弹丸剩余速度 v 可表述为

$$v = e^{-\frac{A^3 B}{3}}\left[v_0^2 - 2\frac{H_B \cdot gB}{\rho}\left(\frac{1}{3}A^3 - \frac{3}{5}A^5 + \frac{6+B}{18}A^6 - \frac{B}{8}A^8 + \frac{2B}{27}A^9\right)\right] \tag{1.86}$$

式中

$$\begin{cases} A = \dfrac{x}{h_0} \\ B = \dfrac{2\pi\rho h_0^3 \cdot \tan^2\alpha}{mg} \end{cases}$$

若已知弹丸瞬时侵彻速度 v，由式（1.83）和 $F_a = \pi y^2 P_{xv}$ 即可求得弹丸阻力 F_a。需要指出的是，上述分析中，假设弹丸侵彻时钢板厚度不发生变化，但实际弹丸侵彻钢靶过程如图 1.24 所示，由图 1.24 可知，钢靶背面会隆起，钢靶厚度并非维持为 h_0，隆起部为直径为 $D'E'$ 的球冠。计算中，近似认为弹丸是以 α 为半顶角的圆锥，且突起边缘和弹丸 – 钢甲接触面的连线 $A'D'$、$B'E'$ 分别与 OB'、OA' 相平行时，球冠直径 $D'E'$ 可表述为

$$D'E' = 2(h_0 + x)\tan\alpha \tag{1.87}$$

隆起部可近似看作高为 $h'_0 - h_0$、底半径为 $(h_0 + x)\tan\alpha$ 的球冠，体积为

$$\frac{1}{6}\pi(h'_0 - h_0)\{3[(h_0 + x)\tan\alpha]^2 + (h'_0 - h_0)^2\} = \int_0^x \pi y^2 \mathrm{d}x \tag{1.88}$$

其中，$h'_0 - h_0$ 比 $(h_0 + x)\tan\alpha$ 值小得多，故可忽略。另外

$$\int_0^x \pi y^2 \mathrm{d}x = \pi \int_0^x x^2 \tan^2\alpha \mathrm{d}x \tag{1.89}$$

当变化不大时，$\tan\alpha$ 可认为是常数。故钢靶隆起后厚度 h'_0 可表述为

$$h'_0 = h_0\left[1 + \frac{2}{3}\left(\frac{x}{h_0}\right)\frac{\tan^2\alpha}{\left(1 + \dfrac{x}{h_0}\tan\alpha\right)^2}\right] \tag{1.90}$$

将 x/h'_0 代替 x/h_0 代入侵彻阻力方程中，即可获得弹丸侵彻钢靶时真实阻力与侵彻距离 x 关系曲线，如图 1.26 所示。

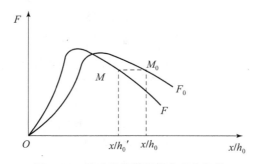

图 1.26　弹头侵彻靶板阻力变化规律

1.3.3　靶板贯穿模型

弹头侵彻靶板结束时，$x = h'_0$。弹头贯穿靶板时间指从弹头刚穿过靶板到

弹丸全部穿过的时间，此阶段弹丸受力状态如图 1.27 所示。

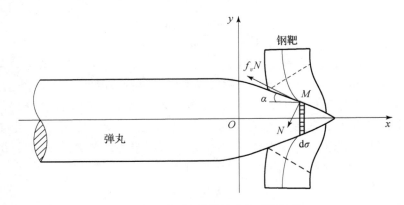

图 1.27　弹头贯穿靶板过程受力分析

在 M 点周围选取一微元，表面积为 $d\sigma$、母线斜度为 α。微元受到正面压力 N 和摩擦力 $F = f_v N$ 作用，f_v 为速度 v 时摩擦系数。微元阻力 dF_a 可表述为

$$dF_a = N\sin\alpha d\sigma + f_v N\cos\alpha d\sigma \tag{1.91}$$

弹丸受到的合阻力 F_a 为

$$F_a = \int_\sigma (N\sin\alpha + f_v N\cos\alpha) d\sigma \tag{1.92}$$

式中，σ 为弹丸头部和靶板接触的表面积。

靶板可等效为屈服极限为 σ_s 的大平板，当弹丸侵入靶板后，弹丸周围材料达到屈服极限，则作用在弹丸表面的正压力为 $\sigma_s/2$。需要指出的是，该处的屈服极限为冲击载荷下的材料屈服极限。一般情况下，冲击屈服极限比静态屈服极限要大 25%，弹丸上的正压力为 $0.625\sigma_s$，此时 σ_s 就是静力载荷下靶板屈服极限。摩擦系数 $f_v = 0.8 f_0$，因此阻力 F_a 可表述为

$$F_a = \int_\sigma \left(\frac{5\sigma_s \sin\alpha}{8} + \frac{f_0 \sigma_s \cos\alpha}{2} \right) d\sigma \tag{1.93}$$

由图 1.27，可得如下关系：

$$\begin{cases} \sin\alpha \cdot d\sigma = 2\pi y dy \\ \cos\alpha \cdot d\sigma = 2\pi y dx \end{cases} \tag{1.94}$$

另外

$$F_a = -mv\frac{dv}{dx}$$

$$mv\frac{dv}{dx} = -2\pi\sigma_s \left[0.625\left(\frac{y_2^2 - y_1^2}{2}\right) + 0.5 f_0 A \right] \tag{1.95}$$

式中，y_1、y_2 为弹丸母线与靶板平面相交处的两个纵坐标；A 为弹丸母线、轴线与靶板平面所包围的面积。若已知弹丸卵形母线方程，则

$$y_1 = f(x)$$
$$y_2 = f(x + h'_0) \quad (1.96)$$
$$A = \int_x^{x+h'_0} f(x)\,dx = g(x + h'_0) - g(x)$$

对阻力方程进行积分：

$$\int_{v_1}^{v} mv\,dv = -\int_0^x \pi\sigma_s \left[1.25\left(\frac{y_2^2 - y_1^2}{2}\right) + f_0 A\right]dx \quad (1.97)$$

瞬时速度 v_2 可表述为

$$v_2^2 = v_1^2 - \frac{1.25\pi\sigma_s}{m}\int_0^x [f^2(x+h'_0) - f^2(x)]\,dx + 0.5f_0 \int_0^x [g(x+h'_0) - g(x)]\,dx \quad (1.98)$$

式中，v_1 为弹头侵彻阶段的弹丸速度。

若弹头部母线形状已知，即可求出弹头贯穿靶板过程中的任一瞬时速度 v。弹丸所受轴向阻力 F_a 可表述为

$$F_a = \pi\sigma_s\{0.625[f(x+h'_0)^2 - f(x)^2]\} + f_0[g(x+h'_0) - g(x)] \quad (1.99)$$

当侵彻距离 $x = H$ 时，所求出的速度值 v_2 即为该阶段结束时弹丸速度。若 $v_2 = 0$，此时初始碰撞速度 v_0 即为弹丸穿透钢靶的最小速度；若 $v_2 < 0$，表明在该阶段弹丸已经停止侵彻；若 $v_2 > 0$，表明弹丸将继续侵彻。

若弹丸继续侵彻，考虑到弹头部已经全部穿过靶板，在此阶段，弹丸仅有圆柱部与靶板接触，则弹丸作用力仅为摩擦力。弹丸瞬时速度 v_3 为

$$mv\frac{dv}{dx} = -\pi a h'_0 f_0 \cdot \sigma_s$$
$$v_3^2 = v_2^2 - \frac{2\pi a h'_0}{m} \cdot f_0 \sigma_s \cdot x \quad (1.100)$$

此阶段作用于弹丸的阻力 F_a 可表述为

$$F_a = \pi a h'_0 \cdot f_0 \sigma_s \quad (1.101)$$

1.4 混凝土靶侵彻理论

混凝土靶侵彻理论主要描述弹丸侵彻混凝土靶过程中，弹丸和靶板的动力学响应行为。不同于金属靶，由于混凝土材料力学性质特殊，加之弹丸结构形

式多样，弹靶作用动力学响应行为更为复杂。本节主要针对卵形头部弹丸，阐述混凝土靶侵彻运动模型、侵彻量纲分析和侵深经验模型。

1.4.1 侵彻运动模型

金属弹丸侵彻混凝土目标，首先导致材料发生压缩和剪切变形，继而在混凝土靶表面形成裂纹并产生材料脱落，形成入口漏斗坑。当弹丸速度较高时，在混凝土靶背面产生崩落碎片，同时形成崩落漏斗坑。当侵彻体还有一定能量并在混凝土中继续运动时，形成圆柱形通道，直径稍大于弹丸直径并继续运动，贯穿靶板形成出口漏斗坑，金属弹丸侵彻混凝土靶过程如图 1.28 所示。

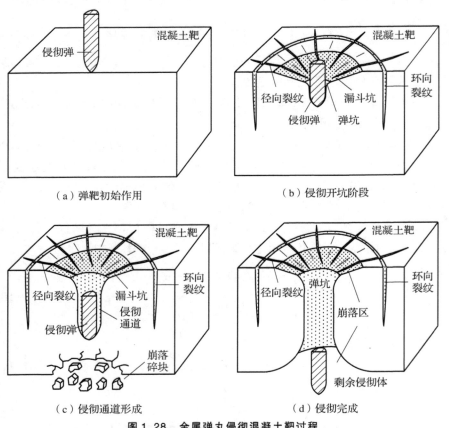

图 1.28 金属弹丸侵彻混凝土靶过程

建立弹丸在混凝土介质中的运动模型，需先做如下假设。

（1）弹丸攻角 δ 初值 δ_0 在射击平面上。

（2）忽略弹丸陀螺效应对侵彻轨迹影响。

（3）弹丸上作用力和力矩只有正面阻力 R_f、法向阻力 R_N 和翻转力矩 M_d。

建立图 1.29 所示直角坐标系 Oxy,坐标原点 O 位于弹丸质心,x 轴为横轴,y 轴为纵轴,Oxy 面为弹道平面,弹丸质心运动方程可表述为

$$\begin{cases} M\dfrac{\mathrm{d}^2 x}{\mathrm{d}t^2} = -F_f\cos\theta - F_N\sin\theta \\ M\dfrac{\mathrm{d}^2 y}{\mathrm{d}t^2} = F_f\sin\theta - F_N\cos\theta \\ B\left(\dfrac{\mathrm{d}^2\delta}{\mathrm{d}t^2}\dfrac{\mathrm{d}^2\theta}{\mathrm{d}t^2}\right) = M_d \end{cases} \quad (1.102)$$

式中,M 为弹丸质量;θ 为弹丸速度与水平面夹角;B 为弹丸赤道转动惯量。

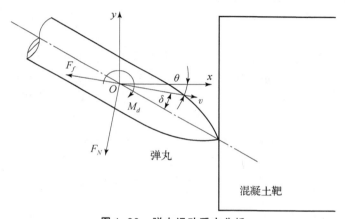

图 1.29　弹丸运动受力分析

x、y 轴上的速度分量分别可表述为

$$\begin{aligned} \dfrac{\mathrm{d}x}{\mathrm{d}t} &= v\cos\theta \\ \dfrac{\mathrm{d}y}{\mathrm{d}t} &= -v\sin\theta \end{aligned} \quad (1.103)$$

式中,v 为弹丸速度。

将式(1.103)微分与式(1.102)联立,可得弹丸加速度 a 和角加速度 α:

$$\begin{aligned} a &= \dfrac{\mathrm{d}v}{\mathrm{d}t} = -\dfrac{1}{M}R_f \\ \alpha &= \dfrac{\mathrm{d}\theta}{\mathrm{d}t} = \dfrac{1}{M}\dfrac{R_N}{v} \end{aligned} \quad (1.104)$$

$r\mathrm{d}\theta/\mathrm{d}t = v$($r$ 为弹道曲率半径),$r = 1/K$(K 为弹道曲率),可得

$$K = \dfrac{1}{M}\dfrac{R_N}{v^2} \text{或} r = M\dfrac{v^2}{R_N} \quad (1.105)$$

侵彻运动模型指出,若已知 R_f、R_N 和 M_d,即可获得弹丸的运动轨迹。R_f、

R_N 和 M_d 的表达式可通过侵彻量纲分析获得。

1.4.2 侵彻量纲分析

弹丸侵彻靶板效应复杂，对侵深的计算目前主要通过量纲分析的方法结合试验获得。分析刚性弹丸垂直侵彻混凝土靶，所做假设如下。

（1）侵彻过程中，弹丸保持刚性，头部为卵形。
（2）混凝土介质为半无限的均匀各向同性材料。
（3）忽略混凝土介质的黏滞性。
（4）不考虑混凝土介质的应变率效应。

基于上述假设，弹丸垂直撞击混凝土时，影响侵深的独立参量包括如下两类。

（1）弹丸参量：质量 M、直径 D、撞击速度 V_c、弹丸头部卵形半径 R。
（2）混凝土介质参量：密度 ρ、屈服强度 σ_s、声速 c、弹性模量 E。

弹丸、混凝土的独立参量和侵彻深度，分析中共涉及 9 个参量。基本量纲单位采用国际单位制，各参量量纲列于表 1.2。

表 1.2 弹丸、混凝土和侵深参量量纲

参量	符号	量纲
侵彻深度	P_{max}	L
弹丸质量	M	M
弹丸直径	D	L
弹丸撞击速度	V_c	LT^{-1}
弹丸头部卵形半径	R	L
混凝土介质密度	ρ	ML^{-3}
混凝土介质屈服强度	σ_s	$ML^{-1}T^{-2}$
混凝土介质声速	c	LT^{-1}
混凝土介质弹性模量	E	$ML^{-1}T^{-2}$

弹丸侵彻混凝土深度可表述为

$$P_{max} = f(M, D, V_c, R, \rho, \sigma_s, c, E) \tag{1.106}$$

根据 π 定理，取 D、ρ 为独立变量，对式（1.106）进行无量纲化处理，将各 π 项代入式（1.106），则其无量纲关系式可表述为

$$\frac{P_{max}}{D} = g\left(\frac{M}{\rho D^3}, \frac{V_c}{\sqrt{\sigma_s/\rho}}, \frac{R}{D}, \frac{c}{\sqrt{\sigma_s/\rho}}, \frac{E}{\sigma_s}\right) \tag{1.107}$$

式中，$\pi_1 = \dfrac{M}{\rho D^3}$，$\pi_2 = \dfrac{V_c}{\sqrt{\sigma_s/\rho}}$，$\pi_3 = \dfrac{R}{D}$，$\pi_4 = \dfrac{c}{\sqrt{\sigma_s/\rho}}$，$\pi_5 = \dfrac{E}{\sigma_s}$。

令 $\pi'_4 = \pi_4/\pi_2 = c/V_c$，表征介质可压缩性对侵彻影响，仍为无量纲量。弹丸撞击速度通常小于混凝土声速，因此，混凝土中只产生弹性波或弹塑性波，波的强度较弱，介质可压缩性影响不显著。式（1.107）可表述为

$$\dfrac{P_{\max}}{D} = g\left(\dfrac{M}{\rho D^3}, \dfrac{V_c}{\sqrt{\sigma_s/\rho}}, \dfrac{R}{D}, \dfrac{E}{\sigma_s}\right) \quad (1.108)$$

侵彻混凝土靶时，可忽略弹性阶段对侵彻深度影响，式（1.108）可表述为

$$\dfrac{P_{\max}}{D} = g\left(\dfrac{M}{\rho D^3}, \dfrac{V_c}{\sqrt{\sigma_s/\rho}}, \dfrac{R}{D}\right) \quad (1.109)$$

式中，$M/(\rho D^3)$ 表征弹丸截面密度与靶材密度比对侵彻深度影响；$V_c/\sqrt{\sigma_s/\rho}$ 表征弹靶界面应力与靶板屈服应力的比值对侵彻深度的影响；R/D 表征弹丸头部形状对侵彻深度的影响。令 $\pi' = \pi/\pi_1$，代入式（1.109）得

$$\dfrac{P_{\max}}{M/(\rho D^2)} = g\left(\dfrac{M}{\rho D^3}, \dfrac{V_c}{\sqrt{\sigma_s/\rho}}, \dfrac{R}{D}\right) \quad (1.110)$$

弹丸和靶板参数不变时，$M/(\rho D^3)$ 和 R/D 为常数，式（1.110）可表述为

$$\dfrac{P_{\max}}{M/(\rho D^2)} = f\left(\dfrac{V_c}{\sqrt{\sigma_s/\rho}}\right) \quad (1.111)$$

式（1.111）的具体函数形式可通过试验确定。通过系列化试验，弹丸侵彻混凝靶板的侵彻深度经验计算公式可表述为

$$\dfrac{\rho D^2 P_{\max}}{M} = N\ln\left[1 + 0.138\,33\left(\dfrac{V_c}{\sqrt{\sigma_s/\rho}}\right)^{2.024\,3}\right] \quad (1.112)$$

式中，N 为弹丸头部形状因子，不同头部形状因子列于表 1.3。

表 1.3　头部形状因子 N

卵形头部曲率半径与弹丸直径之比（CRH）	N
5.1	1.000
3.1	0.814
1.5	0.742
0.5	0.692

1.4.3　侵深经验模型

弹体对混凝土靶的侵彻是一个非常复杂的动力学过程，涉及结构动力学、

塑性动力学、实验力学等学科,通过理论分析获得准确的理论模型存在一定困难。结合具体实验研究,对弹丸侵彻混凝土靶的分析主要采用经验模型的方法。目前应用较多的侵彻混凝土目标经验模型主要有美国桑迪亚国家实验室(SNL)的 Young 模型和美国陆军工程兵团水道试验站(WES)的 Bernard 模型。

1. Young 模型

根据 Young 模型,弹丸侵彻土、岩石、混凝土的统一经验公式表述为

$$P = \begin{cases} 0.0008SN\left(\dfrac{M}{A}\right)^{0.7}\ln(1+2.15V_c^2 10^{-4}) & V_c \leq 61 \text{ m/s} \\ 0.000018SN\left(\dfrac{M}{A}\right)^{0.7}(V_c - 30.5) & V_c > 61 \text{ m/s} \end{cases} \quad (1.113)$$

式中,P 为侵彻深度;M 为弹丸质量;A 为弹丸横截面积;V_c 为弹丸着速;S 为可侵彻性指标;N 为弹丸头部形状系数。

可侵彻性指标 S 值可通过式(1.114)计算:

$$S = 2.7(f_c Q)^{-0.3} \quad (1.114)$$

式中,对岩石而言,f_c 为无侧限抗压强度;Q 为质量。

卵形头部弹丸和锥形头部弹丸的形状系数 N 可表述为

$$N = \begin{cases} \dfrac{0.18 l_n}{D} + 0.56 & \text{卵形头部弹丸} \\ 0.18(CRH - 0.25)^{0.5} + 0.56 & \text{卵形头部弹丸} \\ \dfrac{0.25 l_n}{D} + 0.56 & \text{锥形头部弹丸} \end{cases} \quad (1.115)$$

式中,l_n 为弹丸头部长度;D 为弹丸直径。

由于土、岩石、混凝土物理和力学特性复杂,通过 Young 公式计算获得精确计算结果,需明确适用范围:弹丸撞击速度 61~1 350 m/s,质量 3.17~2 267 kg,弹丸直径 2.54~76.2 cm,靶体抗压强度 14~63 MPa。

2. Bernard 模型

Bernard 公式是基于弹丸对混凝土、花岗岩、凝灰岩、砂岩侵彻试验结果,通过回归分析所建立。美国陆军工程兵团水道试验站和美国桑迪亚国家实验室在 1977—1979 年间先后提出了三种计算弹丸侵彻岩石的侵彻深度公式,分别为 Bernard Ⅰ公式、Bernard Ⅱ公式和 Bernard Ⅲ公式。

1)Bernard Ⅰ模型

Bernard Ⅰ模型于 1977 年提出,具体表述为

$$\frac{\rho P}{M/A} = 0.2 V_c \cdot \left(\frac{\rho}{f_c}\right)^{0.5} \cdot \left(\frac{100}{\mathrm{RQD}}\right)^{0.8} \qquad (1.116)$$

式中，M 为弹体质量；A 为弹体横截面积；ρ 为岩体密度，参考取值列于表 1.4；f_c 为岩石无侧限抗压强度；RQD 为岩体质量系数，表征的是现场岩体中原生裂缝间距，取值范围列于表 1.5。

表 1.4 岩石密度参考取值

围岩类别	I	II	III	IV	V
岩石密度 /(kg·m^{-3})	2 500 ~ 2 700	2 500 ~ 2 700	2 300 ~ 2 500	2 200 ~ 2 400	2 000 ~ 2 300

表 1.5 岩体质量系数

级别	岩体质量	RQD/%
A	很好	90 ~ 100
B	好	75 ~ 90
C	较好	50 ~ 75
D	差	25 ~ 50
E	很差	10 ~ 25

1986 年，美国出版《常规武器防护设计原理》，侵深表述为

$$P = 6.45 \cdot \frac{M}{D^2} \cdot \frac{V_c}{(\rho f_c)^{0.5}} \cdot \left(\frac{100}{\mathrm{RQD}}\right)^{0.8} \qquad (1.117)$$

Bernard I 公式表明，侵彻深度 P 与弹丸撞击速度 V_c 呈线性关系。

2）Bernard II 模型

1978 年，Bernard 等学者提出了第二个弹丸侵彻岩石深度计算模型，具体表述为

$$P = \frac{585.62 MV_c}{D^2 (\rho f_c)^{0.5} \mathrm{RQD}^{0.8}} - \frac{271.84 M}{\rho D^2} \ln\left[1 + 2.15 \left(\frac{1}{\mathrm{RQD}}\right)^{0.8} \left(\frac{\rho}{f_c}\right)^{0.5} V_c\right] \qquad (1.118)$$

比较式（1.117）和式（1.118）可看出，与 Bernard I 模型不同，Bernard II 模型表明，侵彻深度 P 与弹速 V_c 呈非线性关系。

3）Bernard III 模型

1979 年，Bernard 等根据微分面力模型对弹丸侵彻岩石进行受力分析，得

到了适用于侵彻岩石及混凝土深度的计算公式，即 Bernard Ⅲ 公式，表述为

$$P = \frac{M}{A} \cdot \frac{N}{\rho} \left[\frac{V_c}{3} \cdot \frac{\rho^{0.5}}{N_{cr}^{0.5}} - \frac{4}{9} ln \left(1 + \frac{3}{4} \cdot V_c \cdot \frac{\rho^{0.5}}{f_{cr}^{0.5}} \right) \right]$$

$$N = \begin{cases} 0.863 \left[\dfrac{4(CRH)^2}{4CRH-1} \right] & \text{卵形头部} \\ 0.805(\sin \eta_c)^{-0.5} & \text{锥形头部} \end{cases}$$

(1.119)

$$f_{cr} = f_c (RQD/100)^{0.2}$$

(1.120)

式中，N 为弹形系数；卵形头部曲率半径与弹丸直径之比（CRH）；η_c 为头部半锥角。该模型既可用于岩体，也可用于混凝土，计算精度优于 Bernard Ⅱ 模型。但需特别说明的是，该模型只适用于正撞击情况。

第 2 章
复合结构侵彻体侵彻效应

2.1 惰性复合结构侵彻体侵彻理论

惰性复合结构侵彻体指由两种不同密度的芯体/壳体材料构成的弹体结构，其侵彻理论主要描述惰性复合结构侵彻体与目标侵彻作用过程，并依靠自身动能和膨胀效应毁伤目标的高瞬态动力学过程。本节主要介绍惰性复合结构侵彻体弹靶作用行为、径向效应模型和轴向存速模型等内容。

2.1.1 弹靶作用行为

1. 侵彻体基本结构

惰性复合结构侵彻体可依靠弹丸与目标碰撞过程的动力学作用，实现对目标的穿甲和破片双重杀伤效应。典型惰性复合结构侵彻体结构主要由风帽、弹壳、弹芯、弹带和发射装药五部分组成，如图2.1所示。弹丸主要由两种不同材料组合而成，壳体为高密度材料，如钢、钨合金等，弹芯为尼龙、聚乙烯、铝等低密度材料。弹带主要为紫铜等材料，用于密闭火药气体，增加弹丸旋转，实现弹丸飞行稳定性。风帽主要由铝材料构成，以优化弹丸头部气动外形，减小飞行阻力。在尺寸上，可采用全口径或次口径设计，并可按比例缩放。

第 2 章 复合结构侵彻体侵彻效应

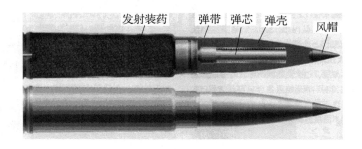

图 2.1 典型惰性复合结构侵彻体结构

2. 侵彻实验

美国圣路易斯实验室针对碰撞速度在 900～3 000 m/s 范围内的惰性复合结构侵彻体侵彻靶板问题开展了系统性实验研究。侵彻体主要由外壳、弹芯、尾部三部分组成,如图 2.2 所示。弹芯为圆柱体,材料为铝或聚乙烯,外壳为钨合金,靶板材料为铝合金或钢。具体实验中弹芯、壳体、侵彻体几何尺寸及材料参数分别列于表 2.1 和表 2.2。

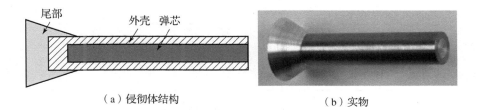

(a) 侵彻体结构　　　　　　(b) 实物

图 2.2 惰性复合结构侵彻体

不同碰撞速度条件下,铝芯体和聚乙烯芯体惰性复合结构侵彻体侵彻 8 mm 厚铝靶板 X 光摄影分别如图 2.3 和图 2.4 所示。可以看出,在相同速度条件下,侵彻过程中侵彻体壳体膨胀、碎裂、飞散状态均不同。芯体材料为铝时,低速侵彻时,壳体膨胀后形成较大尺寸破片,剩余侵彻体较长;随侵彻速度上升至 2 000 m/s 以上,壳体膨胀形成大量小尺寸破片,侵彻体尾部断裂,剩余侵彻体显著减少。芯体材料为聚乙烯时,由于密度较低,冲击作用下膨胀更为显著,碰撞压力更低,轴向剩余速度较小;随侵彻速度升高,冲塞块反向压缩侵彻体,壳体完全碎裂,侵彻体尾部逐渐与弹体完全分离。

表2.1　侵彻体和靶板结构参数

弹体		靶板		
尺寸/mm	芯体	速度/(m·s^{-1})	厚度/mm	材料
$\Phi_{外径}=10$ $\Phi_{芯体}=6$ $L_{弹长}=60$	铝合金	900 1 300 2 450	3	铝合金,钢
		900 1 300 2 450	8	铝合金
	聚乙烯	900 1 300 2 450	3	铝合金,钢
		900 1 300 2 450	8	铝合金
$\Phi_{内径}=8$ $\Phi_{芯体}=4$ $L_{弹长}=40$	铝合金 聚乙烯	3 000	8	铝合金

表2.2　侵彻体及靶板材料参数

参量	弹体			靶板	
	钨合金	铝	聚乙烯	铝合金	钢
密度/(g·cm^{-3})	18	2.65	0.92	2.8	7.823
声速/(m·s^{-1})	—	5 176	2 187	5 106	4 797
杨氏模量（N·mm^{-2}）	360 000	—	—	74 000	201 000
体积模量（N·mm^{-2}）	—	71 000	4 400	73 000	180 000
剪切应力/MPa	—	—	—	260	360
断裂应力/MPa	680	—	—	430	720
断裂应变	3.5	—	—	16	17

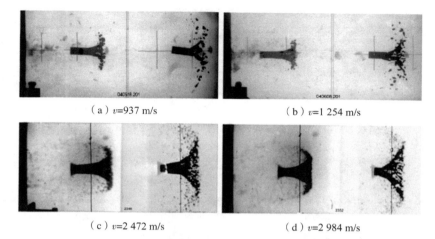

图 2.3　铝芯体复合结构侵彻体侵彻 8 mm 厚铝靶板 X 光摄影

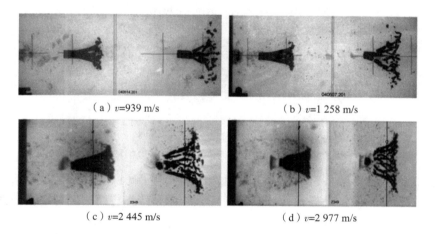

图 2.4　聚乙烯芯体复合结构侵彻体侵彻 8 mm 厚铝靶板 X 光摄影

除芯体材料，靶板厚度也通过影响弹靶动力学响应，显著影响惰性复合结构侵彻体侵彻行为。铝芯体复合结构侵彻体侵彻 3 mm 厚铝靶板和钢靶板 X 光摄影分别如图 2.5 和图 2.6 所示，聚乙烯芯体复合结构侵彻体侵彻 3 mm 厚钢靶板 X 光摄影如图 2.7 所示。对比图 2.3 可以看出，碰撞速度和靶板厚度增加，均会导致壳体破片径向速度增大。需要特别说明的是，相同碰撞速度条件下，靶板厚度增加并不影响碰撞压力，但会影响弹丸内压力脉冲持续时间。靶板材料改变时，由于碰撞压力改变，靶后破片形状发生显著变化。

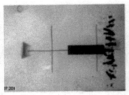  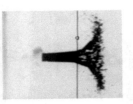

（a）v=929 m/s　　　（b）v=1 275 m/s　　　（c）v=2 457 m/s

图 2.5　铝芯体复合结构侵彻体侵彻 3 mm 厚铝靶板 X 光摄影

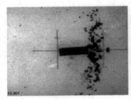  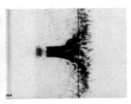

（a）v=925 m/s　　　（b）v=1 261 m/s　　　（c）v=2 441 m/s

图 2.6　铝芯体复合结构侵彻体侵彻 3 mm 厚钢靶板 X 光摄影

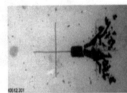  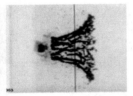

（a）v=936 m/s　　　（b）v=1 262 m/s　　　（c）v=2 475 m/s

图 2.7　聚乙烯芯体复合结构侵彻体侵彻 3 mm 厚钢靶板 X 光摄影

上述侵彻实验结果表明，碰撞速度、芯体材料、靶板厚度及靶板材料对惰性芯体复合结构侵彻体侵彻行为影响显著。总体而言，碰撞速度增加，碰撞压力升高、压力作用时间减少，导致壳体产生更高径向速度；靶板厚度增加，压力作用时间增加，壳体膨胀破片径向速度增加。

3. 作用机理

惰性复合结构侵彻体对目标侵彻毁伤机理以强度、密度等物理参量差异显著的芯体、壳体组合结构为基础。侵彻体外壳由钢、钨合金等高强度、高密度材料构成，芯体由密度、强度较低，侵彻性能较弱的塑料、铝等惰性材料构成。两种材料应用于同一侵彻体，击中目标后，壳体首先侵彻靶板，惰性芯体前进缓慢，被挤压在外壳与弹底之间，芯体中压力不断升高，导致壳体膨胀，同时产生径向作用力作用于壳体。侵彻过程中，壳体在径向上主要受到芯体膨胀压力和靶板约束力，可近似看作处于受力平衡状态。当侵彻体穿透靶板后，靶板约束力突然卸载,芯体应力释放,壳体在芯体径向力作用下碎裂成破片。因此,惰性复合结构侵彻体不仅具有较强穿甲能力,且具有良好横向杀伤效应。

基于以上分析,惰性复合结构侵彻体侵彻靶板过程可分为三个阶段,如图2.8所示。

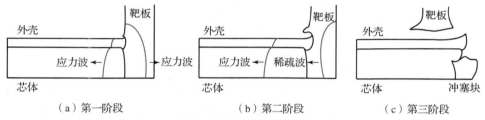

图2.8 惰性复合结构侵彻体侵彻靶板行为

第一阶段,惰性复合结构侵彻体初始装甲阶段。此时惰性复合结构侵彻体可看作典型动能侵彻体,侵彻效应主要受侵彻体动能影响,靶板厚度影响较小。撞击产生的应力波从撞击面开始分别向靶板背面和侵彻体尾部传播,受撞击影响的区域限于弹靶接触区,弹靶大部分区域为无应力区。

第二阶段,稳定侵彻阶段。由于靶厚较弹长显著更小,撞击产生的应力波首先传播至靶板背面,反射后形成轴向稀疏波,向弹靶撞击面传播。由于稀疏波卸载作用,靶板内应力快速卸载。芯体侵彻能力较弱,被挤压在壳体与靶板之间,压力持续上升,壳体受挤压径向膨胀。靶板冲塞块一旦形成,则压力不再增加,侵彻体与冲塞块以相同速度运动,直至将冲塞块推离靶板。

第三阶段,复合结构侵彻体贯穿靶板。靶板对侵彻体约束力完全卸载,芯体材料径向应力释放,膨胀作用导致壳体失效破碎,形成大量具有一定径向速度的破片,进入靶板内部,对靶后目标产生杀伤效应。

2.1.2 径向效应模型

惰性复合结构侵彻体撞击靶板过程中,第二阶段对径向效应的形成起主要作用,涉及的侵彻体结构受力、应力波等过程均较为复杂。芯体同时受轴向冲击压力和壳体径向束缚作用,侵彻靶板过程中的动力学响应行为显著不同于常规动能长杆体;高强度壳体类似于弹性波导管,弹性波在其中传播时受到径向内、外两个界面的影响,发生色散现象;此外,应力波在壳体、弹芯尾部还会发生反射,产生反射波与反射波、反射波与弹靶界面之间的相互作用。以上因素均为弹靶作用关系的分析带来难度。为便于分析,做如下假设。

(1)侵彻过程为一维准定常运动,各物理量随时间变化缓慢。

(2)靶板材料通过线性硬化本构描述,壳体为理想弹塑性材料,芯体为理想弹性材料，且忽略三种材料在侵彻过程中的体积变化。

（3）忽略壳体材料在侵彻靶板过程中的侵蚀，即壳体质量不变。

（4）忽略壳体材料变形和破碎时的能量消耗。

依据以上假设，芯体为均匀理想弹性材料，弹性变形可逆，变形过程中所贮存的能量在卸载过程中将全部释放，穿透靶板后芯体中由泊松效应引起的弹性能将全部转化为壳体破碎所产生破片的径向飞散动能。

径向作用以芯体受力及在其作用下壳体变形为对象，研究破片形成和径向飞散速度。侵彻体以速度 v_0 垂直撞击金属薄靶，壳体密度为 ρ_j，外径为 D_0，内径为 D，长度为 L_0；芯体密度为 ρ_f，弹性模量为 E，泊松比为 μ，长度为 l_0；靶板密度为 ρ_t，厚度为 h_t。侵彻体在轴向上主要受到两个力作用：撞击靶板产生的接触压应力和挤凿剪切引起的压应力。由于材料性能不同，将芯体与外壳的受力分开讨论。

根据假设，壳体采用理想弹塑性材料，芯体采用理想弹性材料，因此，惰性芯体结构侵彻体撞击靶板产生的应力波在芯体和壳体中分别以弹性波速 c_{0f} 和 c_{0j} 传播，在靶板内以平面膨胀波速 c_{H_t} 传播。

假设芯体和壳体撞击靶板产生的接触压应力分别为 σ_{ef}、σ_{ej}。侵彻体撞击靶板后，从撞击界面处分别向芯体、壳体和靶板中传播应力波。芯体因碰撞应力 σ_{ef} 作用而引起的背向靶板运动速度为 v_{1f}，靶面由于 σ_{ef} 作用沿撞击方向运动速度为 v_{2f}，根据动量守恒关系，可求得

$$\sigma_{ef} = v_0 \frac{\rho_f c_{0f} \rho_t c_{H_t}}{\rho_f c_{0f} + \rho_t c_{H_t}}, \quad v_{2f} = v_0 \frac{\rho_f c_{0f}}{\rho_f c_{0f} + \rho_t c_{H_t}} \qquad (2.1)$$

壳体与靶板间的接触应力 σ_{ej} 及壳体与靶板接触面运动速度 v_{2j} 为

$$\sigma_{ej} = v_0 \frac{\rho_j c_{0j} \rho_t c_{H_t}}{\rho_j c_{0j} + \rho_t c_{H_t}}, \quad v_{2j} = v_0 \frac{\rho_f c_{0j}}{\rho_j c_{0j} + \rho_t c_{H_t}} \qquad (2.2)$$

式（2.1）、式（2.2）表征碰撞速度与撞击应力的关系，在靶板材料一定时，撞击应力与靶板厚度无关，仅由碰撞速度决定。

惰性芯体复合结构侵彻体作用薄装甲，可忽略壳体在穿靶过程中的变形，塞块可近似为阶梯圆柱状。除上述接触应力外，在接触面上还有两个与挤凿剪应力平衡的压应力，即芯体对靶板的压应力 σ_{qf} 和壳体对靶板的压应力 σ_{qj}，如图 2.9 所示。设在直径为 D_0 的靶块柱形截面上，有挤凿剪应力 σ_{xr} 作用，其强度在 $x^* = x$ 处为屈服剪应力，在背面处（$x^* = h_t$）为 0。设剪应力大小沿靶板厚度方向线性变化，当压应力 σ_{qf}、σ_{qj} 和挤凿剪应力 σ_{xr} 平衡时，有

$$\frac{\pi D^2 \sigma_{qf}}{4} + \frac{\pi (D_0^2 - D^2)\sigma_{qj}}{4} = \pi D_0 \int_x^{h_t} \sigma_{xr} \mathrm{d}x = \pi D_0 \sigma_{Yt}^D (h_t - x)/2 \qquad (2.3)$$

式中，σ_{Yt}^D 为靶板材料动态屈服应力。根据假设，挤凿剪应力 σ_{xr} 沿靶板厚度方向呈线性分布，侵彻体对靶板剪切冲塞作用可看作由无数个静态瞬间组成，各静态瞬间的 σ_{qj} 可表述为

$$\sigma_{qj} = \sigma_{qf} = \frac{2\sigma_{Yt}^D (h_t - x)}{D_0} \tag{2.4}$$

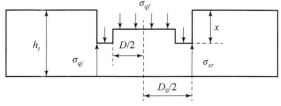
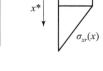

（a）冲塞状态应力状态　　　　　（b）剪应力分布

图 2.9　靶板受力状态

当复合结构侵彻体以速度 v_0 垂直撞击金属薄靶时，芯体轴向上除受到 σ_{cf} 和 σ_{qf} 作用，还受到侵彻体尾端压应力 σ_{wn} 作用。不考虑侵彻体自重，壳体在其与靶板间的接触应力 σ_{cj}、挤凿剪切应力 σ_{qj} 和弹芯轴向压应力作用下减速，根据达朗贝尔原理有：

$$-m_j a_j + \sigma_{cj} A_j + \sigma_{qj} A_j - \sigma_{wn} A_f = 0 \tag{2.5}$$

式中，m_j 为壳体质量，忽略侵彻过程中质量损失，则 $m_j = \rho_j \pi (D_0^2 L_0 - D^2 l_0)/4$；$a_j$ 为壳体尾端平均加速度，方向与侵彻体运动方向相反；A_j 和 A_f 分别为壳体和芯体横截面积，$A_j = \pi(D_0^2 - D^2)/4$，$A_f = \pi D^2/4$。

根据泰勒理论，在侵彻体撞击靶板瞬间，接触端压应力迅速增加，达到侵彻体材料弹性极限，同时产生弹性压缩波以声速 c_{0j} 向侵彻体尾部自由端传播，弹性压缩波应力强度等于壳体弹性压缩极限强度 σ_{Yj}^D。时刻 $t = L_0/c_{0j}$ 时，弹性波传至自由端，反射拉伸波并以相同声速向接触面传播，此时尾端速度减小为

$$v' = v_0 - 2\sigma_{Yj}^D/(\rho_j c_{0j}) \tag{2.6}$$

所用时间为 $t' = 2L_0/c_{0j}$，尾端平均加速度表述为

$$a_j = \frac{\Delta v}{\Delta t} = \frac{v_0 - v'}{t'} = \frac{2\sigma_{Yj}^D/(\rho_j c_{0j})}{2L_0/c_{0j}} = \frac{\sigma_{Yj}^D}{\rho_j L_0} \tag{2.7}$$

由式（2.5）可得壳体尾端对芯体的轴向压应力

$$\sigma_{wn} = \frac{-m_j a_j + \sigma_{cj} A_j + \sigma_{qj} A_j}{A_f} = \frac{(D_0^2 - D^2)(\sigma_{cj} + \sigma_{qj})}{D^2} - \frac{\sigma_{Yj}^D (D_0^2 L_0 - D^2 l_0)}{D_0^2 L_0}$$

$$\tag{2.8}$$

由式（2.8）可知，壳体尾端对芯体的轴向压应力与壳体材料、侵彻体结

构以及靶板材料等因素相关。由于芯体与壳体在侵彻前具有相同初速,穿靶后轴向剩余速度也近似相同,因此可将芯体与壳体作为整体考虑。

由以上分析知,惰性复合结构侵彻体在接触应力和挤凿剪应力作用下减速,侵彻体轴向运动方程表述为

$$M\frac{\mathrm{d}v}{\mathrm{d}t} = -\frac{\pi D^2}{4}(p_f + \sigma_{qf}) - \frac{\pi(D_0^2 - D^2)}{4}(p_j + \sigma_{qj}) \quad (2.9)$$

结合初始条件和边界条件,积分可得侵彻体轴向剩余速度

$$v_{\mathrm{res}} = \sqrt{v_0(1 - A - B) - C} \quad (2.10)$$

式中

$$\begin{cases} A = \dfrac{4h_t \rho_j^2 c_{0j}^2 \rho_t c_{H_t}(D_0^2 - D^2)}{\left[\rho_f D^2 l_0 + \rho_j(D_0^2 L_0 - D^2 l_0)\right](\rho_j c_{0j} + \rho_t c_{H_t})^2 \left(c_{H_t} + v_0 \dfrac{\rho_j c_{H_j}}{\rho_j c_{0j} + \rho_t c_{H_t}}\right)} \\[2ex] B = \dfrac{4h_t \rho_f^2 c_{0f}^2 \rho_t c_{H_t} D^2}{\left[\rho_f D^2 l_0 + \rho_j(D_0^2 L_0 - D^2 l_0)\right](\rho_f c_{0f} + \rho_t c_{H_t})^2 \left(c_{H_t} + v_0 \dfrac{\rho_f c_{0f}}{\rho_f c_{0f} + \rho_t c_{H_t}}\right)} \\[2ex] C = \dfrac{2 D_0 \sigma_{Yt}^D h_t^2}{\rho_f D^2 l_0 + \rho_j(D_0^2 L_0 - D^2 l_0)} \end{cases}$$

忽略破片形成消耗能量,v_{res}为破片轴向速度。当$v_{\mathrm{res}} = 0$时,v_0即为复合结构侵彻体弹道极限速度。侵彻体撞击靶板后,应力波在芯体中以弹性波速c_{0f}传播,由于芯体为理想弹性材料,弹性波通过区域,芯体发生弹性变形且满足胡克定律。取芯体横截面中心为坐标原点,x轴平行于撞击方向,则有

$$\varepsilon_x = \partial u_x / \partial x = -\sigma_x(x,t)/E \quad (2.11)$$

式中,ε_x、u_x、σ_x分别为芯体轴向应变、位移和应力;负号表示压应力。

基于泊松效应,芯体除轴向应变外,同时存在径向变形:

$$\varepsilon_y = \partial u_y / \partial y = -\mu_f \varepsilon_x, \quad \varepsilon_z = \partial u_z / \partial z = -\mu_f \varepsilon_x \quad (2.12)$$

式中,ε_y和ε_z为径向应变;u_y和u_z分别为y向和z向位移;μ_f为芯体泊松比。

泊松效应作用下,芯体将部分轴向应力转化为径向应力,导致壳体受压膨胀。由于假设弹靶作用过程为准静态,所以在侵彻过程中,可将径向受芯体材料挤压和靶板约束的壳体看作受力平衡。穿透靶板后,靶板约束力突然卸载,芯体应力释放,壳体在芯体径向力作用下碎裂成大量破片。

根据能量守恒定律,芯体质点受压缩所贮存的最终对破片径向飞散有贡献的弹性能表述为

$$\mathrm{d}e = \sigma_y \mathrm{d}\varepsilon_y \quad (2.13)$$

由于质点仅受轴向外力作用,根据广义胡克定律,弹性能表述为

$$de = \frac{\mu_f^2}{(1-\mu_f)E}\sigma_x d\sigma_x \qquad (2.14)$$

为进一步分析复合结构侵彻体径向效应，另做如下假设。

（1）壳体材料失效通过最大拉应力断裂准则表征，仅考虑一维径向运动。

（2）侵彻过程中壳体发生大变形，可忽略弹性阶段响应。

（3）芯体对壳体压力方向为外法线方向，忽略二者间摩擦影响。

侵彻体贯穿靶板后，在内部芯体和外围靶板共同作用下受力平衡的壳体，由于外围靶板约束力突然卸载，径向上仅受芯体径向压力而迅速膨胀，达到壳体材料破坏强度后，快速碎裂，形成大量破片。

将壳体看作由一系列同轴圆环堆积而成，从任一圆环上取一单元体进行分析，如图 2.10 所示。根据假设，$d\theta$ 所对应扇面体的与泊松效应有关的弹性能将全部转化为壳体径向飞散动能，忽略壳体所受轴向应力对径向变形影响，假设碎裂瞬间破片径向速度为 v_r，由能量守恒定律有

$$\rho_j V_j v_r^2 / 2 = \int_0^{t_f}\!\!\oint_{V_f} \rho_f de \qquad (2.15)$$

式中，t_f 为贯穿结束时间；ρ_f 和 ρ_j 分别为芯体和壳体的密度；V_f 和 V_j 分别为 $d\theta$ 对应芯体和壳体微元体积。根据假设，芯体和壳体体积均不可压缩。由能量守恒，破片径向运动的一般形式可表述为

$$v_r = \sqrt{\frac{\rho_f}{\rho_j}\frac{D^2}{D_0^2 - D^2}\frac{\mu_f^2}{(1-\mu_f)E}\int_0^{t_f}\sigma_x^2 dt} \qquad (2.16)$$

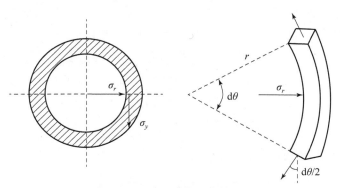

图 2.10　壳体单元应力分布

直径 10 mm、长径比为 5 的惰性复合结构侵彻体以 925 m/s 的速度侵彻 3 mm 钢靶后碎裂行为 X 光照片如图 2.11 所示。从图 2.11 中可以看出，侵彻体贯穿靶板后，壳体并未完全碎裂，剩余部分侵彻体。原因在于，贯穿靶板后，芯体径向应力小于壳体材料的抗拉强度，无法导致壳体断裂失效。

由此可假设，径向应力 σ_r 从壳体最前沿开始沿侵彻体线性变化，如图 2.12 所示。假设芯体轴向应力引起的对壳体前端（图 2.12 中 $s-s$ 截面处）径向应力为 σ_r，对壳体尾端径向应力为 $k\sigma_r$，$(0 < k < 1)$。由于靶板较薄，故可以忽略 $s-s$ 截面距壳体最前沿的长度，应力分布 k 值可通过实验拟合求得。由几何关系易求得距离前沿 h 处外壳单元所受径向应力为 $\sigma_r(l_0 - h + kh)/l_0$。

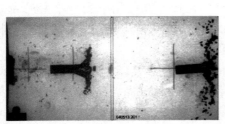

图 2.11 惰性复合结构侵彻体碎裂行为

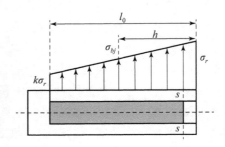

图 2.12 壳体径向应力分布

通过最大拉应力断裂准则，可分析壳体材料失效行为。根据该准则，断裂判据为 $\sigma_1 = \sigma_b$（σ_b 为材料强度极限）。由以上分析，主应力 σ_1 对应径向应力为 $\sigma_r(l_0 - h + kh)/l_0$，则最大拉应力断裂准则可表述为

$$\sigma_r(l_0 - h + kh)/l_0 = \sigma_{bj} \tag{2.17}$$

式中，σ_{bj} 为壳体材料抗拉强度。

假设壳体从前沿距离 h 长度处满足最大拉压力断裂准则，则有长度为 h 的壳体瞬间断裂，剩余侵彻体长度为 $L_0 - h$，壳体最前沿产生的破片径向速度最大。由初始条件和边界条件，破片最大初始径向速度为

$$v_{r,\max} = \sqrt{\frac{\rho_f}{\rho_j}\frac{D^2}{D_0^2 - D^2}\frac{\mu_f^2}{(1-\mu_f)E}\left[\frac{D_0^2}{c_{H_t}}\frac{2v_0\rho_f c_{0f}\rho_t c_{H_t} h_t}{(\rho_f c_{0f} + \rho_t c_{H_t}) + v_0 \rho_f c_{0f}} + \right.}$$
$$\left.\left(\frac{l_0}{L_0} - \frac{D_0^2}{D^2}\right)\frac{2\sigma_{Yj}^D h_t}{v_0 + v_{res}} + \frac{D_0^2}{D^2}\frac{2\sigma_{Yj}^D h_t^2}{v_0 + v_{res}}\right] \tag{2.18}$$

2.1.3 轴向存速模型

轴向存速模型以复合结构侵彻体整体为对象，通过分析侵彻过程中受力状态，研究侵彻体轴向剩余速度和弹道极限。根据矢量法则，破片实际速度由其轴向和径向速度矢量合成。忽略壳体在破碎过程中的能量消耗，可认为破片具有与剩余侵彻体相同的轴向剩余速度 v_{res}，则破片实际最大飞散速度表述为

$$v_s = \sqrt{v_{res}^2 + v_{r,\max}^2} \tag{2.19}$$

基于 Ranking - Hugoniot（RH）关系，质量、动量及能量守恒可表述为

$$\begin{cases} \dfrac{\rho_1}{\rho_0} = \dfrac{U - u_0}{U - u_1} \\ p_1 - p_0 = \rho_0 (u_1 - u_0)(U - u_0) \\ e_1 - e_0 = \dfrac{p_1 u_1 - p_0 u_0}{\rho_0 (U - u_0)} - \dfrac{u_1^2 - u_0^2}{2} \end{cases} \quad (2.20)$$

式中，ρ 为密度；U 为冲击波速；u 为粒子速度；p 为压力；e 为比内能。下标 0 和 1 分别代表未冲击区域状态和已冲击区域状态。当材料处于一维应变状态时，上述关系成立。相比于壳体和破片材料，该近似关系更适用于描述芯体材料。粒子速度和冲击波速线性关系可表述为

$$U = c_0 + su \quad (2.21)$$

式中，c_0 和 s 分别为与材料有关的常数。与式（2.20）联立，可得材料压力与粒子速度间关系

$$p_1 = \rho_0 c_0 (u_1 - u_0) + \rho_0 s (u_1 - u_0)^2 \quad (2.22)$$

芯体材料中压力载荷确定时，芯体和壳体间径向压力即可计算获得。径向压力与壳体的碎裂有关，其产生的前提条件是，壳体的径向膨胀小于芯体径向膨胀。芯体径向膨胀可通过胡克定律计算，应变与轴向应力（σ_r）和径向应力（σ_x）有关，可表述为

$$\varepsilon_f = \frac{\delta r_f}{r_f} = \frac{(1 - v_f) \sigma_{r,f} - v_f \sigma_{x,f}}{E_f} \quad (2.23)$$

其中，ε_f 为应变；r 为半径；v 为材料泊松比，E 为杨氏模量。当壳体不再产生新的径向膨胀时，径向膨胀表述为

$$\varepsilon_j = \frac{\delta r_j}{r_j} = \frac{(1 - v_j) \sigma_{r,j}}{E_j} \quad (2.24)$$

作用于壳体的径向压力同样在相反方向作用于芯体，因此有 $\sigma_{r,j} = -\sigma_{r,j}$。由于芯体与靶板作用面上应力、半径相等，径向压力可表述为

$$\sigma_r = \frac{v_f}{(1 - v_f) + \dfrac{E_f}{E_j}(1 - v_j)} \sigma_{x,f} \quad (2.25)$$

壳体径向加速度可通过牛顿运动定律表述为

$$F = A_i \sigma_r - A_c \sigma_\theta = m_j a_j \quad (2.26)$$

式中，m_j 为壳体质量；σ_θ 为环向应力；A_i 和 A_c 分别为壳体内表面面积和壳体横截面面积。壳体开始发生碎裂时，径向作用力（$A_i \sigma_r$）大于环向作用力（$A_c \sigma_\theta$），并达到材料的强度极限，直到壳体应变达到其碎裂应变，随后环向应力变为 0。壳体破片被径向加速直到芯体材料达到其最大膨胀：

$$\varepsilon_{f,\max} = \frac{v_f}{1-v_f}\frac{\sigma_{x,f}}{E_f} \tag{2.27}$$

除壳体径向速度，还可通过 Mott 金属壳体膨胀理论获得壳体碎片质量分布，碎片平均质量可表述为

$$m_{\mathrm{avg}} = \alpha\sqrt{\frac{2}{\rho}}\left(\frac{\sigma_{f}}{\gamma}\right)^{3/2}\left(\frac{1}{\dot{\varepsilon}_{f}}\right)^{3} \tag{2.28}$$

式中，σ_{f} 为碎裂应力；γ 为 Mott 常数；$\dot{\varepsilon}_{f}$ 为壳体在碎裂时径向膨胀应变率。壳体几何系数定义为 $\alpha = l/b \cdot t/b$，l、b、t 分别为壳体碎片长度、宽度、厚度。

2.2 惰性复合结构侵彻体侵彻效应

惰性复合结构侵彻体侵彻效应是一个复杂的动力学响应过程，且受诸多因素影响。本节主要通过数值模拟，分别从径向效应和轴向存速两个方面分析芯体材料、壳体材料、侵彻体内外径比及长径比对其侵彻行为的影响。

2.2.1 数值模拟方法

惰性复合结构侵彻体侵彻效应数值模拟模型如图 2.13 所示。壳体长 120 mm、外径 30 mm，芯体长 100 mm、直径 21 mm，靶板长度 200 mm、厚度 22 mm，如图 2.13（a）所示。在垂直侵彻条件下，整个弹靶系统为轴对称结构，为减少计算量，采用 1/4 模型计算。为分析壳体力学响应行为，沿壳体轴线方向均匀设置 6 个观测点，如图 2.13（b）所示。

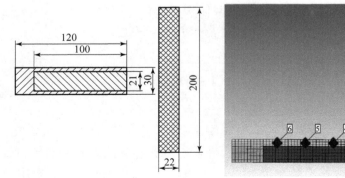

（a）几何模型　　　　　　　（b）计算模型

图 2.13　惰性复合结构侵彻体侵彻效应数值模拟模型

壳体材料分别选择钨合金、4340 钢、黄铜合金，芯体材料分别选择尼龙、特氟龙，靶板材料选择 2024 铝。壳体和靶板材料通过 Johnson‐Cook 本构模型和 Shock 状态方程描述，芯体材料通过 von Mises 强度模型描述。

状态方程主要描述材料流体静压、局部密度（或比容）、局部比能（或温度）间的关系，即压力 P 与密度 ρ、比内能 e 之间的关系。对于低速侵彻问题，一般采用 Shock 状态方程，具体形式为

$$P = P_H + \Gamma\rho(e - e_H) \tag{2.29}$$

假设 $\Gamma\rho = \Gamma_0\rho_0 = $ 常数，且

$$P_H = \frac{\rho_0 c_0^2 \mu(1+\mu)}{[1-(s-1)\mu]^2} \tag{2.30}$$

$$e_H = \frac{1}{2}\frac{P_H}{\rho_0}\left(\frac{\mu}{1+\mu}\right) \tag{2.31}$$

Johnson‐Cook 本构模型考虑材料在动态加载下的应变硬化、应变率强化以及热软化效应，可用于描述材料在大应变、高加载速率、高温度变化情况下的力学行为。该模型形式简单、便于计算，仿真中节省计算时间和计算机内存，尤其是模型参数易于通过实验确定，因此得到了广泛应用。

Johnson‐Cook 本构模型的一般形式为

$$\sigma_y = [A + B\varepsilon_p^n][1 + C\lg\dot{\varepsilon}_p^*][1 - T_H^m] \tag{2.32}$$

式中，σ_y 为屈服应力；ε 为应变；$\dot{\varepsilon}$ 为应变率；T 为温度；ε_p 为等效塑性应变；参考应变率 $\dot{\varepsilon}_0^* = 1\mathrm{s}^{-1}$；$A$ 为材料准静态屈服强度；B 和 n 描述应变硬化效应；C 为应变率敏感指数；m 为温度软化系数；$T_H = (T - T_{\mathrm{room}})/(T_{\mathrm{melt}} - T_{\mathrm{room}})$，其中 T_{room} 为室温，T_{melt} 为材料熔化温度。

此外，材料的破坏失效与载荷特性密切相关，准确运用失效准则才能较好地描述复合结构侵彻体侵彻效应。分析中，材料失效准则均采用主应力失效，当最大拉伸主应力或剪切应力超过材料强度极限时，材料即发生失效。同时，所有材料均采用侵蚀算法，具体材料参数列于表 2.3。

表 2.3 主要材料参数表

材料	密度 /(g·cm^{-3})	剪切模量 /GPa	屈服强度 /MPa	比热容 /(J·kg^{-1}·K^{-1})	抗拉强度 /MPa
钨合金	17	160	1 506	134	2 300
尼龙	1.14	3.68	50	—	80
2024 铝	2.785	27.6	265	875	720

续表

材料	密度 /(g·cm^{-3})	剪切模量 /GPa	屈服强度 /MPa	比热容 /(J·kg^{-1}·K)	抗拉强度 /MPa
4340 钢	7.83	77	853	452	1 200
特氟龙	2.16	2.33	50	—	260
黄铜	8.45	37	480	—	680

2.2.2 径向效应影响规律

1. 芯体材料影响

为研究芯体材料对惰性复合结构侵彻体终点效应影响,在着速 1 800 m/s 条件下,开展铝、尼龙、特氟龙三种芯体材料侵彻体侵彻 2024 铝靶板数值模拟。不同芯体复合结构侵彻体侵彻行为如图 2.14 所示,$t=110~\mu s$ 时刻不同芯体复合结构侵彻体壳体变形及破坏状态如图 2.15 所示。

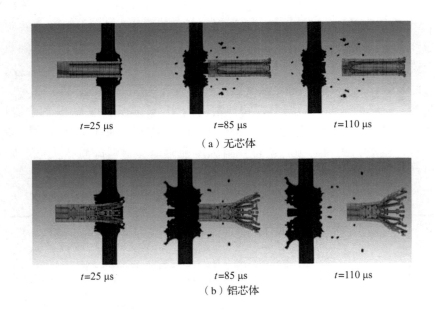

图 2.14 不同芯体复合结构侵彻体侵彻行为

第 2 章　复合结构侵彻体侵彻效应

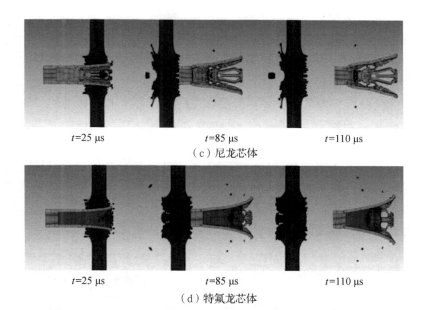

$t=25\ \mu s$　　　　　$t=85\ \mu s$　　　　　$t=110\ \mu s$
（c）尼龙芯体

$t=25\ \mu s$　　　　　$t=85\ \mu s$　　　　　$t=110\ \mu s$
（d）特氟龙芯体

图 2.14　不同芯体复合结构侵彻体侵彻行为（续）

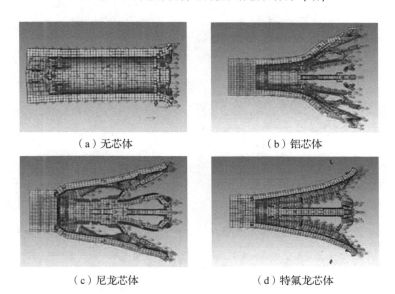

（a）无芯体　　　　　　　　　　（b）铝芯体

（c）尼龙芯体　　　　　　　　　（d）特氟龙芯体

图 2.15　不同芯体复合结构侵彻体壳体变形及破坏状态

从图 2.14 中可以看出，芯体材料对侵彻体径向效应影响显著。无芯体时，由于弹靶碰撞作用，壳体头部仅产生一定破坏变形，而装填芯体材料时，壳体均产生了显著横向膨胀效应，且芯体材料不同时，壳体膨胀破碎效应差异显著。芯体材料为铝时,壳体头部出现明显横向膨胀破裂现象,但在尾部膨胀效应迅速减弱,部分壳体未发生膨胀碎裂。芯体材料为尼龙时,壳体膨胀破裂较为彻底,除了尾部,壳体其余部分均发生显著破碎。芯体材料为特氟龙时,壳体除产生显著径向膨胀破坏,还均匀破碎为若干条状,贯穿整个壳体。

基于以上分析,为了进一步提升壳体破碎程度及径向膨胀效应,在复合结构侵彻体内装填两种不同材料芯体,头部芯体为铝,尾部芯体为尼龙,壳体破坏状态如图 2.16 所示。从图 2.16 中可以看出,装填两种不同材料芯体条件下,壳体破碎程度和横向膨胀效应显著强于仅装填单一芯体材料。通过对比可知,当芯体为单一材料时,尼龙和特氟龙等非金属材料均能使复合结构侵彻体获得更显著径向效应。当侵彻体前部装填铝芯体、后部装填非金属材料芯体时,可使复合结构侵彻体获得比装填单一材料芯体更显著的径向效应。

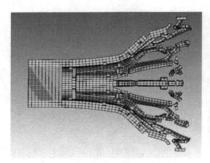 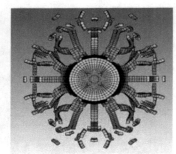

(a) 铝芯体

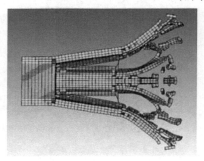 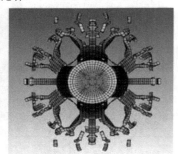

(b) 铝和尼龙芯体

图 2.16　单一及组合芯体对壳体破坏状态影响

2. 壳体材料影响

对于惰性复合结构侵彻体,壳体的作用主要有两个,一是凭借其良好的侵彻性能穿透装甲;二是穿透靶板后侵彻体壳体碎裂,产生一定数量具有不同质量和速度的破片,对靶后目标产生显著后效毁伤效应。

在着速 1 800 m/s 条件下,针对 4340 钢、钨合金、黄铜三种不同壳体材料复合结构侵彻体侵彻 2024 铝靶板行为进行数值模拟,典型计算结果如图 2.17 所示,不同材料壳体破坏状态如图 2.18 所示。

(a) 4340 钢壳体

(b) 钨合金壳体

(c) 黄铜壳体

图 2.17 壳体材料对复合结构侵彻体侵彻效应影响

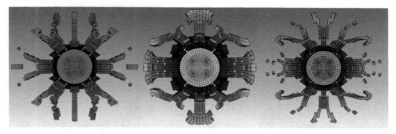

(a) 4340 钢壳体　　(b) 钨合金壳体　　(c) 黄铜壳体

图 2.18 不同材料壳体破坏状态

分析图 2.17 和图 2.18 可知，壳体材料为 4340 钢和黄铜时，破坏和膨胀状态类似，在芯体膨胀挤压作用下，头部呈大开口喇叭状，断裂产生大量条状破片，高速沿侵彻体径向扩展。相比之下，壳体材料为钨合金时，由于材料强度较大，在 1 800 m/s 着靶条件下，芯体膨胀导致壳体破坏较少，壳体碎裂膨胀半径较小，产生若干大质量破片，且飞散速度较小。

3. 内外径比影响

为分析惰性复合结构侵彻体内外径比对其侵彻效应影响，在 1 000 m/s 和 1 800 m/s 速度条件下，开展不同内外径比复合结构侵彻体垂直侵彻靶板数值模拟。计算中，侵彻体长度 124 mm、外径 30 mm，芯体长度 104 mm，具体侵彻体结构参数列于表 2.4。侵彻体壳体材料为钨合金，芯体材料为特氟龙，靶板材料为 2024 铝，同时选择实心无填充钨合金侵彻体作为对比。

表 2.4　复合结构侵彻体结构参数

内外径比 λ	芯体直径/mm	壳体厚度/mm
0	0	15.0
0.3	9	10.5
0.4	12	9.0
0.5	15	7.5
0.6	18	6.0
0.7	21	4.5
0.8	24	3.0
0.9	27	1.5

内外径比对复合结构侵彻体响应行为影响如图 2.19 所示，从图 2.19 中可以看出，在内外径比相同条件下，随碰撞速度从 1 000 m/s 增加至 1 800 m/s，壳体径向膨胀张开、破坏碎裂程度和破坏长度均显著增加。在碰撞速度 1 800 m/s 条件下，内外径比小于 0.4 时，由于芯体尺寸较小，膨胀效应弱，导致壳体破坏效应较弱。随内外径比增大，壳体破坏增加，当内外径比大于 0.8 时，弹壳破碎程度较高，弹壳呈放射状膨胀，径向效应极为明显。而在碰撞速度 1 000 m/s 时，只有当内外径比大于 0.7 时才表现出一定的径向效应，内外径比小于该值时，侵彻体形状与实心侵彻体的类似，仅有弹体头部产生轻微径向效应。

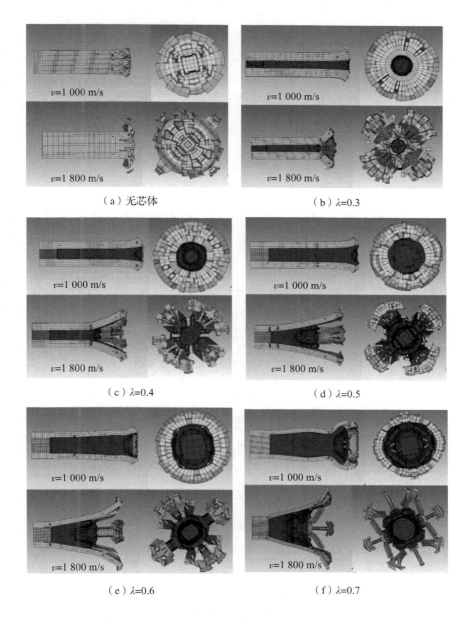

图 2.19　内外径比对复合结构侵彻体响应行为影响

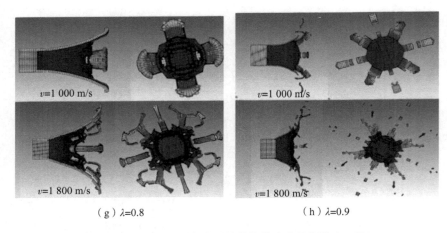

(g) $\lambda=0.8$　　　　　　　　(h) $\lambda=0.9$

图 2.19　内外径比对复合结构侵彻体响应行为影响（续）

4. 长径比影响

为研究长径比对复合结构侵彻体响应行为影响，固定侵彻体外径为 30 mm，内外径比为 0.7，着速为 1 800 m/s，靶板材料为 2024 铝，作用方式为垂直侵彻，沿壳体设置若干观测点，具体计算模型参数列于表 2.5。

表 2.5　复合结构侵彻体计算模型参数

长径比 β	侵彻体长度/mm	芯体长度/mm
2	60	40
3	90	70
4	120	100
5	150	130
6	180	160
7	210	190
8	240	220

$t=150~\mu\mathrm{s}$ 时刻，不同长径比复合结构侵彻体响应行为如图 2.20 所示。从图 2.20 中可以看出，相同内外径比、不同长径比复合结构侵彻体以同一着速垂直侵彻靶板时，响应状态差异显著。长径比小于 3 时，整个弹体均有显著径向效应，贯穿靶板后，侵彻体基本完全破坏，形成大量破片。随长径比增加至

4～5时，整个侵彻体均有径向效应出现，但只有前半部分较为明显。当长径比大于6时，只有侵彻体头部有明显径向效应，侵彻体残留段较长。

(a) $\beta=2$

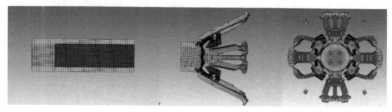

(b) $\beta=3$

(c) $\beta=4$

(d) $\beta=5$

(e) $\beta=6$

图2.20　长径比对复合结构侵彻体响应行为影响

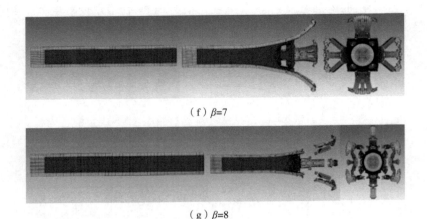

(f) $\beta=7$

(g) $\beta=8$

图 2.20　长径比对复合结构侵彻体响应行为影响（续）

不同长径比复合结构侵彻体作用下，靶板毁伤参数列于表 2.6，包括靶板侵孔半径 R、$t=150\ \mu s$ 时刻剩余侵彻体长度 L、剩余侵彻体长度占总长百分比 P_1、产生径向效应侵彻体占总长百分比 P_2。从表 2.6 中可以看出，长径比变化对侵孔形状和直径均无显著影响。侵彻体长径比增大，P_1 增大，贯穿靶板后剩余侵彻体长度百分比也随之增大，而发生径向效应的侵彻体百分比随之减小。主要原因在于，其他条件相同时，复合结构侵彻体芯体越长，侵彻靶板过程中受到的挤压就越不充分，尤其是位于侵彻体后端的内部芯体材料，受到的挤压就更加有限，因此径向效应越不明显。

表 2.6　不同长径比 PELE 侵彻靶板的参数

长径比	R/mm	L/mm	P_1/%	P_2/%
2	31.6	41	68	100
3	30.9	67	74	85
4	29.7	96	80	91
5	30.7	125	83	69
6	31.8	155	86	65
7	31.4	185	88	60
8	30	215	90	51

2.2.3 轴向存速影响规律

1. 芯体材料影响

在装填不同材料芯体及不装填芯体条件下,侵彻体穿透靶板后剩余长度及轴向剩余速度列于表2.7。从表2.7中可以看出,无芯体时,侵彻体剩余长度最长且轴向剩余速度最小,芯体材料为铝时,剩余壳体最短,表明无芯体时径向效应最弱,而芯体材料为铝时径向增强效应最为显著。比较不同芯体材料轴向剩余速度时可以发现,无芯体时,轴向剩余速度最小,但与装填芯体的轴向剩余速度仅相差1%,考虑到未装填芯体材料时,侵彻体总质量较小,初始动能也较小,因此可认为芯体材料对侵彻体侵彻能力影响不显著。

表2.7 装填不同材料PELE侵彻靶板后参数

芯体材料	轴向剩余速度/(m·s^{-1})	剩余侵彻体长度/mm
铝	1 725	96
尼龙	1 725	100
特氟龙	1 729	100
不装填	1 718	107

装填不同材料芯体时,侵彻体不同轴向位置存速变化如图2.21所示。通过对比可知,芯体材料为铝时,侵彻体头部轴向速度最大,其次为特氟龙和尼龙,无芯体装填时头部轴向存速最小。与头部相反,芯体材料为尼龙时,尾部轴向存速最大,而无芯体时,侵彻体尾部轴向存速最小。

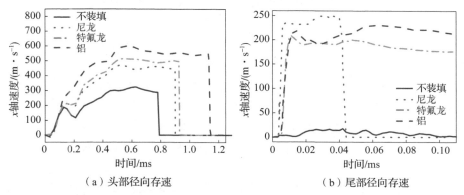

(a) 头部径向存速　　(b) 尾部径向存速

图2.21 不同观测点处装填不同材料时PELE轴向速度-时间曲线图

基于上述分析，为了进一步提高侵彻体壳体碎裂程度及横向膨胀速度，复合结构侵彻体内装填两种不同材料芯体，头部装填铝材料芯体，尾部装填尼龙芯体，不同观测点处轴向存速的计算结果如图 2.22 所示。分析可知，装填两种不同材料芯体时，壳体破碎程度和横向膨胀效应显著强于仅装填一种弹芯材料。比较壳体膨胀速度发现，装填两种不同材料芯体时，壳体头部膨胀速度与仅装填铝材料芯体时基本一致，但壳体尾部膨胀速度有明显提高。

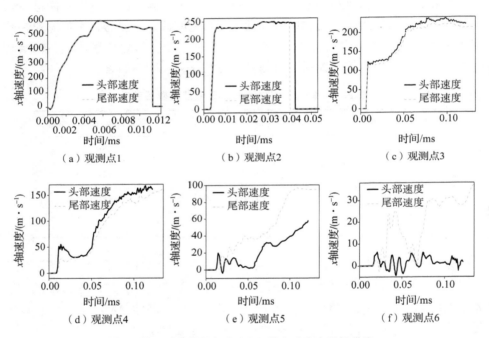

图 2.22 不同观测点处 PELE 轴向速度 – 时间曲线

2. 壳体材料影响

壳体材料分别为 4340 钢、黄铜、钨合金时，侵彻体不同观测点处轴向膨胀速度变化如图 2.23 所示。分析可知，壳体材料为 4340 钢和黄铜时，轴向速度显著大于钨合金壳体，但观测点 2、3 的轴向速度在一段时间后变为 0，表明该处材料已失效。因此，虽然轴向速度有所提高，但是产生的毁伤效应有限。

综上所述，壳体材料为 4340 钢和黄铜时，侵彻靶板后可获得较高轴向速度的破片，但侵彻能力较弱；壳体材料为钨合金时，复合结构侵彻体侵彻靶板

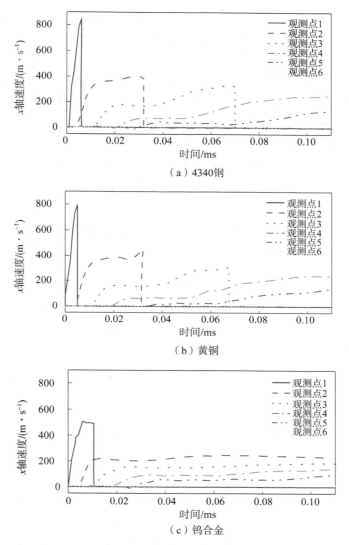

图 2.23 不同弹壳材料 PELE 轴向速度 – 时间曲线

能力较强,但径向效应弱于 4340 钢、黄铜壳体复合结构侵彻体。因此,在具体选择材料时,应根据目标易损性和着靶条件等选择合适的壳体材料。

3. 内外径比影响

不同内外径比 R_i/R_o 和不同着速复合结构侵彻体作用下,靶板毁伤参数列于表 2.8,包括靶板侵孔半径 R, $t = 150~\mu s$ 时壳体破碎半径 r 和侵彻体贯穿靶板后剩余速度 V。其中下标为 1 表征着速为 1 800 m/s 的情况,下标为 2 表征着速为 1 000 m/s 的情况。分析可知,随着 R_i/R_o 增加,壳体破碎半径 r 均增大,即破片的杀伤半径增大。着速为 1 800 m/s 时,内外径比对侵孔半径影响较小,而在着速为 1 000 m/s 条件下,随内外径比增大,侵孔半径有一定增大趋势。在两种着速下,侵彻体剩余速度都随内外径比增大而减小,且下降速率增加。主要原因在于,内外径比较小时,由于壳体较厚,侵彻体侵彻性能较强,剩余速度较大,但靶板侵孔直径较小,与靶板的作用过程更接近实心杆。当内外径比较大时,壳体较薄,芯体与靶板作用面积大,充分受压,使壳体膨胀,同时扩大侵孔直径,更有利于径向效应的产生。但当内外径比进一步增大至某一值时,由于弹壳太薄,在侵彻靶板过程中,壳体将被压垮破碎,侵彻体轴向动能无法有效转换为径向动能,使得侵彻体剩余速度增加,同时径向效应减弱。

表 2.8 不同内外径比下 PELE 侵彻靶板的参数

R_i/R_o	R_1/mm	R_2/mm	$V_1/(\mathrm{m \cdot s^{-1}})$	$V_2/(\mathrm{m \cdot s^{-1}})$	r_1/mm	r_2/mm
0	38	27	1 757	970	34	20
0.3	36	23	1 752	969	29	19
0.4	36	24	1 746	964	32	20
0.5	33	24	1 743	957	36	20
0.6	33	24	1 735	949	46	21
0.7	30	26	1 724	939	53	27
0.8	35	27	1 701	929	65	40
0.9	32	29	1 633	882	99	53

通过以上分析可知,破片最大轴向速度受内外径比影响较大。着速为 1 800 m/s 时,随内外径比增大,破片最大轴向速度先增大,当内外径比为 0.7 时达到最大后又减小。而在着速 1 000 m/s 时,随内外径比增大,破片轴向速度总体上呈增大趋势。因此,内外径比并非越大越好。内外径比太小,作用效果类似实心弹丸,内外径比太大则容易导致壳体破碎程度过高。综上所述,内外径比取 0.7 ~ 0.8 时,能够获得较好的毁伤效果,破片最大轴向速度达到较大值,同时也可避免壳体被过度压垮,有利于径向效应的发挥。

4. 长径比影响

不同长径比 β 条件下,各观测点处复合结构侵彻体轴向速度变化如图 2.24 所示。通过分析可知,长径比分别为 2 和 3 时,复合结构侵彻体壳体整体发生较明显的径向效应，沿壳体轴向分布的各观测点均有一定的轴向速度。随长径比增大，后端壳体径向效应减弱，当长径比为5时，观测点7、8的轴向速度很小。由此可知，长径比为6、7、8时，壳体后部观测点的轴向速度较小，因此分析中未给出以上三种长径比条件下的轴向速度-时间曲线。位于侵彻体头部观测点1处的最大径向速度明显大于中部和后部的最大轴向速度，但综合分析可知，长径比对壳体的最大轴向速度并无直接影响。

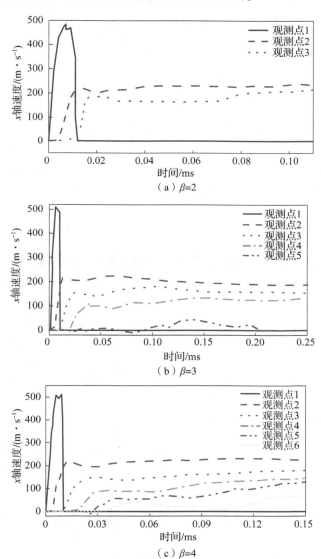

图2.24　不同长径比下PELE轴向速度-时间曲线图

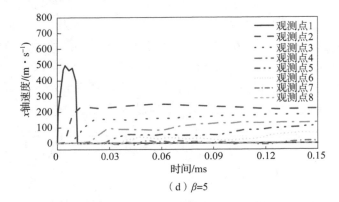

(d) $\beta=5$

图2.24 不同长径比下 PELE 轴向速度 – 时间曲线图（续）

综上所述，复合结构侵彻体长径比对靶板侵孔直径和破片轴向速度的影响较小，长径比过大时，由于大部分芯体材料未发生膨胀，因此复合结构侵彻体径向效应不显著。但长径比过小、侵彻体动能小不利于对目标的动能侵彻。因此，长径比为 3~5 时，复合结构侵彻体毁伤效应最为显著。

2.3 活性复合结构侵彻体侵彻理论

活性复合结构侵彻体是以活性毁伤材料作为芯体，全部或部分替换惰性芯体并装入高强度金属壳体构成的弹体结构，其侵彻理论主要描述活性复合结构侵彻体对目标侵彻作用过程，并依靠动能和化学能联合作用对目标造成毁伤效应。本节主要介绍活性芯体激活模型、侵爆作用模型及侵爆毁伤效应等内容。

2.3.1 活性芯体激活模型

活性复合结构侵彻体设计的核心创新在于，通过兼备良好力学性能和化学能的活性毁伤材料芯体，全部或部分替代惰性复合结构侵彻体中惰性芯体。高速碰撞目标过程中，不仅可依靠动能实现对目标的有效侵彻，还可依靠碰撞过程中产生的强冲击载荷，激活活性毁伤材料芯体并发生剧烈爆燃反应，释放大量化学能，从而在"动能侵彻"和"内爆效应"双重毁伤机理的联合作用下，实现对目标的高效毁伤，典型作用机理如图 2.25 所示。

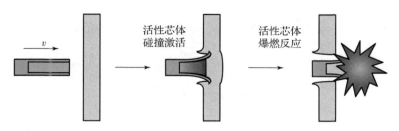

图 2.25　活性复合结构侵彻体作用目标机理

在动力学响应方面，显著不同于惰性复合结构侵彻体，活性复合结构侵彻体在碰撞目标过程中，激活活性毁伤材料芯体并发生化学反应，释放额外能量及反应产物，使壳体在冲击压缩膨胀和爆燃压力的联合作用下，产生更显著的径向膨胀效应。分析中，首先针对活性复合结构侵彻体碰撞靶板时活性芯体激活响应问题，建立理论模型，计算活性芯体激活长度。

基于 Ranking – Hugoniot 关系，活性芯体/靶板作用面的质量守恒、动量守恒、能量守恒关系可表达为

$$\begin{cases} \rho_1/\rho_0 = (U-u_0)/(U-u_1) \\ P_1 - P_0 = \rho_0(u_1-u_0)/(U-u_0) \\ e_1 - e_0 = (P_1 u_1 - P_0 u_0)/\rho_0(U-u_0) + (u_1^2 - u_0^2)/2 \end{cases} \quad (2.33)$$

式中，ρ 为密度；U 为冲击波波速；u 为粒子速度；P 为压力；e 为比内能。下标 0 和 1 分别代表未冲击区域和已冲击区域材料状态。

活性芯体和靶板的 $U - u$ 线性关系可分别表述为

$$U_f = c_f + s_f u_f \quad (2.34)$$

$$U_t = c_t + s_t u_t \quad (2.35)$$

式中，c 和 s 分别为材料声速和常数；下标 f 和 t 分别代表活性芯体和靶板。

活性芯体/靶板接触面的粒子速度和压力相容关系为

$$v_0 = u_f + u_t \quad (2.36)$$

$$\rho_{f0}(c_f + s_f u_f) u_f = \rho_{t0}(c_t + s_t u_t) u_t \quad (2.37)$$

式中，v_0 为碰撞速度。

将式（2.34）或式（2.35）代入式（2.33），可得

$$P = \rho_0(c_0 + su)u \quad (2.38)$$

则活性材料与靶板中形成的冲击波压力可分别表述为

$$P_f = \rho_{0f}[c_{0f} + s_f(v_i - u_t)](v_i - u_t) \quad (2.39)$$

$$P_t = \rho_{0t}(c_{0t} + s_t u_t) u_t \quad (2.40)$$

将式（2.39）和式（2.40）代入式（2.37），得

$$\rho_{0f}[c_{0f}+s_f(v_i-u_t)](v_i-u_t)=\rho_{0t}(c_{0t}+s_t u_t)u_t \quad (2.41)$$

式（2.41）是关于 u_t 的二次方程，得到靶板中粒子速度为

$$u_t=[-b\pm(b^2-4ac)^{0.5}]/(2a) \quad (2.42)$$

式中

$$a=\rho_{0f}s_f-\rho_{0t}s_t$$
$$b=-(2\rho_{0f}s_f v_i)-(\rho_{0f}c_{0f})-(\rho_{0t}c_{0t})$$
$$c=(\rho_{0f}v_i c_{0f})+(\rho_{0f}v_i^2 s_f)$$

仅当 $0<u_t\leqslant v_i$ 时，式（2.42）才有意义。

将 u_t 代入式（2.35），得

$$U_t=c_{0t}+s_t u_t \quad (2.43)$$

将 u_t 和 U_t 代入式（2.33），得到冲击波波后靶板材料密度为

$$\rho_t=\frac{\rho_{0t}U_t}{U_t-u_t} \quad (2.44)$$

结合式（2.36），得

$$u_f=v_i-u_t \quad (2.45)$$

将 u_f 代入式（2.34），得

$$U_f=c_{0f}+s_f u_f \quad (2.46)$$

从而得到冲击波后活性材料密度为

$$\rho_f=\frac{\rho_{0f}U_f}{U_f-u_f} \quad (2.47)$$

通过上述计算，可获得 ρ_f、P_f、U_f、u_f 与 ρ_t、P_t、U_t、u_t 等冲击波后活性芯体和靶板材料状态参数。

活性材料临界激活反应压力为 P_c，碰撞压力大于该临界值时，活性材料芯体即碎裂为尺寸足够小的碎片，且在碰撞过程中激活起爆。碰撞作用下，冲击波在活性芯体中以指数规律衰减，并在距离碰撞点位置 x_1 处衰减至 P_c，冲击波传播距离可表述为

$$x_1=-(1/\alpha)\ln(P_c/P_0) \quad (2.48)$$

式中，α 为与材料特性相关的常数。弹靶碰撞产生的冲击波会快速传至靶板背部自由面，并反射回一个拉伸波，该拉伸波同时将传入活性芯体对芯体内冲击波追赶卸载，导致芯体内压力释放，而剩余活性芯体无法激活。

针对活性芯体内轴向稀疏波对冲击波的追赶卸载，定义芯体内冲击波扫过未压缩活性芯体经历的时间为 T_{f0}，该时间与冲击波扫过未压缩靶板材料到达靶板背面的时间 T_{t0} 相等。靶背稀疏波扫过已压缩靶板材料到达弹靶接触面的时间为 T_t，靶背稀疏波扫过已压缩的活性芯体的时间为 T_f。T_{f0} 表述为

$$T_{f0} = T_{t0} + T_t + T_f \tag{2.49}$$

式中

$$T_{f0} = x_2/U_f \tag{2.50}$$
$$T_{t0} = h/U_t \tag{2.51}$$
$$T_t = h\rho_{t0}/C_t\rho_t \tag{2.52}$$
$$T_f = x_2\rho_{f0}/C_f\rho_f \tag{2.53}$$

因此，对于给定的靶板厚度 h，反射稀疏波在距离碰撞位置 x_2 处追赶卸载芯体内冲击波，该位置可表示为

$$x_2 = -h[\rho_{t0}/(\rho_t C_t) + 1/U_t]/[1/U_f - \rho_{f0}/(\rho_f C_f)] \tag{2.54}$$

式中，C 为稀疏波波速，通过式（2.55）给出：

$$C = U\{0.49 + [(U-u)/U]^2\}^{0.5} \tag{2.55}$$

考虑到冲击波衰减效应［式（2.48）］和稀疏波卸载效应［式（2.54）］，激活的活性芯体长度为 $L = \min[|x_1|, |x_2|]$，活性芯体内不同位置 x_0 处压力为

$$P = P_0 \exp(-\alpha|x_0|) \tag{2.56}$$

2.3.2 侵爆作用模型

活性复合结构侵彻体碰撞靶板的过程涉及侵彻体动能侵彻、活性芯体激活爆燃、壳体/活性芯体碎裂等多个复杂动力学响应过程。为便于问题分析，将活性复合结构侵彻体碰撞靶板作用过程分为动能侵彻、径向膨胀和后效毁伤三个阶段，同时忽略动能侵彻过程中活性材料反应行为，从而实现对活性复合结构侵彻体作用目标侵爆耦合响应行为及目标毁伤增强效应的分析。

1. 动能侵彻模型

对剩余侵彻体轴向剩余速度 v_s 进行分析，做如下假设。

（1）忽略侵彻过程中活性复合结构侵彻体质量损失。

（2）忽略侵彻过程中摩擦、形变、碎裂导致的动能损失。

基于上述假设，活性复合结构侵彻体碰撞靶板时，轴向主要受接触应力与靶板阻力作用。初始碰撞速度为 v_0 时，撞击产生的从接触面向活性芯体、金属壳体及靶板传入的冲击波波速分别为 U_f、U_j、U_t；活性芯体产生的接触应力为 σ_{if}，金属壳体产生的接触应力为 σ_{ij}；芯体内因碰撞产生的与 v_0 相反的粒子速度为 u_f，靶板内粒子速度为 u_t，即弹靶分界面速度。基于 Ranking–Hungoniot 关系及材料状态方程和碰撞界面速度相等，根据质量和动量守恒关系有

$$\frac{\rho_1}{\rho_0} = \frac{U_1 - u_0}{U_1 - u_1} \tag{2.57}$$

$$P_1 - P_0 = \rho_0 (U_1 - u_0)(u_1 - u_0) \quad (2.58)$$

式中，ρ、P、U、u 分别为材料密度、压力、冲击波速度、粒子速度；下标 0、1 分别表征冲击波前、后的材料状态。

冲击波波速与粒子速度间关系可表述为

$$U = c_0 + su \quad (2.59)$$

式中，c_0 为材料初始声速；s 为材料常数。

芯体材料和靶板中产生的压力为

$$\begin{cases} P_{f1} = \rho_{f0}(c_f + s_f u_{f1}) u_{f1} \\ P_{t1} = \rho_{t0}(c_t + s_t u_{t1}) u_{t1} \end{cases} \quad (2.60)$$

根据碰撞界面速度和压力连续条件，有

$$\begin{cases} v_0 - u_{f1} = u_{t1} \\ P_{f1} = P_{t1} \end{cases} \quad (2.61)$$

将式（2.61）代入式（2.60），得

$$\rho_{f0}(c_f + s_f u_{f1}) v_{f1} = \rho_{t0}[c_t + s_t(v_0 - u_{f1})](v_0 - u_{f1}) \quad (2.62)$$

式（2.62）为关于 u_{f1} 的方程，求解后取小于 v_0 的正值为活性芯体粒子速度 u_{f1}，从而可求出接触应力、冲击波波速等参量。

除接触应力外，活性复合结构侵彻体还受芯体中压应力 σ_{qf} 和壳体中压应力 σ_{qj} 作用，与靶板中的剪切应力 σ_{xr} 平衡，如图 2.26 所示。图 2.26 中 x 表征弹靶接触界面位移。假设剪切应力 σ_{xr} 沿靶板厚度方向线性分布，应力平衡关系为

$$\frac{\pi(D^2 - d^2)\sigma_{qj}}{4} + \frac{\pi d^2 \sigma_{qf}}{4} = \pi D \int_x^{h_t} \sigma_{xr} dx = \frac{\pi D \sigma_Y (h_t - x)}{2} \quad (2.63)$$

式中，D、d 分别为侵彻体外径、内径；σ_Y 为靶板材料剪切极限；h_t 为靶板厚度。

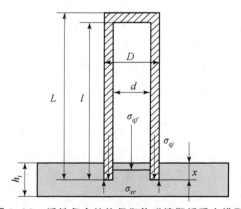

图 2.26 活性复合结构侵彻体碰撞靶板受力模型

忽略芯体/靶板、壳体/靶板界面间速度差异，由牛顿第二定律

$$M\frac{\mathrm{d}v}{\mathrm{d}t} = -\frac{\pi d^2 \sigma_f + \pi(D^2-d^2)\sigma_j}{4} - \frac{\pi D \sigma_Y (h_t - x)}{2} \quad (2.64)$$

式中，M 为活性复合结构侵彻体质量。

考虑边界条件 $x=0$，$v=v_0$，对式（2.64）积分可得

$$\frac{1}{2}Mv^2 = -\left[\frac{\pi d^2 \sigma_f + \pi(D^2-d^2)\sigma_j}{4} + \frac{\pi D \sigma_Y h_t}{2}\right]x + \frac{\pi D \sigma_Y x^2}{4} + \frac{1}{2}Mv_i^2$$

$$(2.65)$$

活性复合结构侵彻体碰撞靶板后，会在靶板内产生一个轴向冲击波，当冲击波到达靶板背面自由面后，反射回传稀疏波。靶板作用条件不同，冲击波及稀疏波形成过程不同，因此需要根据弹靶作用条件不同分别讨论。

1) 高速碰撞薄靶

反射稀疏波在传入活性复合结构侵彻体前，靶板已被贯穿。考虑边界条件 $x=h_t$，$v=v_s$，穿靶后的最大轴向剩余速度 v_s 可根据式（2.66）求出：

$$v_s = \sqrt{v_i^2 - \frac{\pi d^2 \sigma_f h_t}{2M} - \frac{\pi(D^2-d^2)\sigma_j h_t}{2M} - \frac{\pi D \sigma_Y h_t^2}{2M}} \quad (2.66)$$

2) 低速碰撞厚靶

反射稀疏波侵彻体穿透靶板前，传入活性复合结构侵彻体，可假设在穿靶过程中弹靶界面的移动速度保持为 u_t，反射稀疏波瞬间卸载靶板应力，则反射稀疏波传入侵彻体的位置 x_z 可表述为

$$x_z = \left(\frac{h_t}{U_t} + \frac{h_t - \dfrac{h_t}{U_t}u_t}{U_{tAR}}\right)u_t \quad (2.67)$$

式中，h_t 为靶板厚度；U_t 和 u_t 分别为靶板中的冲击波波速、粒子速度；U_{tAR} 为轴向反射稀疏波波速，可根据式（2.68）计算：

$$U_{tAR} = U_t \sqrt{0.49 + \left(\frac{U_t - u_t}{U_t}\right)^2} \quad (2.68)$$

设稀疏波传入时侵彻体前端速度为 v_z，此时 $x=x_z$，由式（2.65）有

$$v_z^2 = -\frac{2}{M}\left[\frac{\pi d^2 \sigma_f + \pi(D^2-d^2)\sigma_j}{4} + \frac{\pi D \sigma_Y h_t}{2}\right]x_z + \frac{\pi D \sigma_Y x_z^2}{2M} + v_0^2 \quad (2.69)$$

稀疏波进入活性芯体后，接触应力被卸载，则式（2.64）变为

$$M\frac{\mathrm{d}v}{\mathrm{d}t} = -\frac{\pi D^2(h_t - x)}{2}\sigma_Y \quad (2.70)$$

积分式（2.70），由边界条件 $x=x_z$，$v=v_z$ 和 $x=h_t$，$v=v_s$，可得轴向剩余速度 v_s：

$$v_s = \sqrt{v_z^2 - \frac{\pi D (h_t - x)^2 \sigma_Y}{2M}} \qquad (2.71)$$

2. 径向膨胀模型

考虑到活性芯体材料爆燃反应主要在穿靶后发生，在研究活性复合结构侵彻体径向膨胀行为时，可忽略芯体在侵彻过程中发生的化学反应，则其径向膨胀主要取决于活性芯体与壳体的物理特性。由于芯体强度和密度都远低于壳体，根据泊松效应，碰靶时芯体产生的膨胀效应要高于壳体，导致在壳体与芯体分界面产生径向加速度，从而使活性复合结构侵彻体产生径向膨胀。

活性复合结构侵彻体侵彻靶板时，产生轴向冲击波沿，随着冲击波在芯体中传播，扫过区域活性芯体将发生径向膨胀，但随着传播距离的增加，受轴向、侧向稀疏波与冲击波的相互作用影响，芯体中轴向冲击波强度逐渐减弱。活性复合结构侵彻体作用靶板过程中波的相互作用如图 2.27 所示。

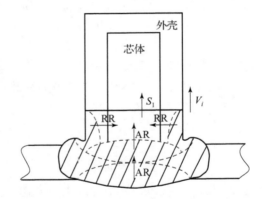

图 2.27　活性复合结构侵彻体作用靶板过程中波的相互作用

1）侧向稀疏波

冲击波扫过芯体某一位置时，在对应位置的壳体表面产生向内传播的侧向稀疏波。因活性复合结构侵彻体长径比较大，假设侧向稀疏波按材料初始声速向内传播，且传入芯体后线性卸载轴向压应力，侧向稀疏波传到芯体中心完全卸载该处的应力幅值。则对于距离弹靶分界面 x 处的芯体，侧向稀疏波传入的时间 T_{RR2}、完全被侧向稀疏波卸载时间 T_{RR3} 可分别表述为

$$T_{RR2} = \frac{x}{U_j} + \frac{D-d}{2c_j} \qquad (2.72)$$

$$T_{RR3} = \frac{x}{U_j} + \frac{D-d}{2c_j} + \frac{d}{2c_f} \qquad (2.73)$$

式中，D、d 为活性复合结构侵彻体外径、内径；c_j、c_f 为壳体、芯体材料初始声速；U_j 为冲击波在壳体中传播速度。

2）轴向稀疏波

轴向稀疏波产生于弹靶分界面，主要包括两部分，一是靶板背面反射稀疏波经弹靶分界面传入芯体，二是弹靶分界面的侧向稀疏波在侵彻体轴心汇集生成的轴向稀疏波。二者出现的时间 T_{AR}、T_{RR} 可分别表述为

$$T_{AR} = \frac{h_t}{U_t} + \frac{h_t - \frac{h_t}{U_t}u_t}{U_{tAR}} \quad (2.74)$$

$$T_{RR} = \frac{D-d}{2c_j} \quad (2.75)$$

轴向稀疏波一旦形成，会立刻开始追赶并卸载冲击波。由于侵彻体轴向尺度相对较大，不能将稀疏波看作单一突跃波阵面，需考虑稀疏波扫过区域材料状态变化。为便于计算，采用将轴向稀疏波划分为若干微波的方法，即假设每个微波应力强度依次减弱，各自波速根据芯体材料 $P-V$ 雨果尼奥线确定。在划分为 7 个微波的情况下，轴向稀疏波对冲击波的追赶与卸载如图 2.28 所示。轴向稀疏波在 t_0 时刻产生，由于前几个微波波速较快，会不断追赶冲击波波阵面，并卸载芯体中的压应力；追上冲击波后减弱其强度与传播速度。由于后几个微波传播速度较慢，需要花较长时间才能完全卸载冲击波。

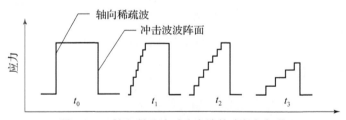

图 2.28 轴向稀疏波对冲击波的追赶与卸载

分析可知，划分的微波数越多，对于轴向稀疏波的卸载行为描述越精确。因此分析中，将活性芯体的轴向稀疏波划分为 200 个微波进行计算。

综合考虑上述稀疏波作用因素，可以获得任一时刻侵彻体任一位置处芯体的轴向应力，在此基础上计算壳体的径向膨胀。根据材料的应力-应变关系，并考虑泊松效应，芯体、壳体的径向应变 ε 可表述为

$$\begin{cases} \varepsilon_f = \dfrac{\delta r_f}{r_f} = \dfrac{(1-\mu_f)\sigma_{rf} - \mu_f \sigma_{xf}}{E_f} \\ \varepsilon_j = \dfrac{\delta r_j}{r_j} = \dfrac{(1-\mu_j)\sigma_{rj}}{E_j} \end{cases} \quad (2.76)$$

式中，r 为半径；μ 为材料泊松比；E 为材料杨氏模量；下标 f、t 分别为芯体、壳体材料。壳体中由于存在径向稀疏卸载波，轴向压力可忽略不计。

由于在芯体、壳体上产生的径向压力大小相同、方向相反，因此有 $\sigma_{rj} = -\sigma_{rf}$。根据界面连续原理，在两种材料分界面存在 $\delta_{rj} = \delta_{rf}$ 与 $r_j = r_f$，由此得到

$$\sigma_r = \frac{\mu_f \sigma_{xf}}{(1-\mu_f) + \dfrac{E_f}{E_j}(1-\mu_j)} \quad (2.77)$$

根据牛顿第二定律，在材料分界面上粒子径向加速度 a_j 满足

$$F = A_{is}\sigma_r - A_{sc}\sigma_\theta = m_j a_j \quad (2.78)$$

式中，m_j 为壳体质量；σ_θ 为箍应力，A_{is}、A_{cs} 分别为壳体内表面积和横截面积。在壳体达破坏应变极限前，径向压力大于箍应力，箍应力则等于壳体材料强度极限。壳体碎裂后，箍应力为零，碎片被加速，直到芯体应变达到极限 $\varepsilon_{f\max}$：

$$\varepsilon_{f\max} = \frac{v_f \sigma_{xf}}{(1-v_f) E_f} \quad (2.79)$$

由此可获得侵彻体任意位置的径向加速度 a_j，则径向膨胀速度 v_r 为

$$v_r = \int_0^{t_{\text{peforate}}} a_r \mathrm{d}t \quad (2.80)$$

式中，t_{peforate} 为侵彻体穿透靶板所需时间。

假设径向膨胀速度仅产生于穿靶过程，则壳体某处的径向膨胀为

$$Y_r = \int_0^{t_{\text{peforate}}} v_r \mathrm{d}t \quad (2.81)$$

由此可获得侵彻体穿透靶板后各处径向膨胀。

3. 后效毁伤模型

碰撞产生的冲击波除引起芯体和壳体径向膨胀外，当传入活性芯体的冲击波强度大于芯体材料的临界反应阈值时，会激活活性芯体，发生爆燃反应。但由于活性材料反应具备非自持特性，反应仅发生于满足激活阈值条件的部分活性材料，即传入活性芯体冲击波产生的应力大于临界反应阈值应力 σ_c：

$$\sigma_{f\max}(x) \geq \sigma_c \quad (2.82)$$

活性复合结构侵彻体各位置的应力峰值可以由式（2.77）~式（2.80）求出，因传入芯体的应力随传播距离增加而衰减，因此可获得一个临界位置 X，该处的应力峰值等于 σ_c，表征剩余侵彻体与被激活活性材料的分界点。活性芯体反应率可由被激活活性材料长度与其总长度获得。需要特别说明的是，活性材料的反应速率与碎裂程度关联紧密，当碎裂较为充分时，反应速率较快，反应时间较短。但对于接近 X 位置处的活性材料，虽已被激活，但碎裂程度较低，

反应所需时间通常达几十微秒至几百微秒,导致活性材料会在穿靶后继续反应。

在位置 X 处的壳体,除受侵彻过程中芯体挤压产生大变形外,还受到部分活性材料反应造成的冲击效应,在穿靶板后发生碎裂并向外飞散。而未被激活部分芯体,径向膨胀较被激活处小,不足以造成壳体碎裂,将继续向下一层靶板飞行。穿透第一层靶板后,在靶后空间内形成的毁伤元包括剩余主侵彻体、正在反应的活性材料碎片以及部分壳体与靶板形成的靶后二次破片。

以上毁伤元作用于下一层靶板时,会对靶板造成不同的毁伤模式。剩余主侵彻体主要对下一层靶板造成大穿孔和冲击波联合毁伤;反应进行中的活性材料碎片会在第一层和第二层靶板间爆燃,对第二层靶板造成超压毁伤;壳体与靶板形成的二次破片则主要对第二层靶板造成穿孔毁伤。

剩余主侵彻体要实现对第二层靶板有效毁伤,必须具备足够动能穿透靶板。假设剩余主侵彻体动能为 E_{resi},后效靶临界贯穿动能为 E_{Limit},则需

$$E_{resi} > E_{Limit} \tag{2.83}$$

式中,剩余侵彻体动能 E_{resi} 可由轴向剩余速度、剩余侵彻体长度计算。后效靶临界贯穿动能 E_{Limit} 由靶板材料和几何特性决定。

假设剩余侵彻体动能穿孔尺寸为 D_{per},当靶板较薄时,与撞靶前剩余侵彻体最大半径 D_{resi} 基本一致。然而剩余侵彻体在穿透第二层靶板后,部分活性芯体被激活并发生爆燃反应,进一步扩大第二层靶板的穿孔。此时在第二层靶板上形成的穿孔直径 D_{ter} 可表述为

$$D_{ter} = kD_{per} \tag{2.84}$$

式中,系数 k 为大于 1 的常数,需根据剩余侵彻体速度、靶板特性确定。

穿透第一层靶板后,壳体碎片对第二层靶板造成穿孔。侵彻体前端的碎裂壳体穿透第一层靶板后,可认为破片轴向速度等于剩余侵彻体轴向剩余速度 v_s,径向飞散速度等于穿透第一层靶板瞬间径向膨胀速度 v_r。由此可获得靶后碎片在距离第一层靶板 L 处的第二层靶板上形成的落区范围 D_{deb},即

$$D_{deb} = \frac{L}{v_s} v_r \tag{2.85}$$

2.3.3 侵爆毁伤效应

高速碰撞条件下,活性复合结构侵彻体依靠动能、活性芯体径向膨胀效应和爆燃反应联合作用,对目标造成高效毁伤,且侵彻体动力学响应特性、目标毁伤效应显著受弹靶结构参数、靶板材料类型、弹靶作用条件等因素影响。

1. 侵彻体结构参数影响

为分析弹靶结构参数对活性复合结构侵彻体毁伤效应影响规律,基于活性

复合结构侵彻体侵彻理论,对壳体厚度 h 为 2.5~8.75 mm 的侵彻体垂直侵彻 15 mm 均质装甲钢靶板过程进行分析。碰撞速度 1 000 m/s,侵彻体直径 25 mm、长度 100 mm,合金钢壳体厚 5 mm,活性芯体长 95 mm,材料参数列于表 2.9。

表 2.9　弹靶材料参数

材料	ρ/(kg·m^{-3})	E/GPa	泊松比	材料声速/(m·s^{-1})	s
合金钢	7 830	208	0.35	5 180	1.49
活性材料	2 400	8.50	0.40	1 755	2.20
装甲钢	7 860	220	0.33	5 290	1.73

不同壳体厚度条件下芯体不同位置轴向压力时程曲线如图 2.29 所示,不同位置壳体径向速度随时间变化曲线如图 2.30 所示。可以看出,在相同碰撞速度下,壳体越厚,径向速度越低,且产生径向速度的壳体长度也越短。主要原因在于,壳体厚度的增加,直接导致芯体直径变小,膨胀效应明显减弱,导致壳体微元径向加速度降低。另外,壳体厚度增加,意味着相同位置处,需要

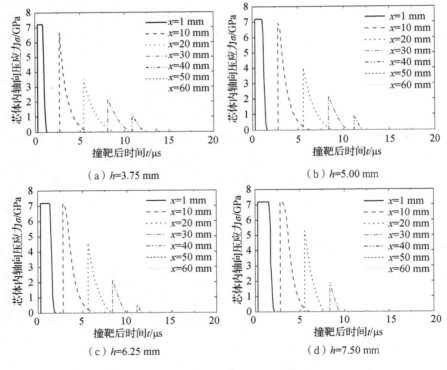

图 2.29　不同壳体厚度条件下芯体不同位置轴向压力时程曲线

加速的壳体质量增加,进一步降低了壳体的径向速度。而产生径向速度的壳体长度变短,主要是由于随着壳体厚度增加,芯体直径变小,侧向稀疏波会更快追赶上芯体内冲击波并卸载,导致冲击波扫过的芯体长度变短。

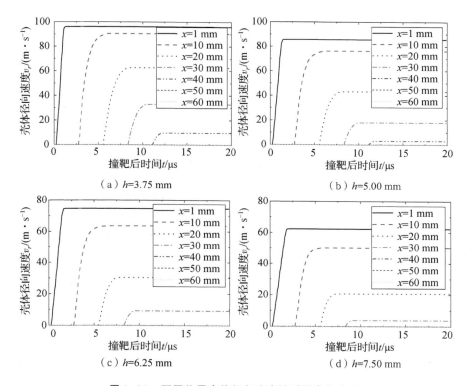

图 2.30　不同位置壳体径向速度随时间变化曲线

不同壳体厚度条件下,芯体内应力峰值随弹靶界面距离变化如图 2.31 所示。从图 2.31 中可以看出,相同碰撞速度下,虽壳体厚度不同,但芯体内应力峰值基本保持一致;随观测点与弹靶分界面距离增加,壳体较薄时的芯体率先卸载,壳体较厚时芯体则在更短距离处完全卸载。主要原因在于,从壳体表面回传的侧向稀疏波到达芯体所需时间较短,但进入芯体后,稀疏波在芯体内传播速度较低,导致薄壳体时芯体内稀疏波传播时间要长于厚壳体时。因此,厚壳体时,虽卸载较晚,但在弹靶界面处却更快完成对冲击波卸载。活性芯体冲击激活阈值为 3.6 GPa 时,如图 2.31 中黑色横线所示,在当前碰撞速度下,壳体越厚,活性芯体反应度越高。

不同壳体厚度条件下,活性复合结构侵彻体贯穿靶板后壳体径向位置如图 2.32 所示。图 2.32 中纵坐标 12.5 mm 处的黑色水平线为侵彻体初始半径位

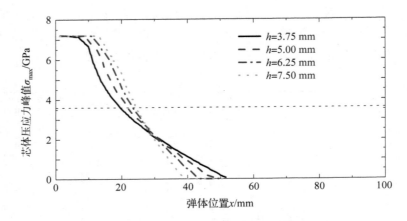

图 2.31　芯体内应力峰值随弹靶界面距离变化

置;曲线虚线部分表示该部分壳体所对应活性芯体已被激活,穿靶后这部分壳体将脱离剩余侵彻体形成靶后破片;实线部分表示剩余侵彻体部分壳体半径。从图 2.32 中可以看出,在当前碰撞速度下,随着壳体厚度增加,径向膨胀半径减小,被激活芯体长度略微增加,剩余侵彻体长度减小。

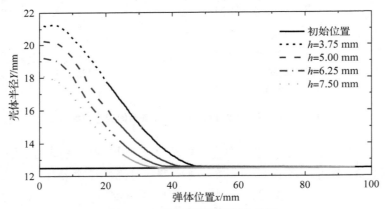

图 2.32　穿靶后壳体半径与位置

活性芯体爆燃率和径向膨胀随壳体厚度变化如图 2.33 所示。在 1 000 m/s 碰撞速度下,随壳体厚度增加,活性芯体爆燃率略有提高,剩余活性芯体半径显著减小。主要原因在于,壳体厚度增加,壳体对芯体约束力增加,同时芯体直径减小,挤压后对壳体的作用力也减小,导致壳体变形小。

穿靶后碎裂壳体长度及其最大径向飞散速度随壳体厚度变化如图 2.34 所示。随壳体厚度增加,用于形成靶后破片的壳体长度增加,但穿靶后所形成破片的径向飞散速度却明显减小。主要原因在于,在此碰撞速度下,壳体厚度增

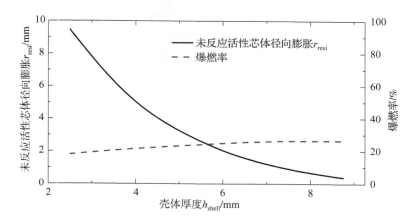

图 2.33　活性芯体爆燃率和径向膨胀随壳体厚度变化

加导致被激活活性材料长度增加,更多壳体形成靶后破片。但与此同时,由于壳体厚度增加,活性芯体直径减小,挤压造成的径向膨胀与被激活反应活性材料质量减少,导致材料反应对壳体径向飞散贡献降低。

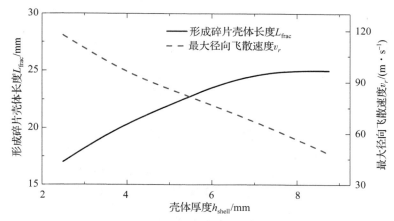

图 2.34　穿靶后碎裂壳体长度及其最大径向飞散速度随壳体厚度变化

2. 靶板结构参数影响

为分析靶板结构参数对活性复合结构侵彻体响应行为影响,基于活性复合结构侵彻体侵彻理论,对侵彻体垂直侵彻厚度 3～25 mm 靶板响应行为进行分析,侵彻体速度 1 000 m/s,壳体厚度 5 mm。

靶厚 15 mm 条件下,侵彻体芯体内应力和壳体径向速度变化如图 2.35 所示,芯体应力峰值及侵彻体剩余速度变化如图 2.36 所示。由于活性芯体内应力衰减的主要原因是侧向稀疏波，靶板厚度的增加仅影响轴向稀疏波，因此靶板厚度变化未对芯体内应力随时间变化产生影响，如图 2.35（a）所示，并与图 2.29（b）一致。但如图 2.36（b）所示，靶板厚度增强会显著影响活性复合结构侵彻体剩余速度。随靶板厚度增加，轴向剩余速度显著减小。

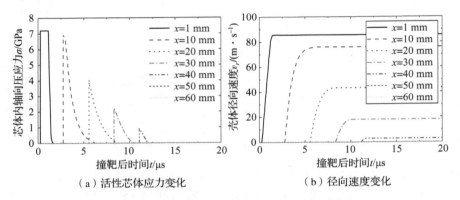

（a）活性芯体应力变化　　　　（b）径向速度变化

图 2.35　侵彻体芯体内应力和壳体径向速度变化

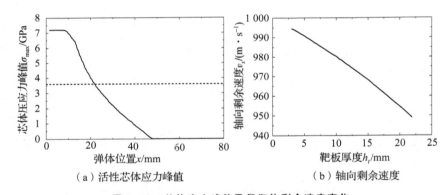

（a）活性芯体应力峰值　　　　（b）轴向剩余速度

图 2.36　芯体应力峰值及侵彻体剩余速度变化

贯穿不同厚度靶板后，侵彻体不同位置处壳体半径变化如图 2.37 所示，图中纵坐标 12.5 mm 处的水平实线表征活性复合结构侵彻体初始半径；曲线虚线部分表示该部分壳体对应活性芯体已被激活，穿靶后这部分壳体将脱离剩余侵彻体形成靶后破片，实线部分表征膨胀后的剩余侵彻体部分壳体半径。从图 2.37 中可以看出，随靶板厚度增加，壳体径向膨胀效应更显著。虽靶板厚度不同时，壳体达最终径向速度相同，但随靶板厚度增加，侵彻时间增长，壳体可获得更显著径向膨胀。另外，靶板厚度不同时，穿靶后剩余侵彻体长度基本相同，主要原因是靶板厚度变化并不影响芯体中应力峰值的变化。

第 2 章　复合结构侵彻体侵彻效应

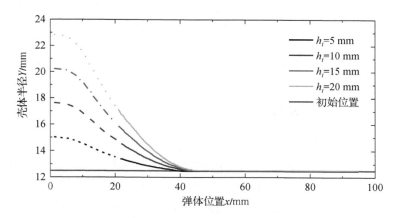

图 2.37　靶板厚度对穿靶后壳体半径影响

靶板厚度对活性芯体爆燃率和径向膨胀影响如图 2.38 所示。从图 2.38 中可以看出，在 1 000 m/s 碰撞速度下，随靶板厚度增加，活性芯体爆燃率基本保持不变。主要原因在于，靶板厚度变化不影响应力峰值及应力卸载，因此爆燃率未发生显著变化。此外，剩余侵彻体径向膨胀随靶厚增加而增大，主要原因是靶厚增加延长了径向膨胀作用时间，从而使侵彻体产生更大的径向膨胀。

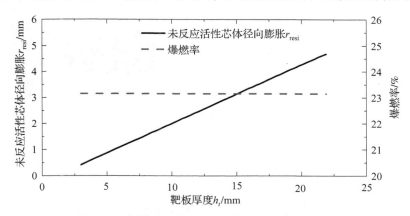

图 2.38　靶板厚度对活性芯体爆燃率和径向膨胀影响

2.4　活性复合结构侵彻体侵彻效应

活性复合结构侵彻体高速碰撞目标，可基于动能及爆炸化学能的双重毁伤机理时序联合作用,实现对目标的高效毁伤。本节主要基于数值模拟,开展活性复合结构侵彻体侵彻及侵爆毁伤效应影响规律研究。

2.4.1 数值模拟方法

1. 侵彻作用模拟方法

活性复合结构侵彻体侵彻作用模拟分析中,暂不考虑强冲击作用下活性材料芯体爆燃反应,将其视作惰性材料,重点分析壳体材料、侵彻体长径比对侵彻作用影响规律,弹靶几何模型及结构参数如图 2.39 所示,数值计算模型如图 2.40 所示。侵彻体壳体长 100 mm、直径 30 mm;活性芯体总长 75 mm、直径 20 mm,头部设置金属块,长 10 mm。考虑到对称性,数值计算中采用 1/4 模型。同时,为分析芯体内应力分布,沿芯体轴线方向均匀设置若干个观测点。

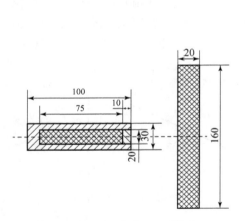
图 2.39 弹靶几何模型及结构参数

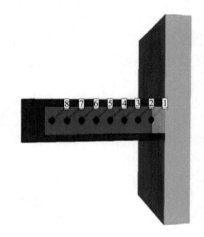
图 2.40 数值计算模型

分析中,侵彻体壳体(钨合金、合金钢、青铜)、活性芯体、靶板材料(装甲钢)均采用 Shock 状态方程。钨合金、硬铝、活性材料及合金钢采用 Johnson-Cook 强度模型,装甲钢采用 von Mises 强度模型。

此外,侵彻过程中材料的破坏失效显著受载荷状态影响,分析中,材料的失效均通过主应力失效准则描述,当最大拉伸主应力或剪应力超过材料失效极限时,材料即发生失效。主要材料参数列于表 2.10。

表 2.10 主要材料参数

材料	密度 /(g·cm^{-3})	剪切模量 /GPa	屈服强度 /MPa	比热容 /(J·kg^{-1}·K^{-1})	抗拉强度 /MPa
钨合金	17	160	1 506	134	2 300
活性材料	2.56	6.9	85	—	240
硬铝	2.785	27.6	265	875	720
合金钢	7.83	77	853	452	1 200
装甲钢	7.86	64.1	1 500	—	2 000
铜	8.45	37	480	—	680

2. 侵爆作用模拟方法

活性复合结构侵彻体侵爆作用模拟分析中，考虑强冲击作用下活性材料芯体爆燃反应，重点分析芯体材料、靶板材料对侵彻作用影响规律，侵彻体基本结构如图 2.41 所示，弹靶作用分析模型如图 2.42 所示。活性复合结构侵彻体主要由壳体、活性材料芯体、头部金属块三部分组成。弹体长度和直径分别为 100 mm 和 30 mm，活性芯体长度和直径分别为 75 mm 和 20 mm，头部金属块厚度为 10 mm。靶板由主靶板和两层后效靶组成，主靶板材料为装甲钢，厚度为 20 mm，1#后效靶和 2#后效靶均为 2024 铝，厚度分别为 3 mm 和 2 mm，主靶板和 1#后效靶间隔 200 mm，1#后效靶和 2#后效靶间隔 150 mm。考虑到正侵彻条件下模型对称性，计算中，采用 1/4 模型，并沿活性材料芯体轴向均匀设置 8 个观测点。

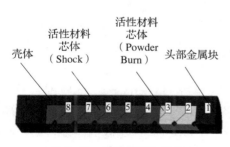

图 2.41 侵彻体基本结构

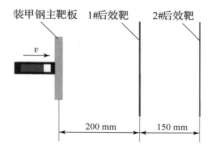

图 2.42 弹靶作用分析模型

计算中基于 AUTODYN – 3D 平台，采用拉格朗日算法。需要特别说明的是，被激活发生爆燃反应的活性材料采用两相 Powder Burn 状态方程，单元内气体和固体同时存在，以模拟材料爆燃反应。未激活活性材料采用 Shock 状态方程，描述活性材料受压膨胀的力学行为，具体材料参数列于表 2.11。

表 2.11 计算所用材料模型

部件	材料	状态方程	强度模型
壳体	STEEL 4340	Shock	Johnson – Cook
活性材料（激活）	PTFE/AL	Powder Burn	Johnson – Cook
活性材料（未激活）	PTFE/AL	Shock	Johnson – Cook
主靶板	RHA	Shock	von Mises
后效靶/铝芯体	AL 2024	Shock	Johnson – Cook

2.4.2 侵彻作用影响规律

1. 壳体材料影响

在着速 1 200 m/s 条件下，针对合金钢、钨合金、铜三种不同壳体材料的活性复合结构侵彻体侵彻装甲钢靶板进行数值模拟，结果如图 2.43 所示。从图 2.43 中可以看出，壳体材料为合金钢和铜时，壳体膨胀形状相似，头部最终呈现为大开口喇叭状，而钨合金壳体膨胀程度相对较低，但整体碎裂程度较高，同时内部的活性材料碎裂程度相比合金钢壳体和铜壳体显著增加。

不同材料条件下，壳体平均剩余轴向速度如图 2.44 所示。从图 2.44 中可以看出，壳体材料为钨合金时，平均轴向剩余速度衰减最慢，侵彻体侵彻能力最强；壳体材料为铜时，侵彻体轴向剩余速度衰减最快，表明侵彻体侵彻能力最弱。相比可知，提高壳体材料强度，可有效提升活性复合结构侵彻体侵彻能力。

2. 侵彻体长径比影响

在着速 1 200 m/s 条件下，针对长径比（L/D）分别为 2.5、3.0、3.5、4.0 的活性复合结构侵彻体碰撞 20 mm 厚均质装甲钢靶板过程进行计算。侵彻体内外径比为 0.67，直径不变。$t = 150$ μs 时刻，长径比对活性复合结构侵彻体及靶板响应影响如图 2.45 所示。对比可知，相同内外径比、不同长径比的活性复合结构侵彻体以相同速度垂直侵彻靶板时，响应行为差异显著。长径比小于 3.0 时，侵彻体穿靶后几乎完全碎裂。长径比为 3.5 时，整个侵彻体均产生径向效应，但长径比达到 4.0 时，仅侵彻体头部发生一定程度的碰撞碎裂，而剩余侵彻体较长。

第 2 章 复合结构侵彻体侵彻效应

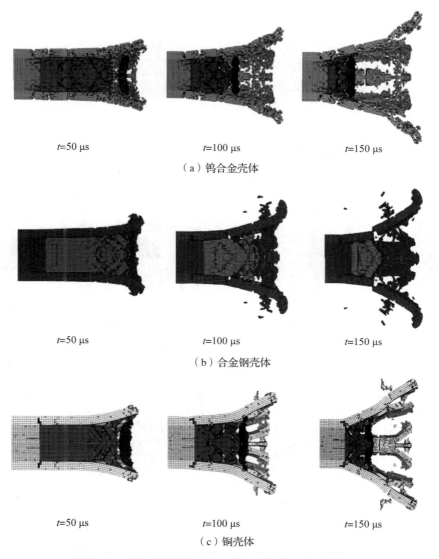

图 2.43 壳体材料对活性复合结构侵彻体响应行为影响

长径比对活性复合结构侵彻体芯体内部应力峰值影响如图 2.46 所示。从图 2.46 中可以看出,在相同观测点处,不同长径比侵彻体芯体内部应力峰值差别不大,活性芯体被激活部分长度几乎相同。但侵彻体长径比越大,被激活部分芯体占芯体总长度比值越小,导致活性材料芯体的爆燃率下降。

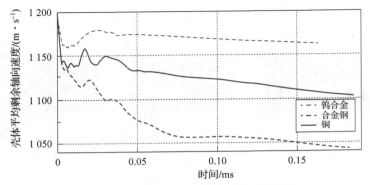

图2.44 壳体材料对平均轴向剩余速度影响

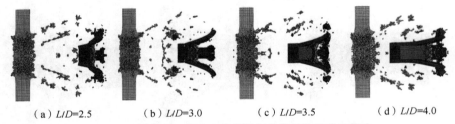

（a）L/D=2.5　　（b）L/D=3.0　　（c）L/D=3.5　　（d）L/D=4.0

图2.45 长径比对活性复合结构侵彻体及靶板响应影响

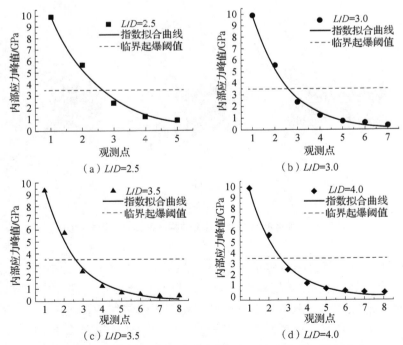

（a）L/D=2.5

（b）L/D=3.0

（c）L/D=3.5

（d）L/D=4.0

图2.46 长径比对活性复合结构侵彻体芯体内部应力峰值影响

长径比对活性复合结构侵彻体壳体平均轴向剩余速度影响如图 2.47 所示。从图 2.47 中可以看出，长径比越大，壳体平均轴向剩余速度衰减越快，导致侵彻体侵彻能力下降。主要原因在于，内外径比相同条件下，长径比越大，侵彻体整体质量越大，相同初速条件下，动能越大，侵彻能力越强。但综合对比可知，长径比取 3.0~3.5 时，有利于侵彻体整体侵爆效应的发挥。

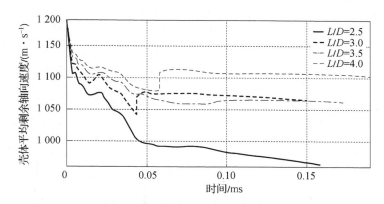

图 2.47　长径比对活性复合结构侵彻体壳体平均轴向剩余速度影响

2.4.3　侵爆作用影响规律

1. 芯体材料影响

在活性复合结构侵彻体侵爆行为分析中，活性芯体头部长度 19 mm 的活性材料芯体采用 Powder Burn 状态方程，描述活性材料被激活后的爆燃反应，其余活性材料采用 Shock 状态方程，描述未发生爆燃的活性材料。

活性复合结构侵彻体作用多层金属靶侵彻-爆炸过程典型计算结果如图 2.48 所示，通过分析，侵爆作用过程可分为三个阶段：第一阶段，侵彻体侵彻靶板及活性芯体受压变形碎裂阶段，主要特征为，初始碰撞冲击波分别传入靶板及侵彻体中，活性材料受强冲击压缩发生高应变率塑性变形，并导致壳体发生膨胀；第二阶段，穿靶后活性芯体卸压分散阶段，主要特征为，受塑性变形碎裂部分活性材料贯穿靶板后因卸压作用分散形成碎片云，并开始发生爆燃反应；第三阶段，活性材料爆燃传播及化学能释放阶段，主要特征为，活性材料发生全局爆燃反应，释放出大量化学能，侵彻体壳体碎裂形成高速破片，在爆燃产物和壳体破片联合作用下，实现对目标的高效毁伤。

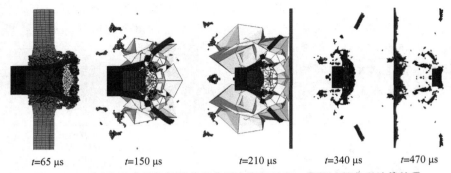

图 2.48 活性复合结构侵彻体作用多层金属靶侵彻 – 爆炸过程典型计算结果

作为对比,对铝芯体复合结构侵彻体作用多层金属靶响应行为进行了分析,计算结果如图 2.49 所示。着靶速度为 1 200 m/s 时,侵彻体仅在头部产生了径向膨胀效应,穿透 2#后效靶后,还有较长的侵彻体剩余。

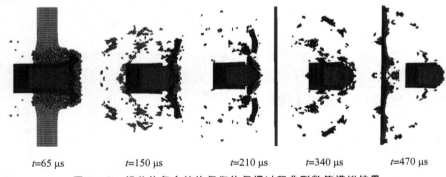

图 2.49 铝芯体复合结构侵彻体侵爆过程典型数值模拟结果

芯体材料不同时,典型时刻活性复合结构侵彻体壳体破片分布如图 2.50 所示。从图 2.50 中可以看出,芯体材料为铝和活性材料时,壳体在穿靶后均可产生大量破片。但相比之下,芯体材料为铝时,壳体破片散布较为均匀,大多数破片尺寸较小,杀伤力较弱,散布面积较小。芯体为活性材料时,膨胀效应显著,破片散布半径大且尺寸较大,但散布不均匀。

不同材料芯体活性复合结构侵彻体对后效靶毁伤效应如图 2.51 所示。通过对后效靶正视和侧视角度毁伤效应的分析可知,活性材料芯体和铝芯体活性复合结构侵彻体均对后效靶产生典型花瓣形穿孔。对前靶而言,由于侵彻体剩余动能较高,靶板上产生较大主侵孔及若干小侵孔,靶板撕裂效应显著。相比之下,由于侵彻体动能衰减及径向膨胀,后靶上主侵孔显著减小,周围小侵孔增多。对比毁伤面积,芯体为活性材料时,后效靶中心孔径和毁伤面积略大于铝芯体侵彻体,但后效靶上的穿孔分布不如采用铝芯体时均匀。

第 2 章 复合结构侵彻体侵彻效应

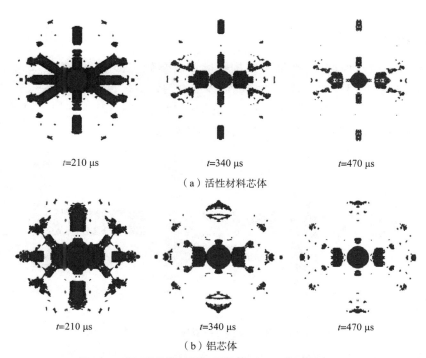

$t=210\ \mu s$ $t=340\ \mu s$ $t=470\ \mu s$

（a）活性材料芯体

$t=210\ \mu s$ $t=340\ \mu s$ $t=470\ \mu s$

（b）铝芯体

图 2.50 不同芯体材料侵彻体典型时刻壳体破片分布

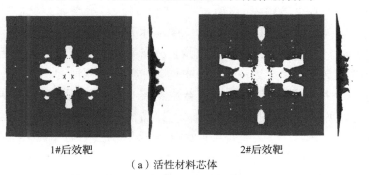

1#后效靶   2#后效靶

（a）活性材料芯体

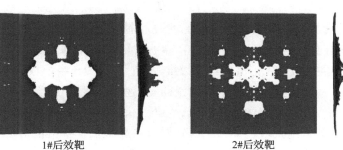

1#后效靶   2#后效靶

（b）铝芯体

图 2.51 不同材料芯体活性复合结构侵彻体对后效靶毁伤效应

2. 靶板材料影响

为分析靶板材料对活性复合结构侵彻体侵爆效应影响，在着速1 200 m/s条件下，分别开展了活性复合结构侵彻体侵彻钨合金、合金钢、铝主靶板数值模拟。侵彻体内活性材料爆燃率分别设置为33%、26%和7%，并据此确定采用Powder Burn状态方程的活性材料长度，计算模型如图2.52所示。

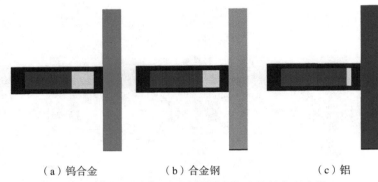

(a) 钨合金　　　　(b) 合金钢　　　　(c) 铝

图 2.52　侵彻不同材料主靶板时侵彻体结构示意图

活性复合结构侵彻体侵彻不同材料靶板后壳体碎裂状态及破片分布如图2.53所示，从图2.53中可以看出，主靶板材料对侵彻体穿靶后状态影响显著，主靶板材料为钨合金和合金钢时，侵彻体壳体的碎裂程度较高，形成的破片飞散面积较大，但破片数量相对较少且分布不均。主靶板材料为铝时，壳体碎裂后形成的有效破片数量较多且分布均匀，但破片飞散面积较小。

穿透不同材料主靶板后，活性复合结构侵彻体对1#后效靶和2#后效靶毁伤效应分别如图2.54和图2.55所示。可以看出，主靶板材料对后效靶毁伤效应影响显著，主靶板材料为钨合金时，活性毁伤增强侵彻体在1#后效靶和2#后效靶上形成的毁伤区域较大，其中对2#后效靶的毁伤范围已超出了靶板边界。主靶板材料为合金钢时，侵彻体在1#后效靶和2#后效靶上形成了近似"十字形"的穿孔，毁伤区域小于穿透钨合金主靶板的情况，但穿孔分布较为均匀。当侵彻体穿透铝材料主靶板后，能够在1#后效靶和2#后效靶上形成面积很大的中心穿孔，但在后效靶上形成的穿孔数量较少，同时毁伤半径也较小。

综上所述，活性毁伤增强侵彻体侵彻高强度靶板时，由于侵彻作用过程产生的应力较高，侵彻体壳体更易碎裂，活性材料芯体挤压膨胀和激活反应率较高，导致活性复合结构侵彻体贯穿一定厚度主靶板后，依然能对后效目标产生显著毁伤效应。相比之下，活性毁伤增强复合结构侵彻体侵彻低强度靶板时，在类似作用过程下，碰撞及膨胀应力相对较小，导致壳体失效破坏、活性材料

第 2 章 复合结构侵彻体侵彻效应

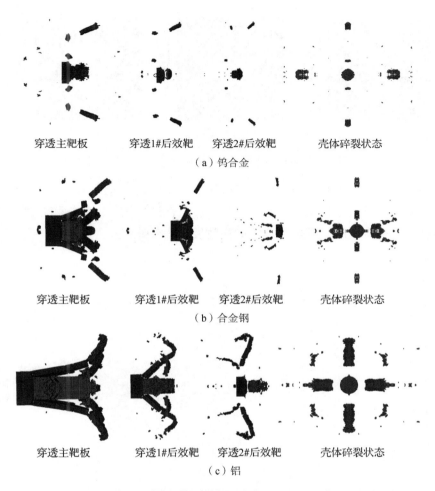

图 2.53 活性复合结构侵彻体侵彻不同材料靶板后壳体碎裂状态及破片分布

图 2.54 侵彻体侵彻不同材料主靶板后对 1# 后效靶毁伤效应

(a) 钨合金　　　　　　(b) 合金钢　　　　　　(c) 铝

图 2.55　侵彻体侵彻不同材料主靶板后对 2#后效靶毁伤效应

芯体激活反应均不充分，最终导致后效毁伤效应较弱。因此，在实际工程设计和应用中，需结合目标特性，合理设计活性复合结构侵彻体结构和芯体活性材料特性，才能实现对不同类型目标的高效侵爆联合毁伤。

第 3 章

半穿甲活性毁伤增强侵彻战斗部技术

3.1 概　　述

半穿甲活性毁伤增强侵彻战斗部系指基于传统横向效应增强弹，将惰性芯体替换为活性毁伤材料芯体的战斗部类型。作为反轻型装甲目标的主要弹药战斗部类型，轻装甲目标特性不同，半穿甲活性毁伤增强侵彻战斗部作用方式和毁伤效应差异显著。本节主要介绍典型轻型装甲目标特性、传统半穿甲战斗部技术以及活性毁伤增强半穿甲战斗部技术等内容。

3.1.1 典型轻型装甲目标特性

1. 武装直升机

武装直升机作为一种完整、独立的武器系统，具有飞行速度快、机动性强、隐蔽性强等特点。武装直升机可完成攻击坦克、支援登陆作战、掩护机降、直升机空战等作战任务，成为现代战争中主要的作战武器装备类型。

按照气动结构及控制系统不同，世界各国武装直升机已发展和装备了四代，除美国在研的第四代侦察/反潜/攻击型无人战斗武装直升机外，自20世纪70年代起，世界各国装备的武装直升机主要属于第二代战机和第三代战机。其中又以美国 AH-64（Apache）、俄罗斯米-28（Havoc）、法国 AS350、德国

PAH-2（OGER）、中国 WZ-10 等最具代表性。美国 AH-64（Apache）和俄罗斯米-28（Havoc）武装直升机如图 3.1 所示。

（a）美国AH-64(Apache)

（b）俄罗斯米-28(Havoc)

图 3.1　典型武装直升机

一般而言，武装直升机机身主要采用由蒙皮、隔框和桁条（纵梁）构成的半硬壳或硬壳式结构，主要材料为铝合金、玻璃钢和蜂窝夹芯板等轻质材料，其中，桁条是主要承力件。从抗弹性能角度看，现代先进武装直升机机身整体 95% 的部位可抵挡 12.7 mm 口径武器射击，被 23 mm 甚至 25 mm 爆破弹击中时，仍能持续可控飞行半小时以上，且可通过对机体、起落架、座椅及燃油箱等系统的抗坠毁缓冲、减振和吸能设计，使其具有良好的抗坠毁性能。美国"RAH-66"、俄罗斯"卡-52""米-28"等典型武装直升机性能参数列于表 3.1。

表 3.1　典型武装直升机性能参数

机型	RAH-66	卡-52	米-28	AH-64D
乘员	2	2	2	2
机长/m	14.28	15.53	16.85	14.68
机高/m	3.39	4.95	4.82	4.95
最大机宽/m	2.29	—	1.75	—
旋翼直径/m	11.9	2×14.43	17.2	14.63
桨叶数	4	2×3	5	4
尾桨直径/m	1.37	—	3.5	2.54
最大速度 m/h	328	310	324	265

从整体结构来看，武装直升机机身主要分为前舱段、中舱段和尾段三部分。机身中舱段两侧各设有短翼，短翼下方设有若干武器挂点，尾段主要由尾梁、垂尾、平尾和尾桨等组成。典型武装直升机气动结构如图3.2所示。

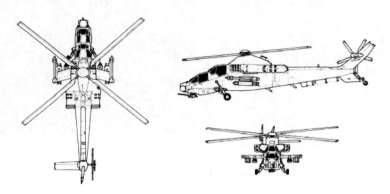

图3.2 典型武装直升机气动结构

具体来看，前舱段为驾驶舱，分单座舱和双座舱两种类型，双座驾驶舱的舱座排列分串列式和并列式两种形式。对于串列布局驾驶舱，前舱座为副驾驶兼射击员位置，后舱座为正驾驶员位置。并列式布局驾驶舱的右舱座一般为正驾驶员位置，左舱座为副驾驶兼射击员位置。此外，一些重要的机载航空电子设备也都布置在前舱段内。一般而言，对武装直升机驾驶舱进行易损性分析时，可按照目标特性将其等效为多层结构靶，如图3.3所示。

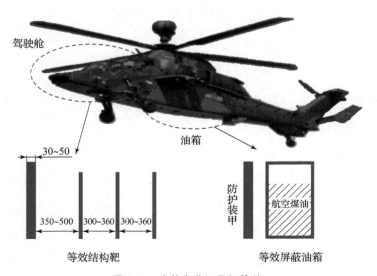

图3.3 武装直升机目标等效

中舱段上部主要布置动力装置,包括涡轮轴发动机、主减速器、主燃油箱、液压油箱等;中部为乘员舱和挂弹架;底部下方为辅助燃油舱。现代武装直升机在发动机舱、燃油舱、主减速器舱等要害部位都设有较强的多方位防护装甲,包括 4~6 mm 厚钢甲、30~50 mm 厚钢化玻璃板、钛合金装甲等,尤其是在主燃油箱周围,防护等级更高。当对武装直升机主燃油箱进行易损性分析时,可按照目标特性等效为具有前置防护装甲的燃油箱,见图 3.3。

2. 装甲运兵车

装甲运兵车是陆地战场上用于兵力输送部署或物资运输的轻型装甲车辆,具有高机动性、一定防护和火力,必要时也可用于作战。其主要任务是陆军部队快速机动,输送步兵或军用物资,实现兵力和物资的快速部署。典型装甲运兵车包括德国 Boxer(拳击手)、芬兰 AMV(黑獾)、俄罗斯 K-16(回旋镖)。德国 Boxer 和芬兰 AMV 装甲运兵车如图 3.4 所示。

(a)德国 Boxer(拳击手)

(b)芬兰 AMV(黑獾)

图 3.4 典型装甲运兵车

装甲运兵车防护性能普遍较弱,主要采用防护装甲进行被动防护,装甲类型主要包括均质装甲、间隙装甲、复合装甲、非金属复合装甲等。均质装甲材料一般为钢,也可为减轻装甲质量而采用铝合金。在满足车辆战斗全重要求下,装甲运兵车也可通过加装栅格装甲或披挂装甲钢板等手段提升其防护性能,典型装甲运兵车的装甲防护性能列于表 3.2。

表 3.2 典型装甲运兵车性能参数

项目	Boxer	AMV	M113A1
战斗全重/t	33	24	11.2
车长/m	7.88	7.70	4.86
车宽/m	2.99	2.80	2.70
车底距地面高度/m	0.50	0.40	0.41

续表

项目	Boxer	AMV	M113A1
装甲类型	复合装甲	轧制装甲	均质装甲
前部装甲厚/(mm/Q°)	—	30/40	38/30
两侧装甲厚/(mm/Q°)	—	14	12
尾部装甲厚/(mm/Q°)	—	14	12
顶部装甲厚/(mm/Q°)	—	12	12

随着装甲运兵车的不断更新换代，模块化多用途逐渐成为现役主流装甲运兵车的发展趋势。以德国Boxer系列装甲车为例，其车体由高硬度装甲焊接而成，通过后车厢多种模块的更换组合，其可由装甲运兵车改装为装甲救护医疗车、后勤补给车或装甲指挥车等多种车型。除德国Boxer外，芬兰AMV装甲运兵车同样采用了类似的模块化设计理念。

3. 步兵战车

步兵战车是陆军战场上供步兵机动作战的装甲战斗车辆，在火力、防护力和机动性等方面均优于装甲运兵车。其任务是快速机动步兵分队，消灭敌方轻型装甲车辆、步兵反坦克火力点、有生力量和低空飞行目标。作为轻型装甲车辆中最重要的车种，各国均研制和发展了多种型步兵战车，美国M2（Bradley）和苏联BMP-3步兵战车最为典型，如图3.5所示。

（a）美国M2（Bradley） （b）苏联BMP-3

图3.5 典型步兵战车

步兵战车凭借其机动性好、防护能力强、火力配备猛等突出优势，已成为未来战场上反装甲弹药所要对付的重要目标之一。随着装甲防护技术发展，在战斗全重许可条件下，复合装甲、反应装甲等主战坦克装甲大多可移植到步兵战车。典型步兵战车的装甲防护性能列于表3.3。

第3章 半穿甲活性毁伤增强侵彻战斗部技术

表3.3 典型步兵战车装甲防护性能

项 目	BMP-3	M2	德国黄鼠狼
战斗全重/t	18.7	22.67	29.2
车长/m	6.70	6.453	6.79
车宽/m	3.15	3.200	3.24
车底距地面高度/m	0.45	0.457	0.44
装甲类型	均质装甲	间隙装甲	均质装甲
前部装甲厚/(mm/Q°)	19/57	154.2	30/60
两侧装甲厚/(mm/Q°)	18/90	154.2	20/60
尾部装甲厚/(mm/Q°)	16/19	—	20/60
顶部装甲厚/(mm/Q°)	6/0	—	8/0

3.1.2 传统半穿甲战斗部技术

1. 穿甲燃烧弹

穿甲燃烧弹作用目标,首先利用动能对目标防护装甲进行侵彻,随后在目标内部形成持续燃烧火焰,通过燃烧效应,实现对目标的后效毁伤。

穿甲燃烧弹的弹头内一般包含硬质金属芯和白磷、铝热剂、凝固汽油等燃烧剂,将穿甲弹的侵彻能力与燃烧弹的燃烧效应相结合,大幅增加了对目标后效毁伤效应,主要用于攻击轻型装甲目标和低空飞行器。典型穿甲燃烧弹类型包括德国 DM23A1 式 20 mm 穿甲燃烧弹、美国 M601 式 20 mm 穿甲燃烧弹 PGU-14/B 式 30 mm 穿甲燃烧弹、瑞士厄利空 30 mm 穿甲燃烧弹等。其作用原理为,发射时,开口保险管在惯性作用下解除保险。击中目标时,击针在惯性作用下向前刺发火帽,引燃燃烧剂,头壳在高温高压产物作用下发生破裂,随后燃烧剂喷出,发生燃烧。典型穿甲燃烧弹基本结构如图3.6所示。

2. 穿甲爆破弹

穿甲爆破弹作用目标,首先利用动能对目标防护装甲进行侵彻,随后战斗部内装填的炸药在目标内部爆炸,通过爆炸效应,实现对目标的后效毁伤。

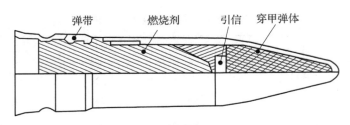

图 3.6 典型穿甲燃烧弹基本结构

与穿甲燃烧弹不同的是，穿甲爆破弹的内部装填炸药，并加装引信，头部为钝头或加装被帽，主要应用于舰炮或岸舰炮。典型穿甲爆破弹类型包括比利时 FN23 式穿甲爆破弹、法国 811 式 25 mm 机关炮穿甲爆破弹、中国 30 mm 穿甲爆破弹、英国 L5A2 式 30 mm 二次效应穿甲弹等。其基本作用原理为，弹体以一定速度对目标进行侵彻，并且在碰撞瞬间，引信获得触发信号，一定延迟时间后，弹体内炸药在引信作用下发生爆炸，通过爆炸产物及爆炸冲击波，对目标产生后效毁伤。典型穿甲爆破弹基本结构如图 3.7 所示。

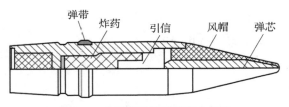

图 3.7 典型穿甲爆破弹基本结构

一般而言，半穿甲弹尾部往往加装曳光管，飞行过程中发出曳光，用于指示弹道和目标，协助进行弹道修正。发射时，火药燃气冲破铜箔，随后在金属箔片的凹陷处点燃曳光剂并形成短暂的封闭燃烧，当燃烧区域压力大于金属箔片抗力后，箔片被冲破而发光。曳光半穿甲弹及其弹道如图 3.8 所示。

（a）曳光半穿甲弹实物

（b）曳光半穿甲弹弹道

图 3.8 曳光半穿甲弹及其弹道

3.1.3 活性毁伤增强半穿甲战斗部技术

传统半穿甲战斗部为有效毁伤轻型装甲目标提供了有效手段，但总体来看，由于引信的存在，增加了战斗部的设计复杂性和工作可靠性，且此类战斗部对弹靶作用条件要求苛刻。活性毁伤增强半穿甲战斗部在传统横向效应增强战斗部的基础上，通过活性毁伤材料全部或部分替换传统惰性芯体，依靠活性毁伤材料冲击激活非自持反应特性，为高效打击轻型装甲目标开辟了新途径。

忽略弹带、风帽等部件后，活性毁伤增强半穿甲战斗部作用目标过程如图3.9所示。首先弹体依靠动能对目标进行侵彻，在碰撞应力作用下，高密度壳体与低密度活性芯体发生不同程度变形膨胀，活性芯体被封闭于战斗部壳体与靶板之间。在强冲击波作用下，弹体前端部分活性材料发生初始激活点火。数微秒后，弹体贯穿靶板，壳体及活性芯体膨胀碎裂，大量活性材料发生爆燃反应，迅速释放大量高温高压气体，在靶后产生高速碎片-超压耦合杀伤场，对靶后有生力量、技术装备、控制系统造成高效后效毁伤。

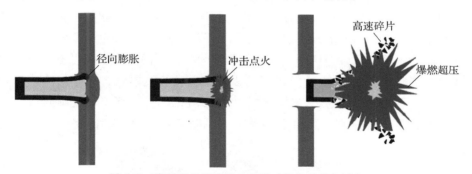

图3.9 活性毁伤增强半穿甲战斗部作用目标过程

为实现活性毁伤增强半穿甲战斗部基于动能/爆炸化学能时序联合作用机理，并对目标产生结构爆裂毁伤，设计中，对活性半穿甲战斗部整体结构提出了一定要求。以小口径活性毁伤增强侵彻弹为例，主要由高强度壳体、活性材料芯体、重金属侵彻增强块、风帽等构成，如图3.10所示。

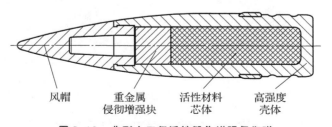

图3.10 典型小口径活性毁伤增强侵彻弹

活性毁伤增强半穿甲战斗部主要用于打击导弹、武装直升机、作战飞机、轻装甲车辆等，发挥其侵爆联合高效毁伤威力的关键，一方面，要求活性毁伤增强半穿甲战斗部具有足够的速度、结构强度和良好的侵彻能力，以实现对轻中型装甲和导弹战斗部壳体的有效贯穿；另一方面，要求活性芯体具有较高的反应率，以实现进入装甲目标或战斗部内部后产生更高效的爆炸毁伤。因此在战斗部结构设计时要综合考虑壳体、活性材料芯体和侵彻增强结构三者之间的匹配关系，主要涉及活性毁伤材料芯体设计和战斗部结构设计。

在活性毁伤材料芯体设计方面，需在弹体贯穿靶板后，芯体材料激活爆炸释能，产生侵彻扩孔、高温高压及纵火引燃等毁伤效应，实现侵爆联合高效毁伤效应。这就要求活性毁伤芯体材料具有高能量密度、合适的冲击激活阈值及高释能效率等特性。尤其是在弹体侵彻靶板过程中，碰撞载荷沿芯体轴线方向衰减，因此还需结合碰撞载荷特性对芯体材料激活阈值进行梯度化设计。

在战斗部结构设计方面，主要包括壳体、侵彻增强块、活性芯体等结构设计。从结构功能角度看，壳体、侵彻增强块等结构均是为了提高弹体侵彻能力。但壳体过厚、侵彻增强块过长，均会由于对活性芯体的防护过强而导致芯体爆燃反应率降低而影响毁伤后效；壳体过薄、侵彻增强块过短，则会导致弹体侵彻能力下降，后效毁伤弱。以壳体厚度为例，不同壳体厚度时侵彻靶板后弹体结构响应状态如图 3.11 所示。可以看出，壳体过厚时，壳体与芯体碎裂程度过低，不利于活性芯体爆燃反应，如图 3.11（a）所示。若壳体过薄，壳体与芯体破碎程度过高，弹体侵彻能力弱，靶板较厚时，弹体将无法贯穿目

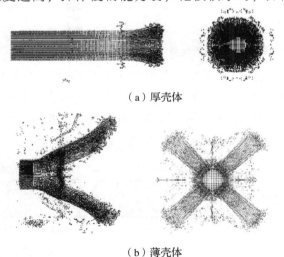

（a）厚壳体

（b）薄壳体

图 3.11　不同壳体厚度时侵彻靶板后弹体结构响应状态

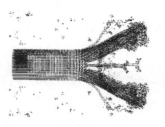
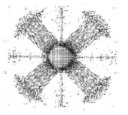

（c）最佳厚度壳体

图 3.11　不同壳体厚度时侵彻靶板后弹体结构响应状态（续）

标，芯体将在穿靶前反应，后效毁伤威力差，如图 3.11（b）所示。因此，往往存在一个最佳壳体厚度，使得战斗部具有良好的侵彻、膨胀碎裂和释能特性。

类似地，对侵彻增强块和活性芯体，也存在最佳结构设计参数，使战斗部具有最佳侵爆联合毁伤能力。因此，合理的结构设计是发挥活性毁伤增强半穿甲战斗部侵爆联合毁伤优势的关键。一般而言，可首先通过理论计算和数值模拟得到各结构匹配关系与参数范围，随后可通过试验得到各结构最佳匹配条件并进行验证，实现对活性毁伤增强半穿甲战斗部结构的优化设计。

3.2　毁伤增强效应数值模拟

半穿甲活性毁伤增强侵彻战斗部（活性侵彻弹）作用目标时，首先依靠动能对目标防护装甲进行侵彻，随后活性芯体在强动载作用下发生自激活爆炸，显著提升对轻装甲目标的毁伤效应。本节主要通过数值模拟，分析活性侵彻弹作用目标内爆超压效应、结构毁伤增强效应、引燃毁伤增强效应。

3.2.1　内爆超压效应

1. 数值计算方法

活性侵彻弹贯穿防护装甲进入密闭空间后，活性芯体发生爆燃反应，产生内爆超压效应，可实现对密闭空间目标的高效毁伤。分析基于 Ansys/AUTODYN 软件平台，计算模型主要由活性侵彻弹丸和测压容器两部分组成。忽略弹带和风帽，活性侵彻弹丸由壳体、活性芯体及侵彻增强体组成。通过改变弹靶作用条件相关参量，可系统分析不同因素对活性侵彻弹丸内爆增强毁伤效应的影响，为活性侵彻弹丸设计提供参考。其计算模型如图 3.12 所示。

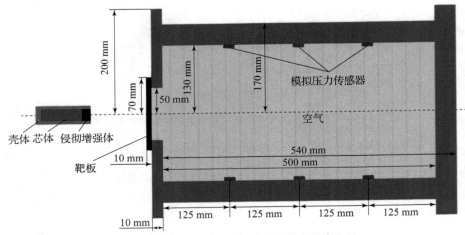

图 3.12 活性侵彻弹内爆超压效应计算模型

活性侵彻弹丸长度 100 mm、直径 35 mm；活性材料芯体长度 75 mm、直径 21 mm。模拟压力传感器直径 20 mm、高 6.5 mm；圆柱体压力测试容器内外径分别为 260 mm、340 mm，长 500 mm，容器前端固定 10 mm 厚 2024T3 铝靶。

计算采用流固耦合算法，建立空气域，网格尺寸 1 mm，欧拉域设置流出边界，测压容器底部设置固定约束。由于正侵彻条件下弹靶满足几何对称，为减少计算量，采用 1/2 模型，模拟压力传感器处设置 3 个观测点，从左至右依次记为 S_1、S_2、S_3，以记录并分析侵彻过程中密闭容器内压力变化。

另外，活性材料作为一种特殊的含能材料，既具有类金属材料的机械力学性能，又有类似含能材料的爆炸性能，在强动载作用下材料自身被激活反应，释放大量化学能。数值计算中，考虑到活性材料的双重特性，对于未激活活性材料，采用 Shock 状态方程，用于描述活性材料的冲击压缩力学行为；对于已激活活性材料，采用 Powder Burn 状态方程，描述材料爆燃反应行为。分析中，改变活性侵彻弹速度和靶板厚度，具体计算工况列于表 3.4。

表 3.4 数值模拟计算工况

序号	冲击速度 $v/(\mathrm{m \cdot s^{-1}})$	靶板厚度 h/mm
1	600	20
2	800	20
3	1 000	20

续表

序号	冲击速度 $v/(\mathrm{m \cdot s^{-1}})$	靶板厚度 h/mm
4	1 200	20
5	1 400	20
6	800	10
7	800	15
8	800	20
9	800	25
10	800	30

2. 冲击速度影响

不同冲击速度下，活性侵彻弹丸内爆超压场如图 3.13 所示。3 个典型时刻分别体现冲击波传播至容器内同一位置时的压力云图。从图 3.13 中可以看出，冲击速度对活性弹丸的内爆毁伤过程有显著影响。弹靶碰撞瞬间，在碰撞界面处产生高压冲击波，分别传入靶板和弹丸内部。弹丸贯穿靶板后，活性芯体在强动态载荷冲击压缩下，发生爆燃反应。对弹体而言，随冲击速度增加，传入弹丸的冲击波峰值不断升高，更多活性芯体被激活，进一步导致弹丸壳体的径向膨胀效应增加。当冲击速度达到 1 200 m/s 时，弹丸壳体完全破碎。从侵爆附带产物的分布上可以看出，弹丸内部侵彻增强体、部分壳体碎片以及靶板碎片/塞块共同形成了前驱运动体，其后依次紧随着爆燃产物和剩余弹丸。实际上，剩余弹丸会在高温高压环境中发生缓慢燃烧，由于其对观测点处压力不会产生显著贡献，因此在数值模拟过程中忽略了剩余弹丸的燃烧效应。

对冲击波而言，在爆燃反应初期，冲击波以半球面波的形式向前传播。随着冲击速度增加，波阵面到达容器内同一位置处的时间不断减少，当冲击速度为 600 m/s 时，冲击波阵面到达 S_2 传感器处所需时间为 1 000 m/s 时的 1.97 倍。当冲击波传播至容器壁面时，其中一小部分向外透射至空气中，剩余部分向内反射，与尚未发生反射的冲击波发生叠加。在容器中部，冲击波更趋于以平面波的形式向容器内部传播，最终在容器最右侧壁面处发生反射。另外还可看出，冲击速度较高时，轴线附近的冲击波比较远离轴线处的冲击波传播速度更快，主要原因在于弹丸本身沿轴线方向上的冲击运动速度。

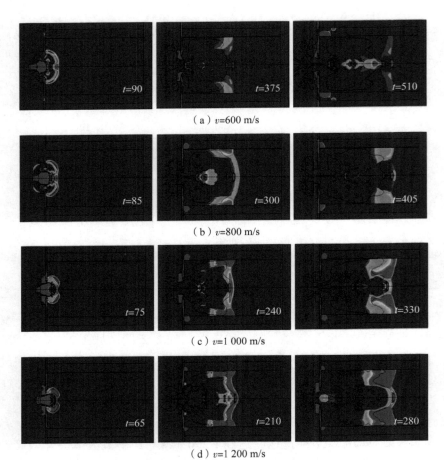

(a) $v=600$ m/s

(b) $v=800$ m/s

(c) $v=1\,000$ m/s

(d) $v=1\,200$ m/s

图 3.13 冲击速度对活性侵彻弹丸内爆超压场影响

不同冲击速度下，3 个压力观测点处的压力时程曲线如图 3.14 所示。从图中可以看出，3 个观测点处的压力峰值随着冲击速度的增加不断增加。冲击速度为 1 200 m/s 时，S_1 观测点处的超压峰值可达到 3.72 MPa。主要原因在于，随冲击速度增加，传入弹丸内的压力不断升高，导致更多活性材料被激活。可以预测，随冲击速度进一步提高，芯体将被完全激活，各观测点处的压力达到某一稳定值。另外，从超压持续时间来看，随冲击速度增加，无论是超压信号的到达时间，还是超压信号的持续时间，均不断减少。

3. 靶板厚度影响

不同靶板厚度条件下，活性侵彻弹丸内爆超压场如图 3.15 所示，3 个典型时刻分别体现冲击波传播至容器内同一位置时的压力云图。从图 3.15 中可

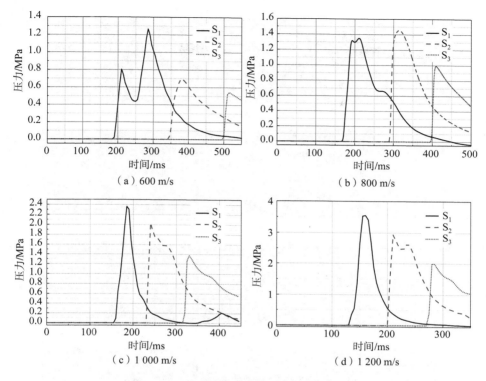

图 3.14 冲击速度对内爆超压时程曲线影响

以看出，弹丸壳体在径向压力作用下膨胀，随靶板厚度增加，径向膨胀更剧烈。当靶板厚度大于 25 mm 时，壳体完全碎裂。在容器内同样形成了依次为前驱运动体（侵彻增强块、部分壳体碎片及靶板塞块）、爆燃产物及剩余弹丸的分布。对爆燃冲击波而言，靶板厚度增加，阻碍了冲击波沿轴线方向的传播，使轴线处的波阵面相较于两侧更加滞后，见图 3.15。

不同靶板厚度条件下，3 个压力观测点处的压力时程曲线如图 3.16 所示。从图 3.16 中可以看出，在 S_1 传感器处，峰值压力随靶板厚度的增加而不断增加。特别地，当靶板厚度达到 25 mm 时，峰值压力可达到 1.70 MPa。主要原因在于，随着靶板厚度的增加，靶板反射稀疏波对弹丸内部冲击波的卸载效应减弱，这使得弹丸内部达到临界反应阈值的活性材料增加，爆燃反应程度不断增加。实际上，随着靶板厚度的进一步增加，活性材料的激活长度将达到极限。此时，弹丸侵彻靶板的时间将会增加，活性材料爆燃反应释放出的能量将有一部分损耗在侵彻通道内，使得容器内传感器处的压力峰值下降。因此，活性弹丸在内爆毁伤过程中往往存在一个最佳靶板厚度，使得靶后超压达到最大。

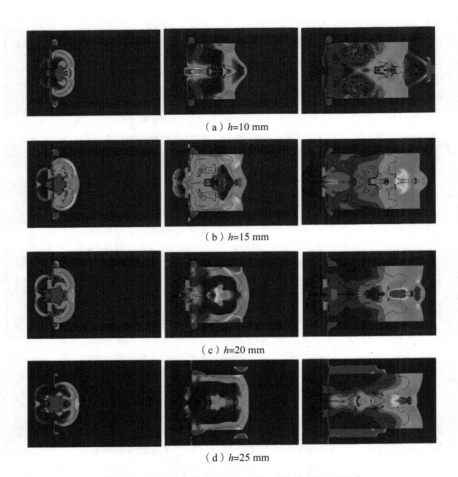

（a）$h=10$ mm

（b）$h=15$ mm

（c）$h=20$ mm

（d）$h=25$ mm

图 3.15　靶板厚度对活性侵彻弹丸内爆超压场影响

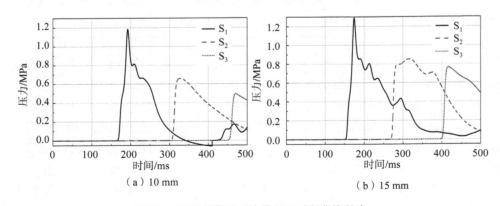

（a）10 mm　　　　　　　　　　（b）15 mm

图 3.16　靶板厚度对内爆超压时程曲线影响

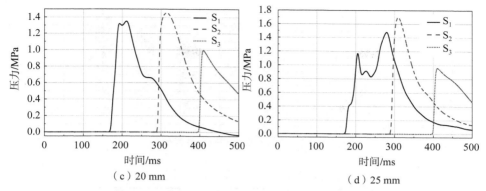

图 3.16 靶板厚度对内爆超压时程曲线影响（续）

另外还可看出，靶板厚度为 20 mm 和 25 mm 时，S_2 处的压力峰值高于 S_1 处，与其他三种靶厚下的规律显著不同。造成这种现象最可能的原因是，当靶板厚度为 20 mm 和 25 mm 时，冲击波恰好在 S_2 观测点附近发生反射而叠加，如图 3.16（c）、（d）所示，大幅提升了 S_2 观测点附近的超压峰值。

3.2.2 结构毁伤增强效应

1. 数值计算方法

活性侵彻弹丸作用多层金属结构靶，涉及弹靶变形/破坏、弹丸壳体/活性芯体碎裂、活性材料激活反应等复杂过程，且显著受弹丸结构、壳体/芯体材料、弹靶作用条件等因素影响。本节主要基于 Ansys/AUTODYN 软件平台，开展活性侵彻弹丸作用多层间隔金属靶毁伤增强效应数值模拟研究。

计算模型主要由活性侵彻弹丸和多层间隔金属靶组成。活性侵彻弹丸长 100 mm、直径 35 mm；活性材料芯体长 75 mm、直径 21 mm。多层间隔金属靶由一块迎弹钢靶和 5 块间隔铝靶组成，迎弹钢靶长宽均为 100 mm，铝靶长、宽、厚度分别为 1 200 mm、1 200 mm 和 3 mm。第一块铝靶距离迎弹钢靶 600 mm，各块铝靶间隔距离为 300 mm。为模拟实验中靶板四边固定于靶架的情况，对靶板边界均添加刚性约束，使其轴向速度为零。

考虑到活性材料爆燃反应导致的芯体、壳体大变形和在穿透迎弹靶后，壳体、芯体的碎化，活性侵彻弹丸采用 SPH（光滑粒子流体动力学）算法，多层间隔金属靶采用 Lagrange 算法，网格大小为 0.5 mm，计算模型如图 3.17 所示。

由于计算模型满足几何对称条件，为减少计算量，采用 1/2 模型。在芯体和壳体上，沿轴向位置间隔 5 mm 设置观测点 42 个。计算中改变冲击速度和迎弹钢靶厚度，数值计算具体工况列于表 3.5。

图 3.17　结构毁伤增强效应计算模型

表 3.5　数值模拟计算工况

序号	冲击速度 $v/(\mathrm{m \cdot s^{-1}})$	迎弹钢靶厚度 h/mm
1	600	20
2	800	20
3	1 000	20
4	1 200	20
5	1 400	20
6	1 600	20
7	800	10
8	800	20
9	800	25
10	800	30

2. 冲击速度影响

活性侵彻弹丸在不同冲击速度下穿透 20 mm 迎弹钢靶后，对五层间隔铝靶的毁伤效应如图 3.18 所示，多层间隔铝靶平均穿孔直径列于表 3.6。从图 3.18 和表 3.6 中可以看出，碰撞速度为 600 m/s 时，1#铝靶平均穿孔直径为 95 mm，靶板产生轻微扭曲，穿孔位置靶板材料相对迎弹钢靶刚性边缘的轴向偏移量（轴向挠度）为 59 mm，壳体粒子沿 1#铝靶穿孔进入靶板间隔区域，并碰撞第二层铝靶。由于壳体粒子轴向速度较低，大量粒子被阻挡在 2#铝靶之前，剩余侵彻体逐次贯穿后面三层铝靶。相比之下，1#铝靶的平均穿孔直径在 5 块铝靶中最大，其余 4 块铝靶平均穿孔直径在 21~25 mm 范围内。

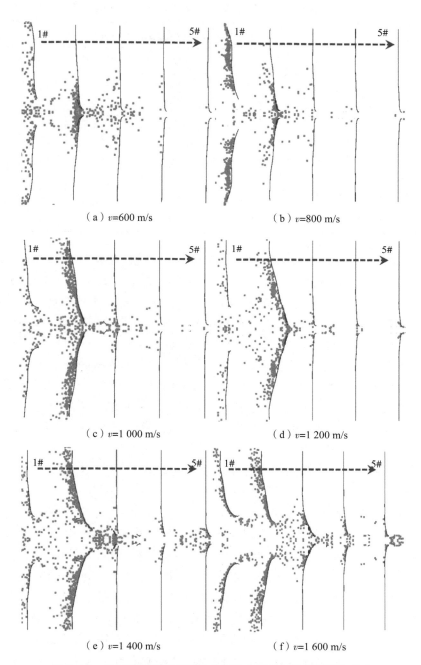

图 3.18　不同碰撞速度下活性侵彻弹丸对多层间隔靶毁伤效应

表3.6 不同碰撞速度下多层间隔铝靶毁伤数值模拟结果

碰撞速度 /(m·s^{-1})	多层间隔铝靶平均穿孔直径/mm				
	1#铝靶	2#铝靶	3#铝靶	4#铝靶	5#铝靶
600	95	25	23	21	23
800	105	27	25	23	24
1 000	134	55	28	24	25
1 200	148	29	25	27	25
1 400	157	81	43	39	27
1 600	160	123	56	47	31

随着碰撞速度从 600 m/s 增加到 1 000 m/s，活性侵彻弹丸在穿透 20 mm 迎弹钢靶后，对 1#铝靶的平均穿孔直径不断增加。与此同时，1#铝靶穿孔处的轴向挠度也由 59 mm 增加到 94 mm。在 1 000 m/s 碰撞速度下，大量壳体粒子从第一层铝靶穿孔处进入靶板间隔区域，并对 2#铝靶造成平均直径为 55 mm 的穿孔。碰撞速度进一步增加至 1 600 m/s 时，1#铝靶平均穿孔直径增加至 160 mm，但 1#铝靶轴向挠度显著减小。主要原因在于，随着轴向剩余速度增加，更多壳体粒子可集中穿过 1#铝靶，并在 1#、2#铝靶间隙继续径向扩展。因此，2#铝靶平均穿孔直径随碰撞速度增加不断增加，最大达到 123 mm。实际上，随碰撞速度增加，位置靠后的铝靶平均穿孔直径逐渐增加，轴向挠度也不断增加。

不同碰撞速度下典型位置处壳体粒子压力时程曲线如图 3.19 所示。碰撞速度为 600 m/s 时，从压力时程曲线可以看出，在碰撞后约 5 μs，压力迅速升高至峰值（约 3.8 GPa），在随后的 10 μs 内，由于轴向和径向稀疏波作用，压力快速卸载。值得注意的是，压力并非瞬时卸载，而是分为多个阶段。在碰撞压力作用下，壳体粒子获得径向速度，并在穿靶后沿径向飞散。除 −1 mm 处，在 −20 mm 及之后位置，压力峰值均小于 2 GPa，在 −60 mm 位置处，峰值压力仅为 0.8 GPa。可以看出，随壳体离碰撞点位置越来越远，粒子的峰值压力不断减小，这是由碰撞产生的冲击波在壳体内部传播时的衰减效应导致的。另外，对比不同碰撞速度下的压力曲线可以看出，随着碰撞速度增加，同一位置处壳体粒子的压力峰值不断升高。当碰撞速度由 600 m/s 增加到 1 600 m/s 时，−1 mm 位置处的壳体粒子压力峰值由 3.8 GPa 增加到 21 GPa。

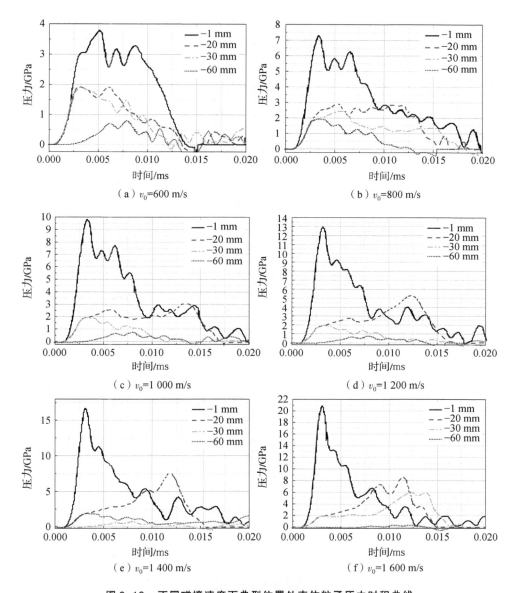

图 3.19　不同碰撞速度下典型位置处壳体粒子压力时程曲线

不同碰撞速度下典型位置处壳体粒子径向速度时程曲线如图 3.20 所示。从图 3.20 中可以看出，碰撞速度为 600 m/s 时，壳体粒子速度在约 18 μs 至 100 μs 范围内陆续达到最大，随后产生波动，并降低至负值。在约 160 μs 后，壳体粒子径向速度趋于稳定，最终获得的最大径向速度为 195 m/s。

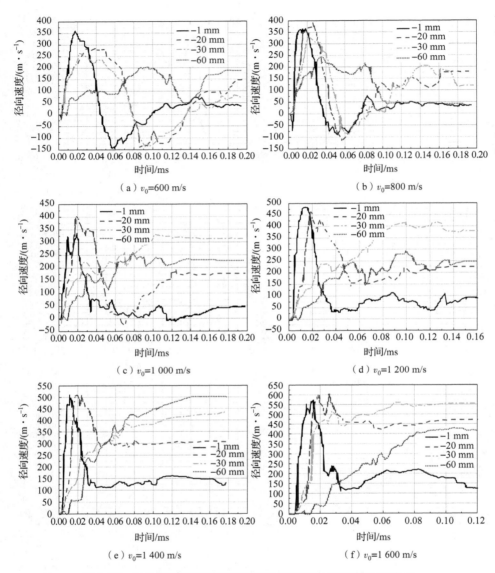

图 3.20　不同碰撞速度下典型位置处壳体粒子径向速度时程曲线

结合图 3.18 可以看出，在 18～100 μs 区间内，弹丸侵彻迎弹钢靶，在开坑和稳定侵彻阶段，由于壳体粒子间相互作用，单个粒子速度出现波动。而在 160 μs 之后，弹丸已完全贯穿迎弹钢靶，此时壳体粒子获得的径向速度，是其作用 1# 铝靶的径向速度，也决定了相应位置处的壳体粒子碰撞间隔铝靶的位置，因此在分析过程中以壳体粒子在穿靶后获得的最终径向速度为依据。

随碰撞速度增加,相同位置处的壳体粒子径向速度不断增大,当碰撞速度由 600 m/s 增加到 1 600 m/s 时,壳体粒子获得的最大径向速度由 195 m/s 增加到 550 m/s。主要原因在于,随着碰撞速度增加,活性材料芯体轴向压力不断增加,导致活性材料芯体径向膨胀效应更显著,壳体受到的径向压力更高;另外,活性芯体轴向压力的增加导致更多活性芯体被激活并引发爆燃反应,爆燃反应所产生的爆燃压力导致壳体的径向压力进一步升高,最终,壳体粒子在动能与化学能联合作用下,获得了更高的径向速度。这也是随着碰撞速度的增加,弹丸在穿透迎弹钢靶后径向膨胀程度不断增加的主要原因。

3. 靶板厚度影响

活性侵彻弹丸穿透不同厚度迎弹钢靶后对五层间隔铝靶毁伤效应如图 3.21 所示,各层间隔铝靶平均穿孔直径列于表 3.7。穿透 10 mm 迎弹钢靶

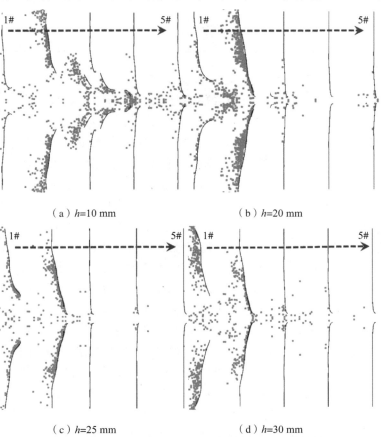

(a) h=10 mm (b) h=20 mm

(c) h=25 mm (d) h=30 mm

图 3.21 活性侵彻弹丸穿透不同厚度迎弹钢靶后对五层间隔铝靶毁伤效应

后,剩余侵彻体径向膨胀并不显著,壳体粒子首先穿透1#铝靶并形成平均直径为90 mm的穿孔,大量壳体粒子在穿透1#铝靶后继续径向飞散,并进一步在2#铝靶和3#铝靶上分别形成平均直径为191 mm和205 mm的穿孔。在完成对3#铝靶的侵彻后,大量壳体粒子被阻挡,轴向和径向剩余速度不足,导致无法继续对后续铝靶造成进一步毁伤。因此,4#铝靶和5#铝靶的平均穿孔直径显著下降。

表 3.7 不同迎弹钢靶厚度条件下间隔靶平均穿孔直径

迎弹钢靶厚度 h/mm	多层间隔铝靶平均穿孔直径/mm				
	1#铝靶	2#铝靶	3#铝靶	4#铝靶	5#铝靶
10	90	191	205	38	34
20	130	60	29	26	22
25	153	34	33	32	31
30	159	30	30	30	34

可以看出,多层间隔铝靶的毁伤效应显著依赖于高强度壳体粒子的集中碰撞,而壳体粒子的集中碰撞所导致的间隔铝靶的穿孔,则显著取决于壳体粒子的轴向剩余速度(决定侵彻能力)和径向剩余速度(决定碰撞位置)。通过数值模拟可以发现,集中碰撞是指大量壳体粒子碰撞间隔铝靶,集中碰撞作用可以产生显著穿孔。相对而言,如果壳体粒子径向飞散距离太大,分散的壳体粒子碰撞铝靶时仅能对铝靶造成一定轴向挠度,并不能产生有效穿孔。

还可发现,随迎弹钢靶厚度增加,活性侵彻弹丸对1#铝靶的毁伤效应增强,而对其他铝靶的毁伤效应减弱。当迎弹钢靶厚度由10 mm增加到30 mm时,弹丸在1#铝靶上造成的平均穿孔直径由90 mm增加到159 mm。而当迎弹钢靶厚度超过25 mm时,1#铝靶平均穿孔直径的增加幅度显著减小。与此同时,当迎弹钢靶厚度由10 mm增加到30 mm时,2#铝靶的平均穿孔直径由191 mm减小到30 mm,3#铝靶的平均穿孔直径由205 mm减小到30 mm。

特别需要注意的是,对于10 mm迎弹钢靶,最大穿孔出现在3#铝靶,而当迎弹钢靶厚度大于20 mm时,最大穿孔均出现在1#铝靶。从图3.21中可以看出,大量壳体粒子被2#铝靶阻挡并最终在2#铝靶上形成较大轴向挠度,而穿孔直径则相对1#铝靶显著减小。除此之外,迎弹钢靶厚度不同时,对比间隔铝靶轴向挠度可知,随迎弹钢靶厚度增加,1#铝靶的轴向挠度从72 mm增加到98 mm,表明随着迎弹钢靶厚度增加,壳体粒子沿径向更加分散,对1#铝靶造成较大穿孔的同时,也对其造成了严重的轴向变形。

迎弹钢靶厚度不同时,典型位置壳体粒子压力时程曲线如图 3.22 所示,壳体粒子径向速度时程曲线如图 3.23 所示。从图 3.22 中可以看出,在 1 100 m/s 速度下,最接近弹靶碰撞面处壳体粒子(−1 mm 位置处)峰值压力接近 15.5 GPa,且钢靶厚度对于碰撞压力影响不显著。从图 3.23 中可以看出,对于 10 mm 钢靶,壳体粒子所获得的最大径向速度为 180 m/s,而距离弹靶碰撞面越远的壳体粒子,径向速度越小。另外,对比不同钢靶厚度下壳体粒子径向速度时程曲线可知,钢靶厚度对壳体粒子径向速度影响显著。当钢靶厚度由 10 mm 增加至 30 mm 时,壳体粒子最大径向速度由 190 m/s 增加到 490 m/s。这解释了图 3.21 中,随着钢靶厚度增加,粒子碰撞 1#铝靶时,径向膨胀更大的现象。

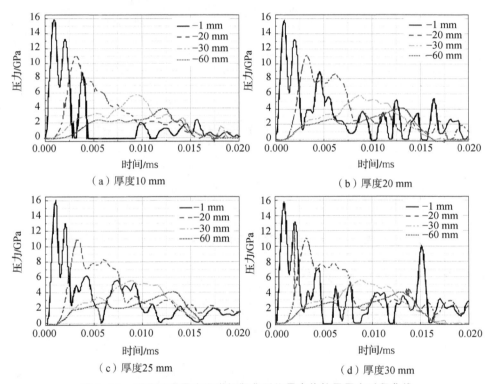

图 3.22　碰撞不同厚度迎弹钢靶典型位置壳体粒子压力时程曲线

以上现象主要由两方面原因造成,一方面,随迎弹钢靶厚度增加,更多活性芯体被压缩产生径向膨胀并被激活,由此导致更显著的动能与化学能联合作用,最终导致壳体粒子径向速度更高、径向飞散距离更远;另一方面,随着钢靶厚度增加,弹丸侵彻时间增加,穿靶后弹丸轴向剩余速度大幅降低。这两方面原因共同导致了径向飞散的壳体粒子对 1#铝靶的碰撞范围显著增大,在其轴向剩余速度足以穿透 3 mm 铝靶的情况下，壳体粒子对 1#铝靶的毁伤显著提升，不仅能够造成大范围穿孔，还能造成第一块铝靶的大范围隆起、变形。

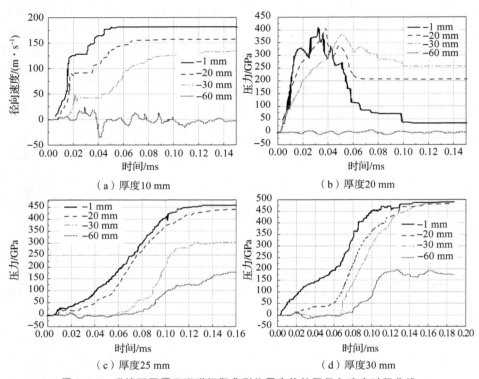

图 3.23　碰撞不同厚度迎弹钢靶典型位置壳体粒子径向速度时程曲线

3.2.3　引燃毁伤增强效应

1. 数值计算方法

活性侵彻弹丸高速碰撞引燃油箱作用机理复杂，涉及高速侵彻、流固耦合作用、活性材料反应释能、燃油雾化、引燃等多个过程，是复杂的力－化－热耦合问题。数值模拟为以上复杂问题分析及机理揭示，提供了有效手段。

活性侵彻弹丸作用油箱计算模型如图 3.24 所示。计算模型主要由活性侵彻弹丸、防护装甲靶板和油箱组成。活性侵彻弹丸长 100 mm、直径 35 mm；活性材料芯体长 75 mm、直径 21 mm。防护装甲靶板厚 10 mm，模拟油箱尺寸为 200 mm × 150 mm × 250 mm，壁厚 2 mm，液面高 160 mm。弹丸、靶板、油箱均采用拉格朗日算法，网格大小 0.5 mm，具体计算工况列于表 3.8。

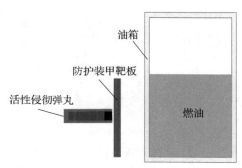

图 3.24　活性侵彻弹丸作用油箱计算模型

表 3.8　数值模拟计算工况

序号	冲击速度 $v_0/(\mathrm{m \cdot s^{-1}})$	防护装甲厚度 h/mm
1	800	10
2	1 000	10
3	1 200	10
4	1 400	10
5	1 600	10
6	1 400	5
7	1 400	10
8	1 400	15
9	1 400	20
10	800	25

2. 冲击速度影响

冲击速度为 1 000 m/s 时，典型时刻油箱内空穴形成过程及速度分布如图 3.25 所示。弹丸进入燃油初始阶段，由于受拖曳阻力作用产生轴向和径向速度，燃油液体以弹丸侵彻轨迹线为中心径向流动并形成空腔。流体扩张形成空腔的同时，液体内部形成了一定压力场，即流体动压效应。活性材料在空穴内爆燃产生超压，进一步增强燃油内压力强度。当流体运动扩展至相应的油箱壁面时，便会在壁面上产生冲击压力，从而造成油箱结构损伤破坏。

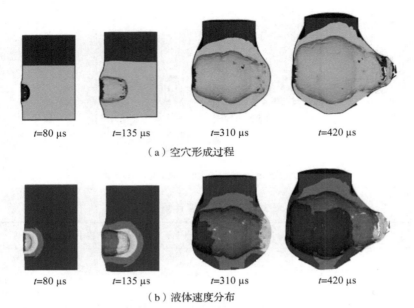

(a) 空穴形成过程

(b) 液体速度分布

图 3.25　油箱内空穴形成过程及速度分布

不同冲击速度下，油箱后壁面压力及冲量时程曲线如图 3.26 所示。从图 3.26 中可以看出，活性侵彻弹丸作用油箱过程中，燃油内部压力出现三次典型压力峰值。首先，弹丸碰撞油箱壁形成初始冲击波并传入燃油内，典型燃油单元监测到由初始冲击波引起的第一道峰值，燃油压力陡然上升至峰值并迅速衰减。随后，活性侵彻弹丸贯穿油箱壁面，侵彻燃油，在弹丸拖曳作用下，燃油内部形成第二道压力峰值。最后，活性材料在油箱内发生剧烈爆燃反应，爆燃超压作用于燃油，在燃油内部形成第三道压力峰值。

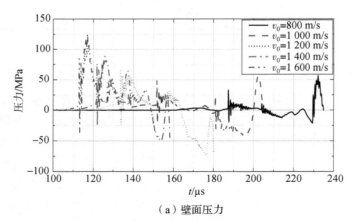

(a) 壁面压力

图 3.26　典型单元压力及冲量时程曲线

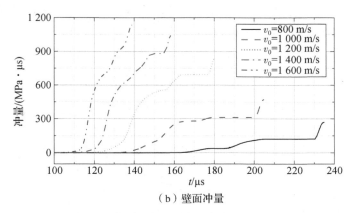

(b）壁面冲量

图 3.26　典型单元压力及冲量时程曲线（续）

冲击速度为 1 200 m/s 时，燃油内不同时刻压力分布如图 3.27 所示。从图 3.27 中可以看出，弹丸碰撞油箱后，在燃油内部形成高强度初始冲击波，初始冲击波以入射点为中心呈半球状向燃油内传播，冲击波强度在传播过程中不断衰减。随着弹丸持续侵彻燃油，压缩弹丸前部燃油，形成拖曳压力。因此，与惰性弹丸作用油箱相比，活性侵彻弹丸作用时，燃油内高压区角度更广、面积更大，以 160 μs 时燃油压力云图特征差异尤为显著。

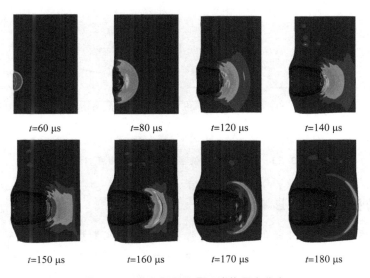

图 3.27　弹丸侵彻作用下液体压力分布

油箱前后板位移随弹丸冲击速度的变化如图 3.28 所示，箱体结构变化如图 3.29 所示。与惰性弹丸碰撞油箱速度影响规律一致，随着活性侵彻弹丸冲击速度增加，前后壁面位移变形增加。与惰性弹丸相比，活性弹丸速度变化对油箱前后壁面隆起变形影响程度更高。这是由于随着活性侵彻弹丸冲击速度提高，不仅提高了弹丸传递给油箱系统的动能，也在一定程度上提高了活性材料激活程度，增加爆燃压力，油箱结构所受载荷增加，从而变形增加。

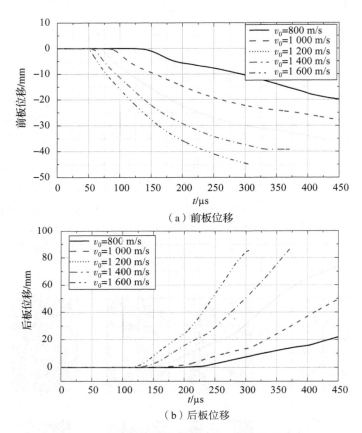

图3.28　油箱前后板位移随弹丸冲击速度的变化

3. 防护装甲厚度影响

不同防护装甲厚度条件下，活性弹丸侵彻过程速度变化如图3.30所示。从图3.30中可以看出，随着防护装甲厚度增加，活性弹丸侵彻过程中速度衰减增加，弹丸剩余速度减小。活性侵彻弹丸入射油箱时，在碰撞及流体拖曳作用下弹丸速度衰减，将部分动能转化传递为冲击波能及流体动能，使得油箱结构所受载荷增加。因此，随着装甲厚度增加，弹丸与流体的相互作用将减弱。

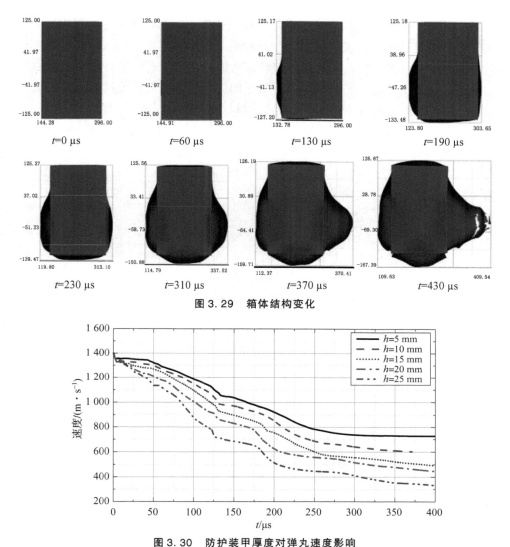

图 3.29 箱体结构变化

图 3.30 防护装甲厚度对弹丸速度影响

防护装甲厚度不同时,油箱后壁面压力及冲量时程曲线如图 3.31(a)、(b)所示。弹丸侵彻油箱壁面及燃油,形成随时间变化的复杂压力波,压力波传播至油箱各壁面时,发生反射透射叠加作用,在燃油内部形成复杂压力场。被激活的活性材料在空穴内反应,形成爆燃超压,进一步提高了燃油内部压力场强度。可以看出,活性材料爆燃作用形成的液体压力峰值与动能作用形成的液体压力峰值基本处于同一量级,因此活性材料爆燃对燃油内压力贡献显著。

另外,初始冲击波强度及弹丸与流体相互作用导致的拖曳冲击波强度,随防护装甲厚度增加而降低。主要原因在于,随着装甲厚度增加,弹丸剩余速度降低，碰撞油箱壁面形成的初始冲击波强度降低。与之不同的是，燃油内第三道压力波峰值随着防护装甲厚度增加而增强，装甲厚度超过 15 mm 时，活性材料爆燃形成冲击波峰值基本相同。这是因为燃油内第三道压力波峰值主要由活性材料激活长度决定。随着防护装甲厚度增加，活性弹丸碰撞过程中激活长度增加，当装甲厚度超过 15 mm 时，活性材料激活长度相同，不再增加。

燃油内冲击波作用于油箱壁面，引起油箱壁面变形，甚至解体。油箱壁面变形不仅受压力峰值影响，还受压力作用时间影响，典型燃油单元冲量如图 3.31（b）所示。从图 3.31（b）中可以看出，在初始冲击波及拖曳压力作用下液压冲量迅速增加，随后活性材料在油箱内发生剧烈爆燃反应进一步增加了燃油所受冲量。

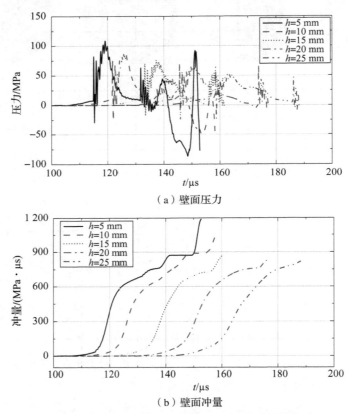

（a）壁面压力

（b）壁面冲量

图 3.31　防护装甲厚度对油箱后壁面压力及冲量影响

防护装甲对油箱前后壁位移影响如图 3.32 所示。在燃油流体动压作用下，油箱前后壁面向外隆起变形。随着装甲厚度增加，油箱前后壁面变形减小，装甲厚度从 5 mm 增加至 25 mm，300 μs 时油箱前壁面隆起高度从 38 mm 减小至 31 mm，后壁面隆起高度从 60 mm 减小到 17 mm。

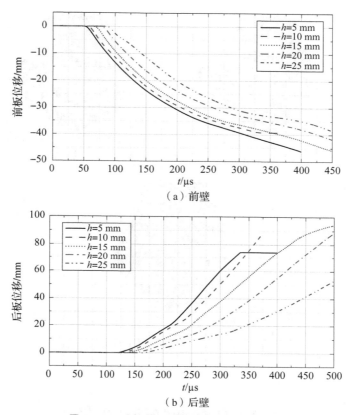

(a) 前壁

(b) 后壁

图 3.32 防护装甲对油箱前后壁位移影响

活性侵彻弹丸作用不同厚度防护装甲时，油箱毁伤如图 3.33 所示。从图 3.33 中可以看出，随着防护装甲厚度增加，油箱毁伤程度减弱，毁伤模式从碎裂解体到隆起大变形，油箱整体变形程度也随着防护装甲厚度增加而减弱。

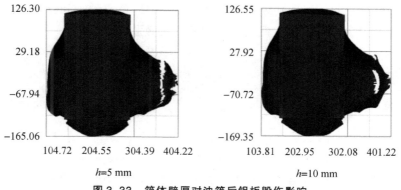

图 3.33 箱体壁厚对油箱后铝板毁伤影响

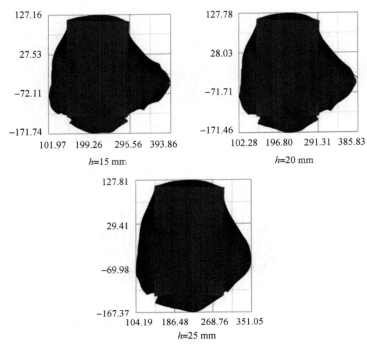

图 3.33 箱体壁厚对油箱后铝板毁伤影响（续）

3.3 毁伤增强效应实验

数值计算结果表明，在动能和化学能的联合作用下，半穿甲型活性毁伤增强侵彻战斗部能在密闭空间产生超压效应，并且可对多层金属靶和油箱分别造成结构毁伤增强和引燃毁伤增强效应。本节主要通过实验，分析活性侵彻弹丸内爆超压效应、结构毁伤增强效应及引燃毁伤增强效应。

3.3.1 内爆超压效应

1. 实验方法

活性侵彻弹丸内爆超压效应实验系统主要由加载系统、测速系统和超压测试系统三部分组成，实验原理如图 3.34 所示。活性侵彻弹丸加装弹托装入弹道枪，通过调整发射药量，控制弹丸发射速度范围为 700～1 500 m/s。测速系统主要由网靶和计时仪组成，将区截测速靶网测定的弹丸飞行速度作为最终冲击速度。超压测试系统由超压测试容器和高速摄影系统组成,利用数据采集系统对超压测试容器中每个通道的超压时程信号进行记录,获得不同测试条件下密闭容器内超压时程曲线。同时,整个测试过程通过高速摄影系统记录。

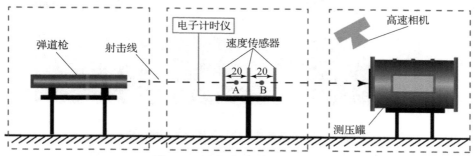

图 3.34　内爆超压效应实验原理

　　超压测试容器结构及实物如图 3.35 所示。容器总体呈圆柱形,内径和高度分别为 260 mm 和 500 mm,容积为 26.5 L。容器前端设置一定厚度迎弹铝靶,通过螺纹和密封垫圈密封固定。在容器上方等间距设置 3 个应变式压力传感器,并与测试系统连接,获得容器内压力时程曲线。

图 3.35　超压测试容器结构及实物

2. 典型内爆超压效应

　　不同冲击速度下,活性侵彻弹丸内爆效应如图 3.36 和图 3.37 所示。可以看出,弹丸作用过程主要分为动能侵彻和爆燃反应两个过程。高速和低速条件下,容器内部和外部均产生了剧烈火光,并在 12 ms 左右亮度达到最大,如图 3.36 (b) 和图 3.37 (b) 所示。另外还可看出,图 3.36 (b) 中的火光明亮度与图 3.37 (b) 中相比更高,表明撞击速度越高,活性材料反应越剧烈。当密闭容器内超压达到其峰值后,反应产生的爆燃气体产物从侵孔呈放射状快速喷出,再次在靶前形成火光,如图 3.36 (c) 和图 3.37 (c) 所示。反应结束后,反应产物从侵孔持续泄出,在靶前形成火球,并向外扩散,如图 3.36 (d)~(f) 和图 3.37 (d)~(f) 中,两种情况下,活性芯体材料反应均持续 160 ms 左右。

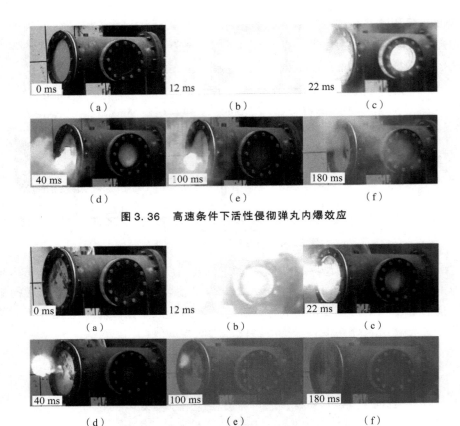

图 3.36　高速条件下活性侵彻弹丸内爆效应

图 3.37　低速条件下活性侵彻弹丸内爆效应

3. 弹丸冲击速度影响

实验所得典型超压时程曲线如图 3.38 所示。从图 3.38 中可以看出，超压变化可分为两个阶段，第一阶段为超压快速上升阶段，持续时间为 10～25 ms，对应作用过程为活性材料在容器内发生的持续爆燃反应。第二阶段为超压缓慢下降阶段，持续时间为数毫秒，对应过程为容器与外界环境发生的持续热交换，主要表现形式为爆燃气体产物从侵孔的持续泄出。

经过对比可以发现，活性侵彻弹丸内爆超压曲线与传统高能爆炸炸药曲线间的差异主要在于各阶段的时间尺度，前者在每个阶段均有较长的持续时间，主要是由活性材料爆燃反应的非自持性和其自身反应速率较低造成的。而高能炸药的反应速率往往高于活性材料，因此其各阶段的持续时间更短。

需要注意的是，在总压峰值附近，曲线发生了明显振荡，一方面，与活性材料反应密切相关，在强冲击载荷下，活性材料发生碎裂，其中粒径较小的碎

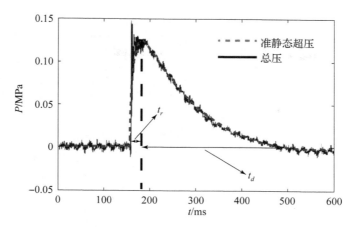

图 3.38 实验所得典型超压时程曲线

片具有较高的比表面积,更迅速发生爆燃反应,数微秒延迟后,粒径较大的碎片才发生反应,相当于在容器内部发生了多重起爆,导致了超压信号的波动;另一方面,壁面测量通道处附近的压力受到了活性材料的爆燃气体产物、壳体碎片及冲击波反射等多种效应的影响,从而导致了超压信号的振荡。

S_2 传感器处测量所得超压时程曲线如图 3.39 所示,具体超压特性参量列于表 3.9。可以看出,随着冲击速度的增加,超压峰值不断增加,当冲击速度为 1 184 m/s 时,超压峰值可达到 0.297 MPa,输入容器内的冲量为 27.83 MPa·ms。造成该结果的主要原因是,随着冲击速度增加,弹靶碰撞产生的冲击压力升高,导致更多活性材料被激活,释放更多化学能。随冲击速度进一步增加,活性材料将被完全激活,因此当超过某一极限速度后,超压峰值将趋于稳定。

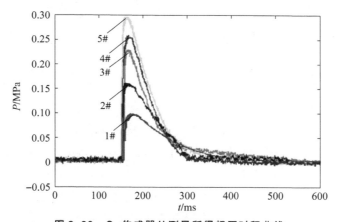

图 3.39 S_2 传感器处测量所得超压时程曲线

表3.9 超压特性参量

序号	速度/(m·s^{-1})	超压峰值/MPa	超压上升时间/ms	超压下降时间/ms	作用冲量/(MPa·ms)
1	618	0.094	20.3	255.6	5.98
2	732	0.157	14.3	155.3	12.89
3	861	0.221	14.8	173.5	15.43
4	994	0.257	13.5	212.3	24.05
5	1 184	0.297	14.1	178.4	27.83

实验中，测压容器中的超压峰值与活性芯体的激活率密切相关。实际上，在弹靶碰撞过程中，首先在碰撞面处产生冲击波，分别传入靶板和弹丸。对于厚靶而言，弹丸内部压力分布不会受到靶板反射稀疏波的影响，其活性材料的激活率主要与传入弹丸内部的冲击波峰值有关。弹丸冲击速度越高，产生的冲击波峰值越大，从而活性材料的激活率越高。

而对于薄靶，弹丸内应力分布受靶板反射稀疏波影响显著。由于反射稀疏波速度较弹丸内部冲击波更高，当冲击波还未完全扫过整个芯体时，其压力即遭遇反射稀疏波卸载。在这种情况下，活性材料激活率将由冲击波在弹丸中传播的衰减效应和反射稀疏波的卸载作用共同决定。因此，往往存在一个临界靶厚，弹丸作用厚度大于该临界值的薄靶时，活性芯体激活程度由初始冲击波峰值决定。另外，还需要注意的是，随着靶板厚度增加，将有更多的活性材料爆燃能量损失于侵彻通道，在一定程度上导致靶后超压峰值降低。

3.3.2 结构毁伤增强效应

1. 实验原理

活性侵彻弹丸结构毁伤增强效应实验原理如图3.40所示。活性侵彻弹丸通过火炮发射，如图3.41（a）所示。多层间隔靶由一块迎弹钢靶和5块LY12铝靶组成。迎弹钢靶厚度分别为10 mm、20 mm和30 mm，5块间隔铝靶厚度均为3 mm，长、宽分别为1 000 mm和1 200 mm。迎弹钢靶与第一块铝靶的间距为600 mm，各层铝靶间距为300 mm。活性侵彻弹丸着靶速度控制在1 100 m/s左右，并由设置于迎弹钢靶前1 m位置的测速仪测定。冷压/烧结工艺制备所得活性芯体样品及活性侵彻弹丸实物分别如图3.42和图3.43所示。

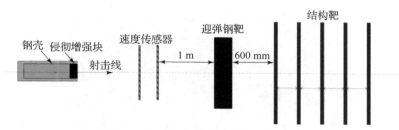

图 3.40　活性侵彻弹丸结构毁伤增强效应实验原理

（a）火炮

（b）结构靶

图 3.41　发射火炮及结构靶

图 3.42　活性芯体样品

图 3.43　活性侵彻弹丸实验样弹

2. 侵彻弹丸冲击响应

1 100 m/s 撞击速度条件下，活性侵彻弹丸穿透不同厚度迎弹钢靶后作用多层间隔靶过程如图 3.44 所示。可以看出，活性侵彻弹丸的响应显著受迎弹钢靶厚度影响。弹靶碰撞瞬间，活性材料芯体在强冲击载荷下被激活，在碰靶 0.5 ms 后，弹丸完全贯穿迎弹钢靶。对比三种不同厚度迎弹钢靶条件下，同一时刻响应行为，反应火光表征了活性材料激活率差异。随着迎弹钢靶厚度增加，芯体激活率不断增加，爆燃火焰更加剧烈，且扩展范围更广。

（a）迎弹钢靶厚 10 mm

（b）迎弹钢靶厚 20 mm

（c）迎弹钢靶厚 30 mm

图 3.44　活性侵彻弹丸作用金属结构靶过程

着靶后 70 ms 时,弹丸贯穿多层间隔铝靶,并持续释放化学能。然而,对于不同厚度的迎弹钢靶,这一阶段的火焰特性仍然不同。穿透 10 mm 迎弹钢靶后,弹丸整体具备较高的轴向剩余速度,火焰在轴向(垂直于靶板的方向)扩展距离较大。相比而言,贯穿 20 mm 迎弹钢靶后,由于弹丸轴向剩余速度较低,火焰轴向扩展距离也相对较短。在碰撞迎弹钢靶 186 ms 后,可以较清楚地观察到间隔靶间的火焰特性。从图 3.44(a)可以看出,火焰主要分布于间隔靶中间,尤其在第一块至第四块铝靶之间,即距离迎弹钢靶最近的 4 块铝靶。因此,以上 4 块铝靶毁伤较为严重。对于 20 mm 和 30 mm 厚度钢靶,火焰则主要分布在接近第一块铝靶的位置,表明活性材料的反应主要发生于贯穿迎弹钢靶后,同时导致第一块铝靶毁伤最严重。对比不同厚度迎弹钢靶条件下,活性材料爆燃反应熄灭时刻,对于 10 mm 迎弹钢靶,火焰持续时间最长,达到 651 ms。随着钢靶厚度增加,火焰持续时间减小。原因在于,对于更厚的迎弹钢靶,碰靶后活性芯体碎裂更为严重,活性材料碎片尺寸也更小,尺寸更小的活性材料碎片被激活并爆燃时,能够更加快速释放化学能,导致反应在更短时间内完成。

3. 结构靶毁伤增强效应

活性侵彻弹丸对不同厚度迎弹钢靶毁伤效应如图 3.45 所示。从图 3.45 中可以看出,迎弹钢靶厚度为 10 mm 或 20 mm 时,钢靶毁伤呈现为典型冲塞破坏。当迎弹钢靶厚度增加到 30 mm,毁伤模式呈现出部分延性扩孔的特点。需要注意的是,由于碰撞产生的钢靶冲塞块具备足够的动能,随后将穿透 5 块间隔铝靶。钢靶冲塞块的尺寸接近钢靶上穿孔尺寸,但远小于铝靶上的爆裂穿孔尺寸。因此,最终在铝靶上观察到的爆裂穿孔并不完全由塞块造成,而主要由剩余侵彻体产生的动能穿孔和剩余活性芯体碰靶产生的化学能联合作用形成。

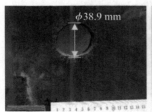 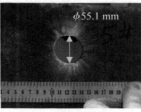 

(a)厚度 10 mm　　　　　(b)厚度 20 mm　　　　　(c)厚度 30 mm

图 3.45　活性侵彻弹丸对不同厚度迎弹钢靶毁伤效应

多层间隔金属铝靶毁伤效应如图 3.46 所示,各块铝靶主爆裂穿孔直径列于表 3.10。从图 3.46 中可以看出,间隔铝靶毁伤效应显著受到迎弹钢靶厚度影响,迎弹钢靶厚度为 10 mm 时,活性材料芯体在作用每层铝靶时,均有芯体

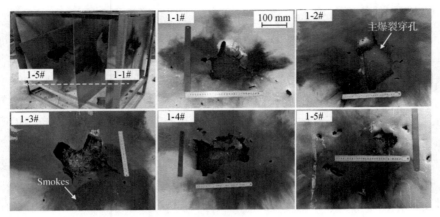

(a)迎弹钢靶厚10 mm

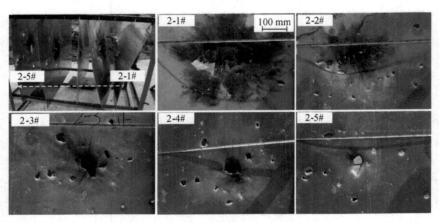

(b)迎弹钢靶厚20 mm

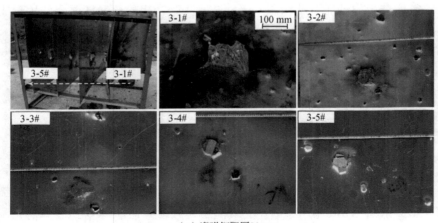

(c)迎弹钢靶厚30 mm

图3.46 多层间隔金属铝靶毁伤效应

发生爆燃和化学能释放，因此在各层铝靶上均产生了动能与爆炸化学能联合作用，最终在前四块间隔铝靶上造成爆裂毁伤。然而，迎弹钢靶厚 20 mm 和 30 mm 时，显著的化学能释放现象仅可在作用第一块铝靶时观察到，动能与化学能联合效应在剩余侵彻体碰撞第二块铝靶时呈现出明显减弱。

表 3.10 结构靶主爆裂穿孔直径

实验编号	迎弹钢靶厚度/mm	铝靶编号	主爆裂穿孔平均直径/mm
1	10	1 – 1#	φ224
		1 – 2#	φ366
		1 – 3#	φ390
		1 – 4#	φ398
		1 – 5#	φ130
2	20	2 – 1#	φ272
		2 – 2#	φ120
		2 – 3#	φ116
		2 – 4#	φ112
		2 – 5#	φ110
3	30	3 – 1#	φ284
		3 – 2#	φ144
		3 – 3#	φ124
		3 – 4#	φ110
		3 – 5#	φ94

从表 3.10 中可以看出，间隔铝靶上主爆裂穿孔直径受迎弹钢靶厚度显著影响。迎弹钢靶厚度为 10 mm 时，5 块铝靶上的主爆裂穿孔直径先增加后减小。然而，对于 20 mm 和 30 mm 迎弹钢靶，5 块间隔铝靶主爆裂穿孔直径从第 2 块开始显著减小，两种钢靶厚度条件下，第 1 块铝靶上主爆裂穿孔均最大。此外，随着迎弹钢靶厚度从 10 mm 增加到 30 mm，第 1 块铝靶的主爆裂穿孔直径从 φ224 mm（6.4 倍弹径）增加到 φ284 mm（8.1 倍弹径）。其他铝靶的毁伤效应显著下降，迎弹钢靶厚度 10 mm 时，靠近钢靶的 4 块铝靶均产生显著破

坏（大于 6.4 倍弹径），而对于 20 mm 和 30 mm 厚度迎弹钢靶，除了第 1 块铝靶，其余 4 块铝靶的主爆裂穿孔直径均小于 6.4 倍弹径。

实验中，多层间隔铝靶毁伤效应及变化特征均和活性侵彻弹丸的动能与爆炸化学能联合毁伤作用密不可分。通常来讲，在碰撞迎弹钢靶时，活性芯体和壳体都会被压缩且产生径向膨胀。由于活性芯体的泊松比大于壳体，会产生径向应力，进而导致壳体产生碎裂并径向加速。强冲击载荷作用下，活性材料被激活并快速释放大量化学能，在短时间及很小尺度的局部空间内产生显著爆燃压力。在爆燃压力作用下，碎裂的壳体进一步加速。最终，由碰撞压力和爆燃超压形成的产生径向膨胀的剩余侵彻体，会对迎弹钢靶后的多层间隔铝靶产生巨大结构毁伤。同时，剩余侵彻体在碰撞每块铝靶时，类似的动能与爆炸化学能联合作用仍会导致壳体径向膨胀及飞散进一步增加。

对迎弹钢靶厚度 10 mm 时而言，5 块间隔铝靶上的主爆裂穿孔尺寸先增大后减小，最大的主穿孔出现在 1-4#铝靶。主要原因在于，碰撞 1-4#铝靶前，剩余侵彻体壳体不断径向膨胀，靶板毁伤面积不断增加；而碰撞 1-4#铝靶后，大部分壳体断裂，因此第 5 块铝靶的毁伤面积显著下降。从图 3.46（b）中可以看出，当迎弹钢靶厚度增加到 20 mm 时，对比钢靶厚度 10 mm，第 1 块铝靶主爆裂穿孔尺寸增加，但剩余铝靶的间隔毁伤显著减弱。这是因为，当碰撞更厚的迎弹钢靶时，更多的活性材料芯体被激活起爆（相比于 1-1#铝靶，在 2-1#铝靶上可以观察到更大范围的黑色反应痕迹），从而增加了壳体的径向膨胀及其作用产生的毁伤面积。同时，从图 3.46（b）可以看出，在第二发试验的 5 块铝靶中，2-1#铝靶的主爆裂穿孔尺寸最大。主要原因在于，活性侵彻弹丸穿透较厚迎弹钢靶后，剩余侵彻体壳体获得更高的径向膨胀速度和更大的径向膨胀角度，因此在碰撞第 1 块铝靶时也更容易发生断裂。所以，在后 4 块铝靶上只产生较小的动能穿孔，主要由壳体断裂后的剩余侵彻体碰撞产生。

从图 3.46（c）中可以看出，当迎弹钢靶厚度为 30 mm 时，多层间隔铝靶的毁伤效应呈现出与 20 mm 钢靶后效毁伤相似的规律。对于第三发试验，3-1#铝靶上的主爆裂穿孔仍是 5 块铝靶上最大的，表明剩余侵彻体在碰撞 3-1#铝靶时发生了显著断裂。主要原因在于，更厚的迎弹钢靶，提高了壳体的径向膨胀应变率，在迎弹钢靶后产生了更多的壳体碎片，且壳体碎片平均尺寸更小。在每次碰撞靶板过程中，活性芯体都会被部分激活并释放化学能，直到活性材料全部反应或碰撞压力低于材料的临界起爆压力。

总而言之，活性侵彻弹丸这种作用间隔铝靶能量多次分域释放显著取决于迎弹钢靶厚度，且导致了多层铝靶上显著不同的毁伤效应。穿透不同厚度迎弹钢靶后，活性材料激活响应状态不同，剩余侵彻体径向膨胀程度不同，同时，壳体径向膨胀不同,最终导致了多层铝靶爆裂毁伤效应的显著差异。

3.3.3 引燃毁伤增强效应

1. 实验方法

活性侵彻弹丸引燃毁伤增强效应实验原理如图 3.47 所示,实验系统主要由弹道炮、活性侵彻弹丸、防护钢靶,油箱等组成。活性侵彻弹丸壳体为高强度钢,内部装填活性材料芯体。铁皮油箱尺寸为 300 mm × 400 mm × 500 mm,壁厚 2 mm,前、后端盖与箱体采用螺纹连接,如图 3.48 所示。油箱装填燃油为军用 RP-3 航空煤油,为保证弹丸在碰靶时能作用在液面以下产生水锤效应从而对油箱产生结构破坏,油箱内装填的航空煤油接近满油。

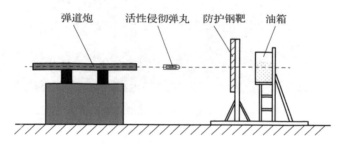

图 3.47 活性侵彻弹丸引燃毁伤增强效应实验原理

(a) 活性侵彻弹丸　　　　　　(b) 油箱

图 3.48 活性侵彻弹丸及油箱

2. 侵彻弹丸冲击响应

750 m/s 速度条件下,活性侵彻弹丸穿透 20 mm 均质防护装甲后作用油箱响应行为如图 3.49 所示。从图 3.49 中可以看出,弹丸侵彻装甲靶板后产生明亮火焰,表明侵彻过程中,侵彻弹丸内活性芯体材料被激活,并开始发生剧烈爆燃反应。随后,芯体材料被激活的活性侵彻弹丸作用油箱,在流体动压和爆燃超压的联合作用下，油箱封闭性遭到破坏，燃油从油箱中喷出，部分燃油在高温高压作用下发生汽化，与空气混合形成油气混合物，一定延迟时间后首先被点燃。随后燃烧不断扩展，燃油发生持续燃烧，直至熄灭。

图3.49　活性侵彻弹丸作用油箱响应行为

3. 油箱引燃增强效应

700 m/s速度条件下，活性侵彻弹丸贯穿厚度分别为10 mm、15 mm、20 mm和25 mm装甲靶板后，对油箱毁伤效应如图3.50所示，典型油箱破坏情况如图3.51所示。从图3.51中可以看出，防护装甲厚度对活性侵彻弹丸引燃毁伤效应影响显著。随防护装甲厚度从10 mm增加至25 mm，弹丸对油箱的引燃毁伤程度先增强后减弱。当装甲厚度为15 mm时，弹丸对油箱的引燃毁伤效果最佳。

在实际作用过程中，高强度钢壳体使活性侵彻弹丸具有一定穿甲能力，活性材料芯体使得弹丸具有靶后爆燃毁伤性能。弹丸侵彻防护装甲过程中，碰撞产生的冲击波分别传入弹丸及靶板中，传入弹丸的冲击波激活部分或者全部活性材料。传入靶板的冲击波在到达靶板背部时反射拉伸波，传播进入活性弹丸，导致活性材料所受冲击压力降低。因此防护装甲厚度决定了活性弹丸内活性材料激活长度，防护装甲越厚，碰撞速度相同条件下，活性材料被激活长度越长。但是装甲厚度增加也提高了对活性弹丸侵彻能力的要求，随着装甲厚度增加，弹丸侵彻装甲后剩余速度降低，导致弹丸对于油箱的引燃毁伤能力下降。

图3.50 防护装甲厚度对引燃效应影响

图3.51 典型油箱破坏情况

3.4 毁伤增强机理

半穿甲活性毁伤增强侵彻战斗部基于先进毁伤机理与模式，先通过弹丸动能对轻型防护装甲进行侵彻，高应变率碰撞载荷导致的弹丸壳体径向膨胀、活性材料芯体爆燃反应，对目标造成毁伤增强效应。本节主要介绍半穿甲活性毁伤增强侵彻战斗部内爆毁伤增强机理、结构毁伤增强机理及引燃毁伤增强机理。

3.4.1 内爆毁伤增强机理

1. 行为描述

结合实验及数值模拟可知，活性侵彻弹丸冲击靶板后在密闭容器内爆燃，形成超压毁伤场。结合活性材料冲击起爆特性，活性侵彻弹丸的内爆毁伤过程可主要分为冲击碎裂和预点火、局部爆燃、完全爆燃、泄压四个阶段。

在冲击碎裂和预点火阶段，活性侵彻弹丸冲击容器前靶后，在接触面处产生分别传入弹丸和靶板的冲击波。对活性芯体而言，被压缩至屈服极限后发生高应变率塑性变形并最终达到材料临界破坏极限。在此过程中，聚合物在高压作用下发生分解并释放大量强氧化剂，与金属颗粒发生反应，产生预点火，但此时爆燃反应还未完全发生。另外，壳体与活性芯体之间泊松比的差异导致二者发生不同程度的径向膨胀，从而在壳体与活性芯体之间产生径向应力差，壳体在径向应力的持续作用下发生膨胀，如图 3.52（a）所示。

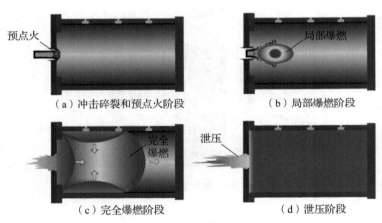

(a) 冲击碎裂和预点火阶段　　(b) 局部爆燃阶段

(c) 完全爆燃阶段　　(d) 泄压阶段

图 3.52　活性弹丸侵爆作用过程

局部爆燃及完全爆燃两个阶段分别如图 3.52（b）和图 3.52（c）所示。弹丸贯穿靶板后，尺寸较小的芯体碎片由于具有较大的比表面积，从而发生快速的局部反应。弹丸壳体进一步径向膨胀，最终在机械径向应力和局部爆燃反应压力的联合作用下发生碎裂。随着反应持续进行，更多活性材料参与反应，产生类球形爆燃波，在容器内传播并在壁面处发生反射，容器内压力迅速上升。

在泄压阶段，活性材料芯体爆燃反应结束，小尺寸活性材料碎片完全反应的同时，较大尺寸的活性材料碎片持续缓慢燃烧，但与容器的热量损失和高温高压气体泄出效应相比，其放热反应对容器内压力的贡献较小，可忽略不计。

随着高热量爆燃气体产物从侵孔的持续泄出，容器内的压力不断降低，在这种情况下，容器中的压力分布是准定常的，如图 3.52（d）所示。

2. 活性侵彻弹丸芯体激活模型

活性侵彻弹丸的内爆超压效应主要取决于活性材料芯体的爆燃反应，基于上述分析，活性材料芯体激活长度可表述为

$$\begin{cases} L = \min(x_1, x_2) \\ x1 = -(1/\alpha)\ln(P_c/P_0) \\ x2 = -h[\rho_{t0}/(\rho_t C_t) + 1/U_t]/[1/U_f - \rho_{f0}/(\rho_f C_f)] \end{cases} \quad (3.1)$$

式中，x_1 和 x_2 分别为受冲击波衰减效应和稀疏波卸载效应所影响的长度；α 为与材料特性相关的系数；P_0 为初始冲击压力；P_c 为活性材料临界起爆压力；ρ 为密度；U 为冲击波波速；下标 f 和 t 分别代表活性芯体和靶板；C 为稀疏波波速，可通过式（3.2）给出：

$$C = U\sqrt{\{0.49 + [(U-u)/U]^2\}} \quad (3.2)$$

式中，u 为粒子速度。

上述活性芯体激活模型适用于活性材料与靶板直接碰撞的情况，而对于活性侵彻弹丸，头部往往存在侵彻增强结构，以进一步提高弹丸的侵彻能力。因此，活性侵彻弹丸弹靶碰撞过程中的冲击波传播过程如图 3.53 所示。

碰撞瞬间，首先在接触面 A_1-A_2 处产生分别传入弹丸和靶板的左行冲击波和右行冲击波，且两束冲击波幅值相等，如图 3.53（a）所示。随后左行冲击波在侵彻增强体与活性材料分界面 B_1-B_2 处形成反射波和透射波，其中透射波传入活性材料芯体。右行压缩波传播至靶板背部自由面 C_1-C_2 时，发生反射并形成传播速度更快的稀疏波，如图 3.53（b）所示。最后该稀疏波在面 A_1-A_2 和面 B_1-B_2 处发生两次反射和透射，其中透射入活性材料的稀疏波对已经在活性材料内部传播的透射波进行追赶卸载，如图 3.53（c）所示。

在初始碰撞面 A_1-A_2 上，基于一维应力波传播理论，由动量守恒关系和界面连续条件，A_1-A_2 处的初始冲击压力可以通过式（3.3）计算：

$$\begin{cases} P_1 = P_2 = \dfrac{(\rho_1 c_1 + \rho_2 c_2 + 2\rho_1 s_1 v_0) - \sqrt{\Delta}}{2(\rho_1 s_1 - \rho_2 s_2)} \rho_2 U_{s2} \\ \Delta = (\rho_1 c_1 + \rho_2 c_2 + 2\rho_1 s_1 v_0)^2 + 4\rho_1(\rho_2 s_2 - \rho_1 s_1)(c_1 v_0 + s_1 v_0^2) \end{cases} \quad (3.3)$$

式中，ρ 为密度；P 为初始撞击应力；U_s 为冲击波波速，可由线性 Hugoniot 关系计算；c 为材料声速；s 为材料经验参数；v_0 为冲击速度；下标 1、2 分别为侵彻增强体和靶板。

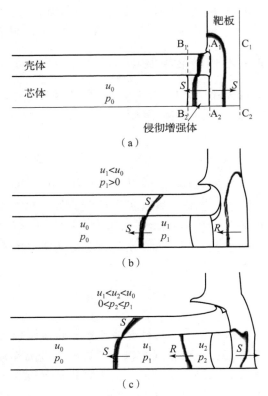

图 3.53 冲击波传播模型

初始冲击波产生后,在介质中的传播随距离增加而衰减,采用 Bodner - Partom 指数形式无屈服本构理论来描述冲击波在侵彻增强体和活性芯体中的衰减,其中冲击波在侵彻增强体中衰减后的幅值可表述为

$$P_{1s} = P_1 \exp(-\alpha d) \tag{3.4}$$

式中,α 为应力波在钢中的衰减系数;d 为侵彻增强体厚度。

在侵彻增强体中衰减后的冲击波在面 $B_1 - B_2$ 处发生透射和反射,根据界面连续性条件,透射波幅值可表述为

$$P_{1st} = P_{1s} \frac{2\rho_3 U_{s3}}{\rho_1 U_{s1} + \rho_3 U_{s3}} \tag{3.5}$$

式中,P_{1st} 为透射波幅值;下标 3 为活性材料。

综合上述初始应力波幅值、应力衰减及界面应力传递关系,活性材料内部应力分布可表述为

$$P = \frac{2\rho_3 U_{s3} P_1}{\rho_1 U_{s1} + \rho_3 U_{s3}} \exp[-(\alpha d + \beta x)] \tag{3.6}$$

式中，β 为冲击波在活性芯体中的衰减系数；x 为冲击波传播距离。

因此，活性芯体内部应力衰减传播长度 L_1 可表述为

$$L_1 = \ln\left[\frac{2\rho_3 U_{s3} P_1 \exp(-\alpha d)}{P_c(\rho_1 U_{s1} + \rho_3 U_{s3})}\right]\Big/\beta \tag{3.7}$$

另外，当弹丸冲击薄靶时，靶板背部的反射波将对活性芯体内的冲击波进行卸载，从而导致卸载位置之后的活性材料应力骤减，活性材料无法激活，结合图 3.53 可得到左行冲击波和反射稀疏波存在如下追赶关系：

$$\frac{d}{U_{s1}} + \frac{L_2}{U_{s3}} = \frac{h}{U_{s2}} + \frac{h\rho_2}{C_2 \bar{\rho}_2} + \frac{d\rho_1}{C_1 \bar{\rho}_1} + \frac{L_2 \rho_3}{C_3 \bar{\rho}_3} \tag{3.8}$$

式中，h 为靶板厚度；$\bar{\rho}$ 为冲击波过后材料密度；C 为卸载波波速；L_2 为两波相遇处与面 B_1–B_2 之间的距离。

活性芯体受稀疏波影响的临界长度 L_2 可表述为

$$\begin{cases} L_2 = \dfrac{\Psi_2^+}{\Psi_3^-} h - \dfrac{\Psi_1^-}{\Psi_3^-} d \\ \Psi_i^{\pm} = \dfrac{1}{U_{si}} \pm \dfrac{\rho_i}{C_i \bar{\rho}_i} \end{cases} \tag{3.9}$$

因此，修正后的活性芯体激活长度模型为

$$\begin{cases} L = \min(L_1, L_2) \\ L_1 = \ln\left[\dfrac{2\rho_3 U_{s3} P_1 \exp(-\alpha d)}{P_c(\rho_1 U_{s1} + \rho_3 U_{s3})}\right]\Big/\beta \\ L_2 = \dfrac{\Psi_2^+}{\Psi_3^-} h - \dfrac{\Psi_1^-}{\Psi_3^-} d \\ \Psi_i^{\pm} = \dfrac{1}{U_{si}} \pm \dfrac{\rho_i}{C_i \bar{\rho}_i} \end{cases} \tag{3.10}$$

3. 准静态超压模型

活性材料在密闭容器中发生化学反应，释放化学能，产生的准静态压力与总能量释放间存在一定关系。假设测试容器为封闭系统，考虑系统初始状态和达到准静态峰值压力的状态，假设容器内气体为理想气体，则两个状态的准静态压力关系为

$$P_1 - P_0 = \Delta P = R(\rho_1 T_1 - \rho_0 T_0) \tag{3.11}$$

其中，P_1 和 P_0 分别为终态和初始压力；R 为气体常数；ρ_1 和 ρ_0 分别为终态气体密度和初态气体密度；T_1 和 T_0 分别为终态温度和初态温度。

忽略活性材料转化为气体的量对系统内气体密度的影响，则初始气体密度和终态气体密度相等，同时在准静态压力上升段忽略气体泄漏，则

$$\Delta P = \rho_0 R(T_1 - T_0) \tag{3.12}$$

引入能量关于温度和比容的函数 $e(T, v)$，其微分为

$$de = \left.\frac{\partial e}{\partial T}\right|_V dT + \left.\frac{\partial e}{\partial V}\right|_T dv \tag{3.13}$$

由于系统总质量和总体积恒定，因此 $dv = 0$，得到

$$de = \left.\frac{\partial e}{\partial T}\right|_V dT = c_V dT \tag{3.14}$$

式中，c_V 为定容热容。

由总能量与单位质量能量的关系 $dE = mde$，积分得

$$\Delta E = \int_0^1 mc_V dT = mc_V(T_1 - T_0) \tag{3.15}$$

由理想气体定压热容和定容热容的关系 $c_P - c_V = R$，并联立式（3.15）所得活性材料在测试容器内释放的能量与准静态压力峰值的关系：

$$\Delta E_H = \frac{m}{\rho_0} \frac{c_V}{c_P - c_V} \Delta P \tag{3.16}$$

整理得到

$$\Delta E_H = \frac{V}{\gamma - 1} \Delta P \tag{3.17}$$

式中，V 为系统体积，即测试容器容积；γ 为气体绝热指数。

由式（3.17）可得到活性材料在密闭容器内能量释放与全局超压的关系。可以看出，活性材料在容器内所释放的能量与准静态峰值超压成正比关系。因此可通过实验测定活性材料超压值来获得相应能量释放量。测试容器的容积对正比系数产生影响，对于相同的超压值，体积越大则表明释放能量越多。

实际上，式（3.17）计算得到的是活性材料释放出的化学能用于容器内超压上升的部分。弹靶碰撞后，活性材料所释放的能量将有一部分转化为壳体变形及破坏能、壳体碎片动能，另一部分转化为爆燃产物飞散动能及内能，在压力测试容器中形成超压。活性材料的反应效率和能量转化可表述为

$$\eta = \frac{m}{M} = \frac{L}{L_z} \tag{3.18}$$

$$\Delta E_z = m\Delta_r H_m^\ominus(\text{PTFE/Al}) = E_1 + E_2 + E_3 + E_p \tag{3.19}$$

式中，ΔE_z 为活性芯体释放的总能量；m 为参与反应的活性芯体质量；M 为活性芯体总质量；L 为活性芯体激活长度；L_z 为活性芯体全长；$\Delta_r H_m^\ominus(\text{PTFE/Al})$ 为活性芯体材料反应热；E_1 为爆燃产物内能；E_2 为壳体变形破坏能；E_3 为爆

燃产物动能；E_p 为所有壳体碎片及侵彻增强块增加的动能。

将侵彻增强体与壳体作为整体，由等效关系，可得用于提高容器内超压的化学能 ΔE_H 与活性芯体释放的总能量 ΔE_Z 之间的比值为

$$\Delta E_H / \Delta E_Z = \omega \left[\frac{\alpha}{2-\alpha} + \frac{2(1-\alpha)}{2-\alpha} (r_0/r_m)^{2\gamma-2} \right] \quad (3.20)$$

式中，α 为装填比；r_0 为壳体半径；r_m 为壳体变形破碎时的半径；γ 为气体常数。

4. 泄压效应

上述准静态超压模型的推导，建立在假设容器密闭的基础上。实际上，在活性弹丸作用密闭容器过程中，会在迎弹靶上造成穿孔，并且侵孔的直径通常为弹丸直径的 1.5 倍。一般情况下，在容器内压力的迅速上升阶段，可以忽略侵孔的影响。但是，在泄压阶段，容器内压力逐渐下降，此时需要考虑侵孔对这一过程的影响。基于这一考虑，能量关系可表述为

$$\frac{\mathrm{d}Q}{\mathrm{d}t} = \frac{\partial}{\partial t} \iiint_{CV} \left(e_c + \frac{u_c^2}{2} \right) \rho_c \mathrm{d}v + \iint_A \left(e_f + \frac{u_f^2}{2} + \frac{P_f}{\rho_f} \right) (\rho_f u_f) \mathrm{d}\sigma \quad (3.21)$$

式中，e 为单位质量气体内能；u 为气体流速；ρ 为密度；P_f 为侵孔出口处压力；A 为侵孔面积。

假设容器内气体运动停滞，且停滞焓为常数，则式（3.21）可表述为

$$\frac{\partial}{\partial t} \iiint_{CV} \left(e_c + \frac{u_c^2}{2} \right) \rho_c \mathrm{d}v = V \frac{\partial}{\partial t} (e_c \rho_c) = V \left(\rho_c \frac{\partial e_c}{\partial t} + e_c \frac{\partial \rho_c}{\partial t} \right)$$

$$= V \left(\rho_c \frac{\partial e_c}{\partial t} + \frac{e_c}{V} \frac{\mathrm{d}M}{\mathrm{d}t} \right) \quad (3.22)$$

$$h_c + \frac{1}{2} u_c^2 = h_f + \frac{1}{2} u_f^2 \quad (3.23)$$

式中，$\mathrm{d}M/\mathrm{d}t$ 表示容器内气体质量变化率；h 为气体焓。

另外，$\mathrm{d}M/\mathrm{d}t$ 和 ϕ 关系为

$$\frac{\mathrm{d}M}{\mathrm{d}t} = M \frac{\partial e_c}{\partial t} - \frac{P_c}{\rho_c} \frac{\mathrm{d}M}{\mathrm{d}t} \quad (3.24)$$

将式（3.22）、式（3.23）代入式（3.21）可得

$$\frac{\mathrm{d}Q}{\mathrm{d}t} = \frac{V}{\gamma-1} \frac{\partial P_c}{\partial t} + \frac{\gamma P_c V}{M(\gamma-1)} \phi \quad (3.25)$$

由式（3.25），可得容器内能量变化关系如图 3.54 所示。图中，A、B 曲线分别表示不考虑泄压效应与考虑泄压效应时容器内部的能量变化关系。在超压到达峰值之前，认为容器密闭，因此在这一阶段，A、B 曲线重合，随着爆燃产物质量/能量从侵孔泄出，泄压效应导致 B 曲线始终处于 A 曲线下方。

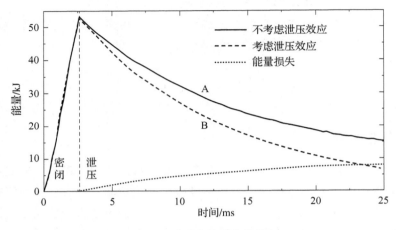

图 3.54 容器内能量变化关系

3.4.2 结构毁伤增强机理

1. 行为描述

活性侵彻弹丸碰撞多层间隔金属靶作用过程复杂,通过数值模拟和实验可知,活性侵彻弹丸在穿透迎弹钢靶后,由于活性芯体压缩膨胀和激活爆燃反应联合作用,壳体材料产生了显著的径向膨胀,壳体碎片动能与活性材料激活释放的化学能联合作用,对多层间隔铝靶造成结构爆裂毁伤。

活性侵彻弹丸作用多层结构靶过程如图3.55所示,主要作用过程可分为三个阶段:弹丸侵彻迎弹钢靶、弹丸径向尺寸增加并穿透后效铝靶、弹丸径向尺寸减小并穿透剩余后效铝靶。第一阶段如图3.55(a)所示,活性侵彻弹丸碰撞迎弹钢靶时,冲击波压缩弹丸导致芯体和壳体产生不同程度的径向膨胀,由于活性芯体泊松比大于壳体材料泊松比,芯体的径向膨胀更显著。一旦作用于壳体的径向应力超过其破坏极限,则会导致壳体碎裂并形成有一定速度的破片。与此同时,高应变率会导致部分活性材料芯体碎裂,并在迎弹靶后形成活性碎片云。在碎片云中,尺寸较小的活性碎片率先被激活,并进一步引发全局爆燃,释放大量化学能并在极短的时间内产生很高的爆燃压力,提供额外能量导致壳体径向加速。因此,壳体碎片受碰撞动能和爆炸化学能的联合作用,获得较高的径向速度。由于冲击波在芯体内的衰减效应及迎弹钢靶的反射卸载效应,远离碰撞端的活性材料芯体不会发生碎裂,同时无法被激活。

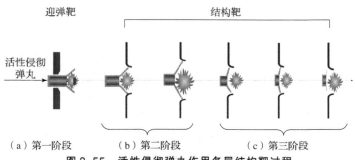

(a) 第一阶段　　(b) 第二阶段　　(c) 第三阶段

图 3.55　活性侵彻弹丸作用多层结构靶过程

穿透迎弹钢靶后，剩余侵彻体会继续径向膨胀并依次碰撞多层结构靶，剩余侵彻体持续膨胀的第二阶段、第三阶段如图 3.55（b）、（c）所示。在这两个阶段，碰撞每块结构靶均会造成活性芯体进一步碎裂与激活，因此，由于动能与爆炸化学能联合作用，壳体进一步碎裂并沿径向膨胀。随着剩余侵彻体运动，壳体径向偏转角度、偏转尺寸不断增加，对多层结构靶的毁伤面积也不断增大。然而，当壳体径向偏转角度达到极限值、作用下一层结构靶时，将发生显著折断，导致壳体径向尺寸显著减小，从而使得剩余侵彻体对其余结构靶毁伤效应显著减弱。需要注意的是，活性侵彻弹丸碰撞多层间隔金属靶的第二阶段和第三阶段，显著受弹靶碰撞条件影响。弹靶碰撞条件不同，穿透迎弹钢靶后，壳体径向偏转角度不同，壳体发生明显折断效应的位置也将发生显著变化。

通过上述分析可知，对于活性侵彻弹丸，壳体径向膨胀的原因主要包括两方面：一是机械碰撞引起的径向膨胀效应，由活性芯体和壳体泊松比差异造成；二是活性芯体激活反应产生的爆燃压力所引起的径向膨胀效应。综合以上两方面作用，可建立理论模型来描述壳体的径向膨胀效应。

2. 壳体径向膨胀增强模型

芯体内的轴向应力确定后，芯体与壳体间的径向应力也可以通过计算得到。径向压力与壳体碎裂有关，前提条件是，壳体的径向膨胀小于芯体的径向膨胀。芯体的径向膨胀可通过 Hooke's 定律得到，其中，芯体应变与轴向应力（σ_x）和径向应力（σ_r）有关，可表述为

$$\varepsilon_f = \delta r_f / r_f = [(1 - v_f)\sigma_{r,f} - v_f \sigma_x]/E_f \tag{3.26}$$

其中，ε 为应变；v 为材料泊松比；E 为杨氏模量；下标 f 和 j 分别为活性芯体和壳体。壳体的径向膨胀同样可通过理论进行计算，当压力被卸载后，轴向压缩可以忽略不计，此时壳体不再产生新的径向膨胀，因此

$$\varepsilon_j = \delta r_j / r_j = (1 - v_j)\sigma_{r,j}/E_f \tag{3.27}$$

作用于壳体和芯体的径向应力方向相反，因此 $\sigma_{r,j} = -\sigma_{r,f}$。由于在芯体与

壳体的接触面上，$\delta r_f = \delta r_j$，$r_f = r_j$，径向应力可表述为

$$P_r = v_f P / [(1 - v_f) + (1 - v_j) E_f / E_j] \tag{3.28}$$

因此，对于由动能碰撞产生的机械径向膨胀，在碰撞迎弹钢靶时壳体的径向加速度通过 Newton's 定律可表述为

$$m_j a_{j1} = S_0 P_r - A_c \sigma_{hs} \tag{3.29}$$

式中，P_r 为径向压力；m_j 为壳体质量；a_{j1} 为仅考虑动能效应时的钢壳体径向加速度；S_0 和 A_c 分别为壳体初始内表面积和横截面积。σ_{hs} 为环向应力，当钢壳体断裂时，可认为环向应力等于壳体材料的极限应力（抗拉强度）。而当钢壳体应变达到其断裂应变时，环向应力变为零。

另外，活性芯体激活起爆产生的爆燃压力为壳体提供额外的径向加速度。假设一旦冲击波沿芯体内轴向传播到达某一位置，该位置处的活性材料会瞬时起爆并产生爆燃反应，且爆燃产物的所有能量都用于产物和壳体碎片的运动。进一步地，忽略爆燃产物轴向运动且认为其速度沿径向呈线性分布。对于圆柱形壳体结构，爆燃产物的质量为 $m_f/2$。因此，当活性材料芯体起爆时，在给定时刻，爆燃产物和壳体的运动可描述为

$$(m_j + m_f/2) a_{j2} = S P_d \tag{3.30}$$

其中，P_d 为爆燃压力；S 为壳体与爆燃产物作用面积，即壳体内表面积。当活性芯体被激活，会释放化学能并产生爆燃超压。由于碰撞压力较高，弹丸前端的活性材料完全碎裂并激活起爆。沿轴线方向，活性材料碎裂程度、能量释放率及爆燃压力随冲击波衰减而减弱及减小。可假设爆燃压力随轴线距离呈二次方关系，爆燃压力可进一步表述为

$$P_d = \Delta E (\gamma - 1)(1 - |x_0|/L)^2 / V \tag{3.31}$$

式中，γ 为爆燃气体产物比热比。假设活性芯体由一系列同轴圆柱微元构成，V 为起爆的活性芯体微元体积，L 为起爆的活性芯体总长度。

另外，能量增加量 ΔE 等于释放的化学能 E_c，与碰撞动能 E_k 呈线性关系：

$$\Delta E = E_c = G E_k \tag{3.32}$$

S 和 V 随壳体膨胀而增加，壳体初始内表面积和活性芯体体积分别为 S_0 和 V_0（对应弹丸初始半径 r_0），当壳体膨胀至半径 r 时，相应的壳体内表面积和芯体体积分别为 S 和 V。对于圆柱结构：

$$S = S_0 (r/r_0), \quad V = V_0 (r/r_0)^2 \tag{3.33}$$

联合式（3.30）~式（3.33）可得到爆燃压力为壳体提供的径向加速度

$$a_{j2} = 2\beta G(\gamma - 1) v_0^2 (1 - x/L)^2 / [r(2 + \beta)] \tag{3.34}$$

式中，$\beta = m_f / m_j$；对于低密度活性材料，G 值约为 5；假设爆燃气体产物为理想气体，则 γ 为 1.4。

碰撞发生时，活性芯体材料的化学能释放率在弹丸最前端是最高的，爆燃反应最充分，产生的爆燃压力最高。由于活性材料反应具有非自持性，在给定位置，由爆燃超压产生的壳体径向加速度 a_{j2}，从冲击波到达时刻形成，稀疏波到达时刻截止。考虑动能与化学能效应，最终壳体加速度 a_j 可表述为

$$a_j = a_{j1} + a_{j2} \tag{3.35}$$

对式（3.35）积分可得到碰撞多层结构靶时沿活性毁伤弹丸轴线所有位置处壳体的径向速度和径向位移。

另外实验表明，结构靶的爆裂毁伤效应减弱的主要原因是剩余侵彻体的折断。假设壳体的径向偏转角度达到一临界值 φ_c 时，剩余侵彻体会在下一次碰靶过程中折断，弹丸相应轴向长度变短。实验结果表明，临界径向偏转角度在72°至78°之间。此外，假设剩余侵彻体断裂后，沿轴向折断的长度会随着碰靶次数线性递减。K_n 代表剩余侵彻体在穿透第 n 层铝靶时的折断比例：

$$K_{n+1} = 0.5 K_n \tag{3.36}$$

则剩余侵彻体的轴向长度可表述为

$$L'_{n+1} = K_{n+1} L'_n \tag{3.37}$$

式中，L' 为弹丸长度，根据实验，$K_1 = 0.6$。根据以上公式，可计算剩余侵彻体在碰撞任意间隔结构靶时，能够产生有效孔毁伤的壳体碎片径向飞散位置，由此可对多层结构靶各层靶板的毁伤范围进行预测。

基于上述理论模型，活性侵彻弹丸穿透不同厚度迎弹钢靶后，剩余侵彻体碰撞第一块铝靶时的膨胀半径如图3.56所示。图3.56中，对于10 mm厚迎弹钢靶，发生膨胀的壳体长度为24.4 mm，与起爆激活的芯体长度相当，同时弹

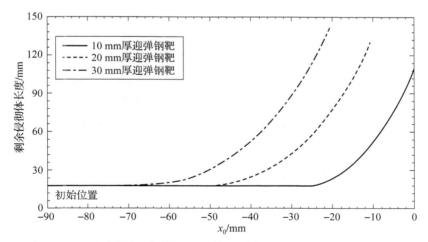

图3.56 迎弹钢靶厚度对活性侵彻弹丸径向膨胀影响

丸最前端壳体膨胀到半径为110 mm的位置。由于冲击波在 $x_0 = -24.4$ mm 处被卸载，因此，该位置之后的活性材料未发生膨胀及爆燃。对于20 mm厚迎弹钢靶，卸载位置在 $x_0 = -48.8$ mm 处，活性芯体激活长度也约为48.8 mm。需要注意的是，对于30 mm迎弹钢靶，活性芯体的激活长度接近61.5 mm，而冲击波的卸载位置为 $x_0 = -73.3$ mm，这意味着61.5 mm长度的活性芯体被压缩，且相应长度的壳体部分会产生径向膨胀。这主要是由于在 $x_0 = -61.5$ mm 处，冲击波压力衰减到临界起爆压力 P_c，但在 $x_0 = -73.3$ mm 处被稀疏波追赶卸载。整个弹丸前61.5 mm长度的壳体会受到碰撞压力和爆燃超压的联合作用产生径向膨胀。而其后的11.8 mm长度壳体仅仅受到碰撞压力的影响，且响应位置长度的活性芯体仅被压缩发生一定程度碎裂但不会被激活，也不会产生爆燃超压。

穿透10 mm迎弹钢靶后剩余侵彻体碰撞每层铝靶时的径向位置如图3.57所示。图3.57中，$y = 0$ 表示弹丸轴线，每块铝靶的主爆裂穿孔直径（实验结果）用实点标记。如计算结果所示，在穿透10 mm迎弹钢靶后，剩余侵彻体碰撞1-1#铝靶并产生直径为110 mm的穿孔。随后，剩余侵彻体壳体继续径向膨胀且在铝靶上形成的主爆裂穿孔尺寸逐渐增加。有少量的壳体在碰撞1-4#铝靶之前发生折断。在这次碰撞下，铝靶上的主爆裂穿孔直径达到最大值186 mm。在碰撞1-4#铝靶之后，大量壳体被折断且壳体长度显著减小，导致1-5#铝靶上的主爆裂穿孔只存明显下降。由于活性芯体在碰撞铝靶过程中分次化学能释放，剩余侵彻体径向位置呈现逐步增长的趋势。化学能分次释放这一现象也使得壳体径向膨胀角度持续增加并在最终达到临界值，壳体发生折断。

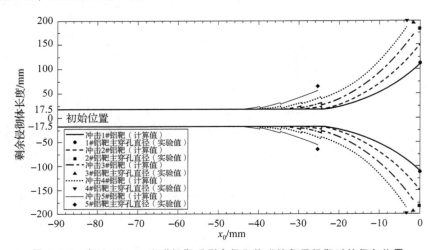

图3.57 穿透10 mm迎弹钢靶后剩余侵彻体碰撞每层铝靶时的径向位置

穿透 20 mm 厚迎弹钢靶后剩余侵彻体在碰撞每块铝靶时的径向位置如图 3.58 所示。不同于碰撞 10 mm 迎弹钢靶，侵彻更厚的迎弹钢靶过程中，由于更多活性材料起爆，壳体碎裂严重，弹丸前端壳体由于径向膨胀角度过大，会在碰撞第一块铝靶后产生折断。相比其他铝靶，剩余侵彻体在第一块铝靶上产生的主爆裂穿孔最大，半径达到 131.1 mm。在穿透第一块铝靶后，剩余侵彻体长度明显缩短，从而导致了剩余铝靶的主爆裂穿孔尺寸显著下降。显然，更厚的迎弹钢靶会导致更多的活性材料被激活并释放更多的化学能加速壳体碎片，因此在穿透迎弹钢靶后不久，壳体的径向膨胀角度便达到了极限值，当剩余侵彻体碰撞 2-1# 铝靶时，壳体发生了显著折断。

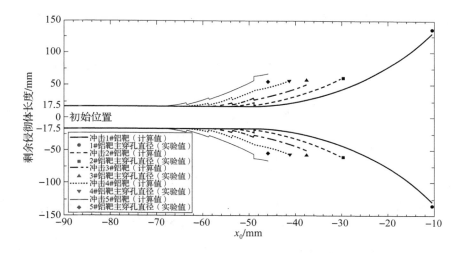

图 3.58　穿透 20 mm 迎弹钢靶后剩余侵彻体在碰撞每块铝靶时的径向位置

穿透 30 mm 厚度迎弹钢靶后剩余侵彻体碰撞每块铝靶时的径向位置如图 3.59 所示。从图 3.59 中可以看出，剩余侵彻体在碰撞第一块铝靶后产生了显著折断。然而，由于迎弹钢靶厚度增加，壳体径向速度增加，第一块铝靶的主爆裂穿孔尺寸增加。弹丸在穿透 30 mm 厚度迎弹钢靶后，在第一块铝靶上产生半径达 141 mm 的主爆裂穿孔。尽管壳体在碰撞第一块铝靶后产生了明显折断，剩余侵彻体仍然在活性材料间隔能量释放效应的作用下继续产生径向膨胀。在剩余的铝靶上，侵彻体形成的主爆裂穿孔半径在 47~57 mm 范围内，大于 2.6 倍弹丸初始直径。

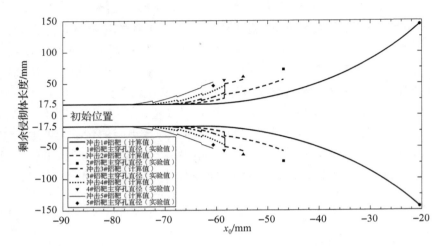

图 3.59　穿透 30 mm 迎弹钢靶后剩余侵彻体碰撞每块铝靶时的径向位置

3.4.3　引燃毁伤增强机理

1. 行为描述

基于动能与爆炸化学能时序联合毁伤机理，活性侵彻弹丸贯穿防护装甲后进入油箱内部，活性芯体激活爆炸，剩余活性侵彻弹丸的动能侵彻和爆炸释能，可实现对油箱的结构爆裂解体毁伤及对燃油的高效引燃。

活性侵彻弹丸引燃油箱机理如图 3.60 所示，可分为冲击和预点火、局部爆燃和空穴形成、油箱爆裂和油气混合物形成、点火引燃四个阶段。

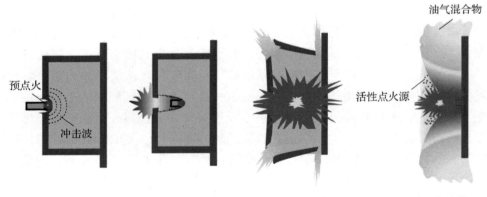

(a) 冲击和预点火阶段　　(b) 局部爆燃和空穴形成阶段　　(c) 油箱爆裂和油气混合物形成阶段　　(d) 点火引燃阶段

图 3.60　活性侵彻弹丸引燃油箱机理

冲击和预点火阶段如图 3.60（a）所示，油箱前壁面受冲击后，产生两道冲击波分别传入油箱前壁面和活性弹丸，导致弹丸产生高应变率塑性变形，在前壁面产生预点火，同时初始冲击波在燃油中传播。需要注意的是，尽管初始冲击波压力峰值很高，由于燃油在冲击波作用下发生膨胀，压力峰值迅速下降，因此在这一阶段，冲击波主要对冲击区域附近的油箱造成破坏。

局部爆燃和空穴形成阶段如图 3.60（b）所示，一方面，当弹丸贯穿靶板后，由于受燃油黏滞阻力作用，速度不断下降，动能传递给周围燃油使其发生径向流动，形成空腔，在油箱内形成径向压力场；另一方面，碎裂的活性材料在燃油内发生爆燃，释放出化学能和气体产物，进一步加速空腔形成。同时，反射自油箱壁面的冲击波到达空腔表面时，驱动燃油向轴线汇聚并发生空化，进一步形成燃油滴，甚至发生汽化，从而更容易被引燃和燃烧。

油箱爆裂和油气混合物形成阶段如图 3.60（c）所示。在这一阶段，更多活性材料参与到爆燃反应中，在动能和化学能的耦合加强作用下，燃油径向流动显著加强。侧壁在燃油径向挤压下发生扭曲变形，进一步导致箱体失效，此时，燃油迅速从箱体开口处喷出，扩散至空气中，形成燃油/空气混合物。

点火引燃阶段如图 3.60（d）所示。在这一阶段，活性材料爆燃反应为燃油提供了高温高压环境，使得周围燃油达到了点火温度。随后，燃烧不断扩展，导致更大区域的燃油空气混合物发生持续燃烧。值得注意的是，在这一阶段，若油箱未发生完全破裂，外部环境氧气可能从油箱破孔处流入油箱，但流入空气量有限，导致油箱内部点火源因缺氧而熄灭。

2. 引燃毁伤增强理论分析模型

油箱被引燃的必要条件是，燃油蒸发形成油气后与空气等助燃性气体混合，在一定温度下被引燃，因此油箱被引燃需达到三个必要条件。

（1）燃油蒸气。燃油蒸气的形成与燃油表面蒸气压有关，蒸气压越高，表面形成的燃油蒸气越多；而蒸气压又取决于环境温度，温度越高，蒸气压越高，依据拉乌尔定律，可计算燃油表面的蒸气压。

（2）助燃物达到一定浓度。其主要包括空气/燃油蒸气混合浓度、均匀度、混合比例，在一定压力或温度下，点燃燃油蒸气应满足"浓度极限"，低于该极限值，混合气便不能被点燃。压力或温度升高时，点火浓度范围将增大。

（3）达到着火点和点火能量。活性侵彻弹丸穿靶后剩余动能、穿靶时形成的目标靶炽热颗粒，或弹丸自身释放的化学能等其他综合能量所产生的温度应达到燃油蒸气着火所需临界温度值。

1) 燃油点火模型

基于以上条件，燃油点火需要形成一定浓度的燃油-氧气混合物，且该油气混合物被持续加热一段时间，加热持续时间即为点火延迟时间。基于阿伦尼乌斯活化能方程，航空煤油点火判据可表述为

$$t_i = A \cdot \exp\left(\frac{E}{TR}\right) \cdot p^{-n} \tag{3.38}$$

式中，t_i 为点火延迟时间；A 为预指数因子；E 为燃油活化能；p 为压力；R 为普适气体常量；T 为温度；n 表征反应级别。对于常用航空煤油，预指数因子 $A = 1.68 \times 10^{-8}$ ms·atm^{-2}，活化能 $E = 158.14$ kJ/mol，$n = 2$。图3.61所示为航空煤油温度与加热持续时间关系，当温度从 800 K 增加至 1 100 K，点火时间从约 8 s 缩短至 0.5 s。式（3.38）表明，燃油点火行为受温度及加热时间耦合作用影响，温度越高，引燃所需时间越短。

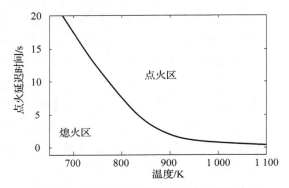

图 3.61　航空煤油温度与加热持续时间关系

弹丸碰撞油箱壁面时，在摩擦、绝热剪切等作用下产生高温，但此效应下产生的温升较低，且持续时间较短，难以达到燃油点火判据。此外，若油箱结构未失效，不能形成具有一定浓度的油气混合物，也不具备点燃条件。基于上述原因，惰性弹丸难以对油箱造成有效引燃毁伤。

2) 流体动压作用爆裂模型

与惰性侵彻弹丸显著不同的是，活性侵彻弹丸除了以一定动能侵彻油箱外，还会在油箱内发生剧烈爆燃反应，产生高温、高压场，提高煤油引燃效应。

在弹丸贯穿防护装甲后，以一定剩余速度碰撞油箱。基于动能及动量守恒，弹丸剩余速度 v_p 可表述为

$$v_p = \frac{m_p}{m_p + m_b}\sqrt{v_0^2 - v_{50}^2} \tag{3.39}$$

式中，m_p 和 m_b 分别为弹丸及冲塞块质量；v_0 为弹丸初始着靶速度；v_{50} 为弹丸

侵彻防护装甲的弹道极限速度，可表述为

$$v_{50} = \alpha (h_t A_p)^\beta m_p^\gamma \quad (3.40)$$

式中，h_t 为防护钢靶厚度，cm；A_p 为弹丸截面积，cm²；m_p 为弹丸质量，g；α，β，γ 均为经验常数，由实验获得。

实验中，油箱壁厚远小于装甲厚度和弹丸长度，为简化分析，忽略弹丸侵彻油箱壁面导致的速度衰减。活性弹丸在燃油中的运动速度 v 与运动距离 x 的关系可表述为

$$v(x) = v_p \exp\left(-\frac{A_p C_x \rho_l}{2 m_p} x\right) \quad (3.41)$$

式中，C_x 为阻力系数；ρ_l 为燃油密度。

结合牛顿第二定律，弹丸速度可表述为随时间变化的函数：

$$v(t) = \frac{v_{p0}}{1 + (v_{p0} A_p C_x \rho_l / 2 m_p) t} \quad (3.42)$$

空穴的形成与坍塌是流体动压效应的典型特征，且空穴的发展对油箱结构在动能作用下的毁伤有重要影响。基于能量守恒，弹丸动能传递给周围燃油引起燃油在油箱内的轴向和径向运动，对油箱壁面形成冲击作用。弹丸侵彻空穴形成过程中，忽略与外界的能量交换，弹丸动能与燃油动能、势能满足能量守恒关系，可表述为

$$\left(\frac{dE_p}{dx}\right)_\xi dx = [4\pi \rho_l \zeta^2 \ln(R/a)] dx + \pi [P_0(x) - P_c(x)] a^2 dx \quad (3.43)$$

式中，dE_p/dx 为弹丸在 x 处的动能变化率；$P_0(x)$、$P_c(x)$ 分别为大气压和空穴壁面压力；a 为空穴半径；右侧分别为燃油的动能及势能。弹丸在 x 处的动能变化率可表述为

$$\frac{dE_k}{dx} = \frac{\rho_l A_p C_x v^2(x)}{2} \quad (3.44)$$

定义 $P_g = P_0(x) - P_c(x)$，变量 $A(x)$ 和 $B(x)$ 为

$$\begin{cases} A^2(x) = \dfrac{1}{\pi P_g}\left(\dfrac{dE_k}{dx}\right)_\xi \\ B^2(x) = \dfrac{P_g}{\rho_l \ln(R/a)} \end{cases} \quad (3.45)$$

结合空穴壁的边界条件为 $v_r|_{r=a} = \dot{a}$，及弹丸处边界条件 $a = d_p/2|_{t=t_p}$，活性毁伤弹丸侵彻下所形成的空穴半径可表述为（$t > t_p$）

$$a(x,t) = \sqrt{A^2(x) - \left[\sqrt{A^2(x) - \left(\frac{d_p}{2}\right)^2} - B(x)(t - t_p)\right]^2} \quad (3.46)$$

式中，d_p 为弹丸直径；t_p 为弹丸到达 x_p 处时间。空穴壁面径向速度可表述为

$$v_r(x,t) = \frac{B(x)\left[\sqrt{A^2(x)-(d_p/2)^2} - B(x)(t-t_p)\right]}{\sqrt{A^2(x) - \left[\sqrt{A^2(x)-(d_p/2)^2} - B(x)(t-t_p)\right]^2}} \quad (3.47)$$

空穴的形成及扩展导致燃油也以一定速度流向油箱壁面，假设燃油径向速度从空穴壁面呈线性变化，油箱侧壁面附近燃油速度 v_s 可表述为

$$v_s = \frac{a}{r_s}v_r \quad (3.48)$$

式中，r_s 为油箱侧壁与弹丸侵彻轨迹之间距离。

一定速度的燃油与油箱侧壁面碰撞，产生冲击波并传入油箱侧壁，侧壁面承受一定载荷作用。基于一维碰撞理论，油箱侧壁面所受碰撞压力 P_e 为

$$P_e = v_s \frac{\rho_p(c_p + s_p u_p) \cdot \rho_t(c_t + s_t u_t)}{\rho_p(c_p + s_p u_p) - \rho_t(c_t + s_t u_t)} \quad (3.49)$$

式中，v_s 为油箱侧壁附近的燃油速度；ρ、c、s 分别为材料密度、声速以及材料常数，下标 p、t 分别代表弹丸与油箱壁面材料。

上述模型基于流体动压效应，主要分析弹丸动能对油箱的结构爆裂毁伤作用行为。由于燃油点火前提是雾化燃油与氧气混合，表明油箱结构爆裂是弹丸引燃油箱的重要阶段。

在动能作用基础上，活性侵彻弹丸对油箱毁伤增强效应主要体现在两个方面，一是化学能释放形成的超压，提高了作用于油箱结构的载荷，使得油箱结构更容易爆裂，形成燃油-空气混合物；二是化学能释放产生的高温提供了油箱点火的高温点火源，使得燃油更容易被引燃。

假设弹丸进入油箱后，化学能瞬间释放，产生的气体引起空穴内超压上升，根据 3.3 节分析空穴半径受时间及位置影响，空穴体积 V 可表述为

$$V = \int_0^L \pi a^2(x,t) \mathrm{d}x \quad (3.50)$$

式中，L 为油箱厚度。活性材料反应产生超压 P_c 可表述为

$$P_c = \frac{\gamma - 1}{V} E \quad (3.51)$$

式中，γ 为多方气体常数；E 为活性材料释放的能量，可通过理论计算或实验测得。考虑到燃油的不可压缩性，认为空穴内超压直接通过流体作用于油箱壁面，与动能对油箱壁作用叠加。由于空穴体积随时间变化，活性侵彻弹丸因化学能释放作用于油箱壁面超压也随时间变化。

结合式（3.49）~式（3.50），油箱结构爆裂压力 P 可表述为

$$P = P_e + P_c \quad (3.52)$$

式（3.52）表明，相比惰性弹丸，活性侵彻弹丸对油箱结构爆裂毁伤作用体现在化学能释放提高空穴内压力，导致油箱结构所受载荷提高。从数值仿真结果来看，在纯动能导致的流体动压效应影响下，油箱侧壁面所受压力一般低于 25 MPa，在此压力作用下，难以对油箱结构造成爆裂毁伤，使得油箱结构毁伤效应有限。活性毁伤材料的能量释放研究表明，考虑油箱内空穴体积，忽略燃油可压缩性及气体泄漏，活性侵彻弹丸化学能释放约为其动能的 5 倍，大幅提高了对油箱壁面的作用压力，实现对油箱的爆裂毁伤增强效应。

除了超压毁伤增强场导致油箱爆裂程度更强之外，爆燃反应还会在燃油内部产生较高的温度场。在油箱爆裂后，油气混合物扩散至空气中，整个混合物内部达到点火温度的部分被引燃，随后扩散到整个混合物中，最终导致燃油的持续稳定燃烧。综合油箱壁面压力和爆燃反应温度场的影响，煤油引燃概率是油箱壁面结构压力和温度的函数，可表述为

$$\psi(P,Q) = (P_e + P_c, T_e + T_c) \quad (3.53)$$

式中，ψ 为燃油引燃概率，T_e 和 T_c 分别为活性侵彻弹丸的动能和爆燃反应化学能导致的温度增量。

第4章

脱壳穿甲活性毁伤增强侵彻战斗部技术

4.1 概　　述

脱壳穿甲活性毁伤增强侵彻战斗部系指用活性毁伤材料部分替换传统脱壳穿甲弹次口径重金属弹芯的战斗部类型。作为反导反轻装甲主要弹药战斗部类型，目标特性不同，脱壳穿甲活性毁伤增强侵彻战斗部作用方式和毁伤效应差异显著。本节主要介绍典型导弹目标特性、传统脱壳穿甲弹药战斗部技术及活性毁伤增强脱壳穿甲战斗部技术等内容。

4.1.1　典型导弹目标特性

小口径脱壳穿甲弹所打击目标包括巡航导弹、飞机等空中目标以及步兵战车、武装直升机等轻型装甲目标。其中，小口径脱壳穿甲弹又以其在舰艇末端反导系统中的应用最为典型，即用于拦截成功突破舰艇中远程防空系统封锁的来袭导弹。本小节主要对典型巡航导弹目标特性进行介绍。

巡航导弹作为一种远距离高精度战术/战略武器，具有射程远、命中精度高、机动性强等特点，主要由弹体、制导舱、战斗部舱、燃油舱以及动力系统舱组成。其中，弹体主要由壳体和弹翼等组成，为便于贮存和发射，一般采用折叠式弹翼。战斗部舱由战斗部、引信及保险装置等组成，可搭载高爆杀伤战斗部、半穿甲战斗部、子母战斗部等多种类战斗部。在惯导－地形匹配制导、GPS（全球定位系统）及景象匹配等组合制导方式下，巡航导弹可在距地面百

第4章 脱壳穿甲活性毁伤增强侵彻战斗部技术

米以内进行超低空掠海掠地飞行,隐蔽性极强。动力系统方面,主发动机多采用小型涡轮风扇发动机或涡轮喷气发动机,以巡航飞行状态对各类目标实施远距离精确打击。

自问世以来,各国均致力于巡航导弹研究与发展。按速度,巡航导弹可大致分为亚声速和超声速两类。亚声速巡航导弹续航能力强,可应对多种复杂作战环境,其中以美国战斧巡航导弹最具代表。自开始研制至今,战斧巡航导弹已发展衍生出多达22个型号,其中BGM-109为陆射型,AGM-109为舰射型,U/RGM-109为舰射反舰型,其基本结构如图4.1所示。

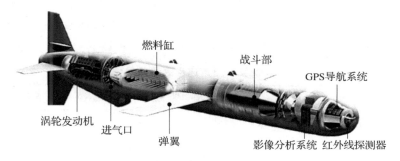

图4.1 美国战斧巡航导弹基本结构

战斧巡航导弹战斗部舱一般在制导舱后,为实现对多种目标的打击能力,战斧巡航导弹采用了模块化结构设计理念,使其可搭载半穿甲、反跑道子母战斗部等多种战斗部以满足不同作战需求。以BGM-109C型战斧巡航导弹为例,其上搭载WDU-25/B常规半穿甲爆破型战斗部。该战斗部质量为454 kg,总长和直径分别为1 260 mm和419 mm,战斗部结构如图4.2所示。WDU-25/B战斗部采用圆柱形钢质壳体,尖锥形头部壳体厚度为25~110 mm,尾部壳体呈收缩瓶颈形,厚度约10 mm。弹体内前端装有头垫,后装一定量高能炸药,主装药采用H-6炸药,质量为350 kg。随着不敏感弹药技术的发展,战斧巡航导弹逐渐采用钝感战斗部。以Block3型战斧巡航导弹为例,其所搭载

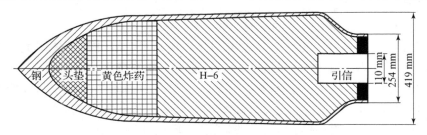

图4.2 BGM-109C导弹WDU-25/B战斗部结构

WDU-36/B 战斗部装药采用新型 PBX-107 钝感高能复合炸药,该战斗部总质量为 318 kg,壳体由钛合金制成,该型战斗部是一种典型的钝感战斗部,其对冲击波以及破片冲击均不敏感,给反导作战带来了不小的难题。

20 世纪 60 年代后期,随着巡航导弹技术的不断发展,其对水面舰艇所构成的威胁日趋严重,许多国家开始着手发展反舰巡航导弹拦截技术。随着拦截技术的发展,进入服役的拦截系统在试验中对亚声速巡航导弹都显现出较好的拦截能力,这使得飞鱼、捕鲸叉、战斧等这类亚声速巡航导弹面临着严重的突防能力不足问题。而不同于亚声速巡航导弹,超声速巡航导弹能以几倍声速进行巡航飞行,赋予了导弹更强的突防能力,因此,超声速巡航导弹逐渐成为反舰导弹的主要发展方向。苏联/俄罗斯一直重视超声速反舰巡航导弹发展,研制的系列超声速反舰巡航导弹具体性能参数列于表 4.1。

表 4.1 苏联/俄罗斯超声速反舰巡航导弹技术指标

指标	SS-N-12	SS-N-19	SS-N-22	SS-N-26	3M-54E
直径/mm	880	880	760	670	533
长度/m	11.7	10	9.39	8.9	8.22
质量/kg	4 800	7 000	3 950	3 000	2 300
最大射程/km	550	550	120	300	220
最大飞行速度/Ma	2.5	3.5	2.3	2.5	2.9
巡航高度/m	13 500	70~100	20	5~15	20
战斗部类型	半穿甲	半穿甲	半穿甲	半穿甲	半穿甲
战斗部质量/kg	1 000	750	300	300	200

按作用类型,反舰巡航导弹所搭载战斗部主要分为聚能爆破型及半穿甲型。

其中,聚能爆破型战斗部系指通过炸药聚能效应挤压金属药型罩形成高速聚能侵彻体对目标进行毁伤的战斗部类型,一般采用大直径半球形药型罩结构,主要用于打击装甲较厚的舰艇目标,结构如图 4.3(a)所示。聚能爆破型战斗部主要由壳体、药型罩、主装药及引信组成,战斗部壳体厚度一般为 5~10 mm。在引信触发起爆主装药后,药型罩在爆炸挤压作用下形成高速 EFP(爆炸成型弹丸),可穿透较厚装甲并形成大破孔,同时战斗部也将在穿透装甲后产生冲击波以及破片,进一步破坏舰内设备,属于外爆式战斗部。

半穿甲型战斗部指通过弹体前端厚壳体实现穿甲后,后部装药随进延时爆炸进行毁伤的战斗部类型,为大多数反舰巡航导弹所采用,其结构如图 4.3(b)

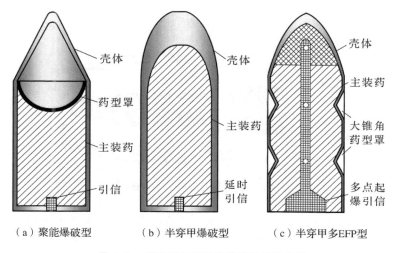

(a) 聚能爆破型　　　(b) 半穿甲爆破型　　　(c) 半穿甲多EFP型

图 4.3　反舰巡航导弹所搭载战斗部类型

所示。半穿甲爆破型战斗部主要由高强度弹体、主装药以及延时引信组成。战斗部首先依靠自身动能侵彻到舰艇内部并触发延时引信，在一定延时后引爆主装药，其主要靠冲击波以及随机破片摧毁舰艇舱室，属于内爆式战斗部。此外，少数反舰巡航导弹还采用半穿甲多 EFP 型战斗部，如图 4.3（c）所示。该战斗部也为内爆式战斗部，不同的是，其弹体表面配置有若干大锥角或半球形药型罩，药型罩可在多点起爆波形控制器控制下被压垮并形成多个向四周飞散的高速 EFP，增强对舰船舱体的侵彻破坏作用。

脱壳穿甲型战斗部除在防空反导时用于打击导弹导引舱和战斗部等关键舱段，以完成反导作战任务外，还可兼顾打击如地面以及低空轻型装甲目标，如步兵战车和武装直升机等。本书之前章节已对所提及轻型装甲目标特性进行过详细分析，本节不再对轻型装甲类目标进行详细叙述。

4.1.2　传统脱壳穿甲战斗部技术

传统穿甲弹主要依靠弹丸自身动能贯穿装甲，可通过优化弹头形状、提高弹体密度强度等方式增强穿甲性能，但受弹丸初速限制，其穿甲能力难以得到实质性提升。脱壳穿甲弹则是在传统穿甲弹基础上改进而来，由次口径高密度金属弹芯外加装轻金属或塑料制成的同口径弹托组成，基本脱壳作用过程如图 4.4 所示。在脱壳穿甲弹丸发射出炮口后，轻质弹托瓣将在离心力或气动阻力作用下迅速脱落，内部高密度重金属弹芯继续高速飞向预定目标。为满足一定的穿甲性能要求，脱壳穿甲弹弹体一般较为细长，同时弹芯采用钨合金、贫铀合金等高强度材料制作而成。脱壳穿甲弹可兼顾大口径身管武器发射初速高和小口径弹芯高比动能的双重优势,穿甲性能较传统穿甲弹有较大提升。

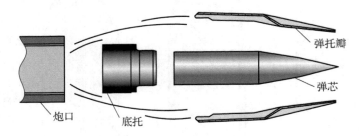

图 4.4　典型脱壳穿甲弹脱壳过程

按稳定方式,现役传统脱壳穿甲弹可分为旋转稳定和尾翼稳定两种,前者常用于如车载机枪、舰炮等小口径身管武器,主要用于打击装甲防护较为薄弱的目标;后者则主要发展为坦克炮用大口径尾翼稳定超速脱壳穿甲弹,主要用于打击坦克等重型装甲目标。按炮种不同,小口径脱壳穿甲弹还可细分为车载枪弹、高射炮弹、舰炮炮弹和航炮炮弹,针对目标包括飞机、巡航导弹等空中目标以及步兵战车、武装直升机等轻型装甲目标。

以脱壳穿甲型枪弹为例,20 世纪 70 年代初,中国率先将旋转稳定脱壳技术应用于枪弹,研制出 12.7 mm 钨心脱壳穿甲枪弹,后又在此基础上完善结构研制出 14.5 mm 钨心脱壳穿甲燃烧曳光弹,基本结构如图 4.5 所示。该脱壳穿甲弹主要由弹托、弹芯和闭气环组成,包覆在塑料弹托内的钨合金弹芯密度达 18.5 g/cm³。穿甲弹出枪口后,塑料弹托在离心力作用下沿预制槽分成 3 瓣飞散脱落,闭气环也将在阻力差作用下与弹芯分离,弹芯则飞向目标完成穿甲作用。该脱壳穿甲弹可在 1 000 m 射距上以 50°着角击穿 20 mm 厚装甲钢。

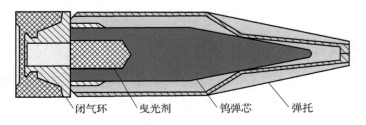

图 4.5　14.5 mm 钨心脱壳穿甲燃烧曳光弹结构

相较于枪弹,脱壳穿甲弹在防空反导方面应用更加广泛,各国所装备的部分 20 ~ 35 mm 口径脱壳穿甲弹技术指标列于表 4.2。以美国 30 mm 旋转稳定脱壳穿甲弹为例,其弹头部结构如图 4.6 所示,主要由穿甲弹芯、上弹托和底弹托组成,其中,穿甲弹芯采用钨合金或贫铀合金材料,并嵌有易燃金属锆,以增加钨合金弹芯燃烧性能或提高贫铀弹芯燃烧效应。该弹采用可分离弹托和塑料弹带,弹丸发射出炮口约 1.5 m 弹托即脱落分离,可最大限度降低对弹丸速度影响。该弹可在 2 000 m 射距上以 40°着角击穿 20 mm 厚装甲钢。

表 4.2 各国脱壳穿甲弹技术指标

国别	口径 /mm	弹头质量/g	弹芯材料	初速 /(m·s^{-1})	穿甲威力（距离/着角/装甲厚度）
美国	20	100	钨/贫铀合金	1 080	1 000 m/0°/26.5 mm
瑞士	20	110	重金属合金	1 150	800 m/45°/20 mm
法国	25	150	重金属合金	1 320	1 500 m/30°/25 mm
瑞士	25	128	重金属合金	1 360	1 500 m/30°/30 mm
美国	30	—	钨/贫铀合金	1 190	2 000 m/45°/20 mm
瑞士	35	380	重金属合金	1 385	1 000 m/30°/40 mm

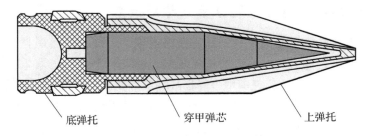

图 4.6 美国 30 mm 旋转稳定次口径脱壳穿甲弹结构

受稳定性限制,旋转稳定式脱壳穿甲弹长径比不宜过大,侵彻性能无法进一步增加,而尾翼稳定方式则可以很好地解决这一问题。大口径反坦克穿甲弹已由早期次口径旋转稳定脱壳穿甲弹(APDS)发展为尾翼稳定脱壳穿甲弹(APFSDS),其典型结构如图 4.7 所示。APFSDS 弹芯外形近似长箭,弹身细长,直径为 20～30 mm,长径比超过 20,弹芯尾部装有尾翼以保持其飞行稳定性。长箭形弹芯不仅可有效减小飞行阻力以保持存速,且与装甲撞击时比动能较大,可有效增加穿甲深度。APFSDS 同属次口径弹药,依靠马鞍形弹托与炮管匹配,发射后弹托受空气阻力作用而脱落,炮口初速可达 1 700 m/s 左右。现役 APFSDS 一般可在 2 000 m 射距上击穿 600～850 mm 厚均质钢装甲。

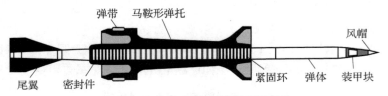

图 4.7 典型尾翼稳定脱壳穿甲弹结构

传统脱壳穿甲型战斗部在进行反导作战或打击轻型装甲目标时,作用机理均较为类似,即首先依靠高密度弹芯的强穿甲性能贯穿目标防护,而后通过靶后二次破片效应或燃烧剂等附带毁伤剂,破坏目标内部构件或杀伤有生力量。在进行反导作战时,来袭导弹末端突防速度较高或掠海飞行高度较低等因素,往往会导致拦截时弹目交汇角较小,加之半穿甲型战斗部较厚的高强度壳体,从而导致传统脱壳穿甲弹难以对导弹战斗部舱等关键舱段造成有效毁伤。相较于同口径穿甲弹,采用次口径穿甲弹芯设计可一定程度提升弹丸的穿甲性能,但随着不敏感弹药技术以及装甲防护技术的不断发展应用,传统脱壳穿甲型战斗部即使在击穿目标后,也往往难以实现对目标内部有生力量、设备及装药等的有效毁伤,穿甲后效不足的问题日益凸显,亟待解决。

4.1.3 活性毁伤增强脱壳穿甲战斗部技术

受制于传统重金属毁伤元单一动能毁伤机理,传统脱壳穿甲型战斗部往往存在穿甲后效不足的问题,从而难以实现对目标防护后结构的有效毁伤。

活性毁伤材料为提升脱壳穿甲型侵彻战斗部毁伤威力开辟了新途径。其基本设计理念为,在原有战斗部结构基础上,采用活性毁伤材料替代部分重金属弹芯材料。活性毁伤材料在外部高强度载荷,如高速冲击作用下将发生剧烈爆燃反应,释放大量化学能和气体产物。基于活性毁伤材料特有的冲击激活后延时爆燃特性,脱壳穿甲型活性战斗部可实现在打击目标过程中的动能与化学能时序联合作用,显著提升其后效毁伤效能,实现从纯动能机械贯穿毁伤到动能/爆炸化学能时序联合作用下的结构爆裂毁伤模式跨越。

以小口径活性脱壳穿甲弹为例,典型结构如图 4.8 所示,主要由上弹托、活性弹芯和底弹托组成,其中,活性弹芯主要由重金属穿甲弹芯和活性材料填充构件组成。活性材料填充构件可采用多种形式,可制成芯体填充在重金属弹芯尾部中心位置,也可制成中空圆环加装在重金属弹芯尾部。

基于活性毁伤材料特有的冲击激活特性,脱壳穿甲型活性战斗部毁伤机理也因活性材料填充方式的不同而差异显著。以图 4.8 中两种不同活性战斗部侵彻靶板作用过程为例,两者填充方式的差异将给弹丸穿甲与后效毁伤性能带来

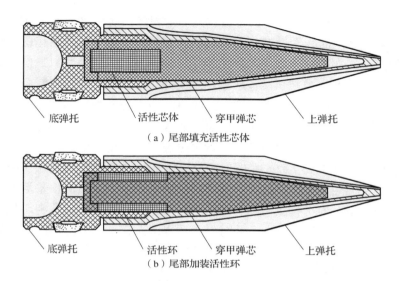

图 4.8　小口径活性脱壳穿甲弹典型结构

显著影响，如图 4.9 所示。

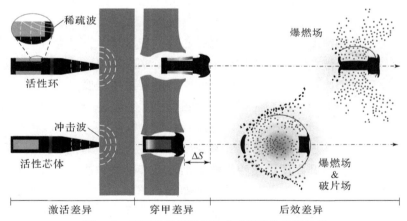

图 4.9　不同活性材料填充方式下毁伤作用过程

一方面，填充方式的不同将对弹丸穿甲性能产生显著影响，同时影响侵彻过程中活性材料的激活特性。当采取芯体填充方式时，重金属弹芯中一部分将被低密度活性材料代替，弹丸侵彻比动能显著下降。采用活性环填充方式时，重金属弹芯中心的实心部分得以保持，此时活性环对弹丸穿甲能力的削弱较小。但此时由于弹体侧向稀疏波的影响，弹体边缘的活性环将在冲击波加载过后被紧跟其后的侧向稀疏波卸载，导致活性材料内部应力下降，进而导致活性环整体激活率较采用活性芯体时有明显下降。

另一方面，填充方式的不同将给弹丸后效毁伤性能带来显著影响。当采用活性芯体填充方式时，活性芯体可在靶后发生爆燃反应导致周围包覆金属弹芯材料碎裂产生二次破片，形成内爆燃-外破片的大范围耦合后效毁伤场，从而增强弹丸对靶后有生力量、设备或装药等关键性易损部件的毁伤效应，可显著提升其穿甲后效。当采用活性环装填方式时，由于处于弹芯外侧，未被弹芯材料包覆，因而此时活性材料发生化学反应后仅产生一定范围爆燃场，由于缺少破片场，后效毁伤场在杀伤力等方面均将出现一定程度减弱。

除不同填充方式所导致的性能差异外，如何兼顾穿甲与后效毁伤威力并实现两者的耦合调控，是战斗部设计所面临的另一难题。以氟聚物基活性材料为例，在冲击作用下的材料激活率、弛豫时间等均与冲击载荷特性密切相关。一般来说，随冲击波强度增加，活性材料激活率提高，从材料激活到剧烈爆燃反应所需弛豫时间减少。因此，在设计活性脱壳穿甲弹丸时，需充分考虑弹芯整体穿甲性能与活性材料激活特性之间的匹配性。

以尾部填充活性芯体脱壳穿甲弹为例，芯体长度对毁伤效应的影响可体现在激活、穿甲和后效三方面，不同芯体长度下（$h_1 > h_2 > h_3$）毁伤作用过程如图4.10所示。在芯体激活方面，随芯体长度增加，撞靶时所产生初始冲击波传至活性芯体所需时间较短，导致撞靶后活性材料发生反应所需时间减少。此外，芯体长度增加可减少冲击波在金属弹芯内的衰减耗散，从而提高活性芯体的激活率。在穿甲性能方面，随芯体长度增加，弹芯中重金属材料比重减小，弹丸动能穿甲威力减弱，当靶板厚度一定时，活性芯体长度过大，弹丸有可能无法贯穿靶板，导致无法对靶后目标产生毁伤。后效毁伤方面，随着芯体长度增加，虽然其撞靶过程中所激活的活性材料逐渐增加，所能释放的化学能增加，但受弹丸穿甲能力下降的影响，有可能在穿靶过程中弹丸芯体便已开始发生反应。若弹丸在侵孔内便已发生爆燃，则随后产生的破片以及爆燃超压均不能作用于靶后，会降低弹丸的后效毁伤，如图4.10中h_1所示。若活性芯体长度适宜，在弹丸能够有效贯穿靶板的前提下，更多活性材料可在靶后发生化学反应，则可实现良好的侵爆联合毁伤，充分发挥弹丸毁伤威力，如图4.10中h_2所示。类似地，活性芯体直径同样将影响弹丸穿甲性能以及后效毁伤威力。因此，需在设计时结合具体活性材料力化特性进行分析，以选定最佳芯体结构参数。

在不同活性材料芯体填充模式下，还可通过多种优化设计方法对脱壳穿甲型活性毁伤增强侵彻战斗部穿甲及后效威力进行调控。在穿甲性能方面，可采用高密度钨合金弹芯以增大弹芯质量，并优化弹头外形以减小弹形系数与阻力系数，从而提高弹丸存速，同时可减小弹芯截面积以增加弹丸侵彻比动能。在

第 4 章　脱壳穿甲活性毁伤增强侵彻战斗部技术

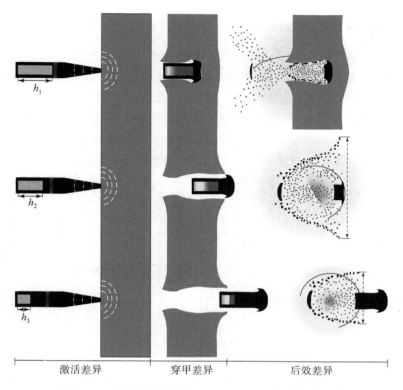

图 4.10　不同芯体长度下（$h_1 > h_2 > h_3$）毁伤作用过程

增加靶后有效二次破片数方面，可改进穿甲弹芯加工工艺和成分配比，以提高弹芯材料硬度和脆性，同时设计合理空心结构，并结合活性材料爆燃化学能增强特性，以协调破片数量与破片质量，从而提高杀伤效果。而在附带毁伤方面，则可基于活性芯体独有的化学能释放特性，调整活性材料激活阈值，使其与弹靶作用条件匹配，从而实现战斗部的最优靶后引燃引爆后效。

4.2　毁伤增强效应数值模拟

活性脱壳穿甲弹通过在其重金属弹芯内装填活性毁伤材料，侵彻作用目标过程中激活并发生爆燃反应，使弹丸在动能与爆炸化学能的时序联合作用下，显著增强对目标的毁伤威力。本节主要基于数值模拟，开展活性脱壳穿甲弹作用结构靶、模拟油箱和模拟战斗部数值模拟研究。

4.2.1 结构毁伤增强效应

活性脱壳穿甲弹结构毁伤增强效应数值模拟计算模型如图 4.11 所示。模拟中,活性脱壳穿甲弹采用活性芯体填充方式,仿真计算模型主要由金属弹芯、活性芯体、金属靶三部分组成。其中,金属弹芯采用钨合金材料,活性芯体采用氟聚物基活性材料,结构靶采用装甲钢材料。算法方面,除活性芯体采用 SPH 算法外,其余部分均采用 Lagrange 算法,沿轴线分别在弹丸及靶板中均匀设置若干观测点,记录侵彻过程中不同物理参量变化时程特征。

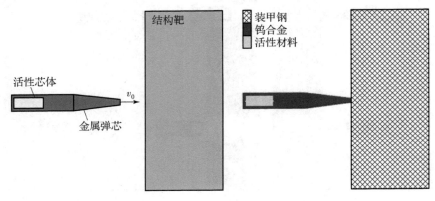

(a) 几何模型　　　　　　(b) 仿真模型

图 4.11　活性脱壳穿甲弹结构毁伤增强效应数值模拟计算模型

计算中所采用的材料状态方程、强度模型等列于表 4.3。除活性材料状态方程采用与侵爆相关的 Powder Burn 模型加以描述外,其余部件均采用 Shock 状态方程加以描述。活性脱壳穿甲弹初始速度取为 1 300 m/s,弹体直径与长度分别为 11 mm 和 70 mm,此外,将活性芯体直径、长度与弹体直径、长度之比定义为内外径比和长度比。分别对不同内外径比和长度比的活性脱壳穿甲弹撞击结构靶作用过程进行模拟,主要对活性芯体直径和长度对弹丸毁伤效应的影响进行分析,重点关注穿甲能力与穿靶后效之间的匹配性。

表 4.3　材料模型与状态方程

部件	材料	状态方程	强度模型
金属弹芯	钨合金 TUNG – ALLOY	Shock	Johnson Cook
活性芯体	活性材料	Powder Burn	Johnson Cook
结构靶	装甲钢 RHA	Shock	von Mises

未填充活性芯体的纯钨合金脱壳穿甲弹侵彻结构靶作用过程如图 4.12 所示。从图 4.12 中可以看出，在钨合金弹体高速撞击下，120 μs 时结构靶即被贯穿，钨合金弹体在侵彻过程中不断消耗，锥形头部发生镦粗变形，同时，装甲钢靶板材料在弹丸侵彻作用下沿径向流动，形成直径稍大于弹径的侵彻通道。150 μs 时刻，弹丸穿出靶板并继续高速运动，剩余速度为 648 m/s。此时，除剩余侵彻体以及靶板冲塞块外，靶后碎片不显著，毁伤后效有限。

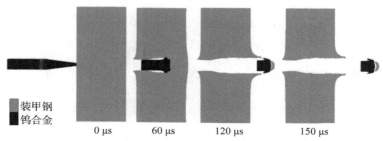

图 4.12 未填充活性芯体的纯钨合金脱壳穿甲弹侵彻结构靶作用过程

填充不同长度活性芯体的活性脱壳穿甲弹侵彻结构靶作用过程及靶板毁伤参数分别如图 4.13 和图 4.14 所示。可以看出，活性芯体直径恒定的情况下，芯体长度对毁伤效果影响显著。随芯体长度增加，弹丸穿甲能力减弱，当芯体长度为 20 mm 时，弹丸则无法贯穿结构靶。随芯体长度从 10 mm 增加至 20 mm，弹丸剩余速度从 520 m/s 降至 0 m/s。此外，由于低密度活性芯体的存在，弹丸在侵彻过程中的消耗显著大于钨合金脱壳穿甲弹，活性芯体也在侵彻过程中发生显著镦粗变形。但与之相反的是，弹丸后效毁伤威力随芯体长度增加显著提升。当芯体长度为 10 mm 时，穿靶后活性材料未能在膨胀作用下将钨合金壳体撑裂，仅造成剩余侵彻体膨胀。随着活性芯体长度增加至 17.5 mm，在靶后参与反应的活性材料质量增加，此时活性材料均成功在靶后将钨合金壳体撑裂，大量粒子周向飞散，形成大范围粒子作用场。但当芯体长度进一步增加至 20 mm 时，由于未能成功贯穿结构靶，活性材料仅在侵彻通道内发生爆燃。仿真计算结果表明，活性芯体有利于脱壳穿甲弹在靶后形成二次破片提升后效毁伤，但需兼顾穿甲能力，使其与爆燃效应产生的后效毁伤相匹配。

除芯体长度外，芯体直径同样对毁伤行为有显著影响，仿真计算结果如图 4.15 所示。可以看出，在活性芯体长度恒定时，随芯体直径增加，弹丸穿甲能力减弱，当芯体直径为 9 mm 时，弹丸无法贯穿结构靶。随芯体直径从 5 mm 增加至 9 mm，弹丸剩余速度逐渐从 465 m/s 降至 0 m/s。此外，活性芯体在侵彻过程中的墩粗变形程度也随芯体直径的增加而更加显著，在 150 μs 时刻，芯体直径为 9 mm 的弹丸已有部分活性材料被挤出钨合金壳体并向后飞散。

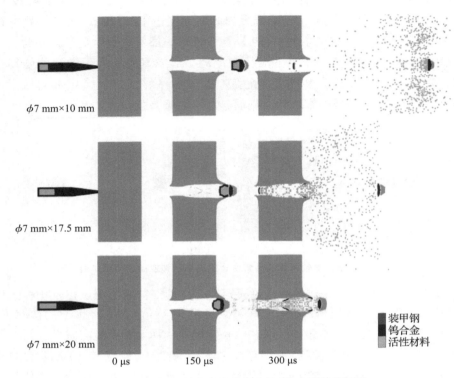

图 4.13　芯体长度对活性脱壳穿甲弹侵彻结构靶影响

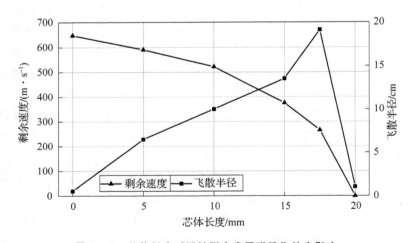

图 4.14　芯体长度对活性脱壳穿甲弹毁伤效应影响

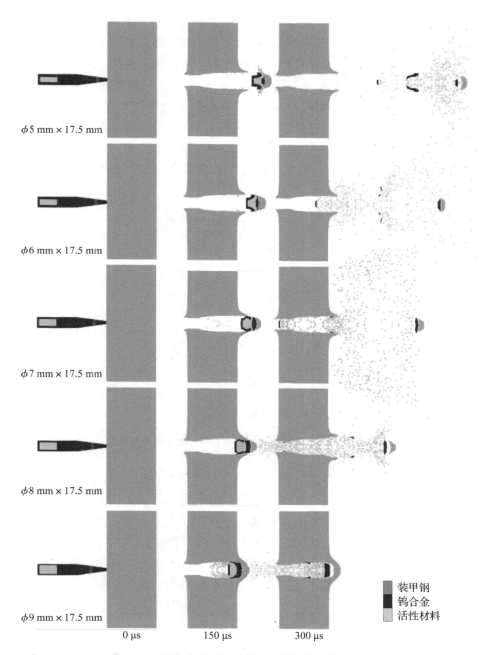

图 4.15 芯体直径对活性脱壳穿甲弹侵彻结构靶影响

与此相反，弹丸后效威力随芯体直径增加有着显著提升，不同直径活性芯体的活性脱壳穿甲弹毁伤参数如图 4.16 所示。随芯体从 5 mm 增加至 7 mm，同一时刻，弹丸靶后爆燃所形成的粒子数显著增加，表明其后效作用场范围逐渐增加。此外，由于芯体周围的钨合金壳体厚度随芯体直径增加逐渐减小，靶后剩余侵彻体更易发生破裂变形，从而有更多的活性材料粒子可以沿径向飞散，显著增大了后效毁伤作用区域。当芯体直径进一步增加至 8 mm 时，弹丸未能在动能作用下贯穿结构靶，虽然活性芯体爆燃后成功形成冲塞块，但仍有大量活性材料留在侵彻通道内发生反应，对弹丸后效威力提升有限。而当芯体直径继续增加至 9 mm 时，弹丸在动能与化学能联合作用下也未能成功贯穿结构靶，活性材料粒子仅沿侵彻通道反向高速喷出。

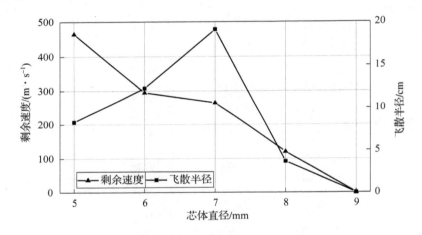

图 4.16　芯体直径对活性脱壳穿甲弹毁伤效应影响

以上分析表明，采用填充活性材料芯体方式进行活性脱壳穿甲弹设计时，活性芯体长度和直径均对弹丸整体的穿甲性能与后效毁伤威力有显著影响。当二者均选取合理时，可有效耦合活性脱壳穿甲弹中重金属弹芯强穿甲能力与活性芯体强后效威力，充分发挥其"先穿后爆"的动能与化学能联合毁伤优势，实现对目标的高效毁伤效应。因此，活性芯体长度与直径应在设计时予以充分考虑，实现活性脱壳穿甲弹动能侵彻和爆炸毁伤后效的最佳匹配。

4.2.2　引燃毁伤增强效应

活性脱壳穿甲弹撞击油箱毁伤效应计算模型如图 4.17 所示。数值模拟中，活性脱壳穿甲弹采用活性芯体填充构型，计算模型主要由金属弹芯、活性芯体、防护靶板、油箱和燃油组成，不同材料状态方程、强度模型等列于表

4.4。在算法方面,除活性芯体采用 SPH 算法外,其余部分均采用 Lagrange 算法,并沿弹丸侵彻轴线分别在弹丸及靶板中均匀设置若干观测点,以记录并分析侵彻过程中压力等参量变化。活性脱壳穿甲弹初速 v_0 为 1 300 m/s,弹体直径与长度分别为 11 mm 和 70 mm,内外径比和长度比恒定为 0.64 和 0.25。计算中,主要通过改变弹丸着角 θ,分析不同活性弹丸着角对毁伤效应的影响。

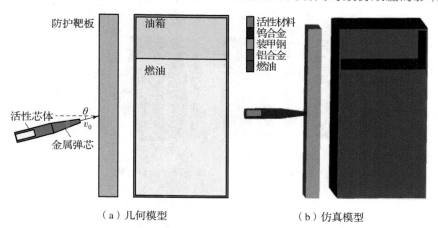

图 4.17　活性脱壳穿甲弹撞击模拟油箱毁伤效应计算模型

表 4.4　材料模型与状态方程

项目	材料	状态方程	强度模型
金属弹芯	钨合金 TUNG - ALLOY	Shock	Johnson - Cook
活性芯体	活性材料	Powder Burn	Johnson - Cook
防护靶板	装甲钢 RHA	Shock	von Mises
油箱	铝合金 AL - 2024	Shock	Steinberg - Guinan
燃油	燃油	Shock	—

正侵彻条件下,活性脱壳穿甲弹作用油箱过程如图 4.18 所示。从图 4.18 中可以看出,弹丸侵彻防护靶板及油箱前壁面过程中,尾部所填充活性芯体被成功激活,在约 120 μs 时刻,部分活性芯体已经开始发生爆燃反应,产物粒子迅速膨胀扩散。此时,原有弹丸动能作用下所形成的燃油空穴在活性材料爆燃作用下迅速扩张,在靠近弹丸尾部处形成一较大空穴。随着侵彻继续进行,油箱在 270 μs 时刻已被弹丸成功贯穿,此时穿出油箱的钨合金弹芯圆台部发生了较为明显的墩粗变形。与此同时,在尾部大量活性材料爆燃作用下,燃油

内部产生了一前一后的两个大空穴,直径均数倍于 120 μs 时刻的燃油空穴。此外,油箱前后壁面在空穴膨胀冲击作用下发生了显著形变,均向外隆起,侵孔也在燃油作用下发生撕裂。可以观察到,仍有大量反应后活性材料粒子随剩余钨合金弹芯从油箱后壁面侵孔中飞出。但实际弹靶作用过程中,反应后的高温活性材料粒子可发展为大量有效点火源,从而在燃油从油箱后壁面失效处喷出后将其引燃,显著提升脱壳穿甲弹对油箱目标的引燃毁伤效应。

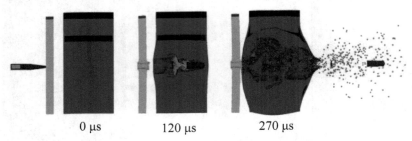

图 4.18 活性脱壳穿甲弹正侵彻油箱过程

实际作战使用中,弹丸往往难以实现对目标的正侵彻作用,为此,对不同着角下活性脱壳穿甲弹侵彻模拟油箱毁伤作用过程进行模拟。结果如图 4.19 所示。可以看出,随着角增加,活性脱壳穿甲弹对油箱毁伤效应显著减弱,燃油内部空穴大小及油箱整体变形隆起均显著减小。一方面,受着角增加影响,弹丸贯穿防护靶板以及油箱前壁面后侵彻剩余速度显著下降,导致动能作用下的空穴扩张效应有所减弱。另一方面,着角的增加导致弹丸在燃油内部侵彻路径愈发倾斜,从而在侵彻过程中极易穿至燃油自由表面上方,导致弹丸动能传递过程提前结束,最终使弹丸周围燃油所能吸收的动能减少。

更为重要的是,受活性材料激活弛豫特性影响,随弹丸侵彻路径不断倾斜,将有相当一部分活性材料在燃油自由面上方或者贯穿油箱后壁面后才发生反应,极大削弱了化学能对燃油内部空穴的扩张增强效应。如图 4.19 所示,当弹丸着角为 30°时,虽有部分活性材料在 120 μs 时刻已经开始发生反应,但由于弹丸侵彻路径的变化,270 μs 时刻大量活性材料粒子均集中分布于油箱后壁面与已穿出油箱的钨合金弹芯之间,而燃油内空穴中只有少量活性材料粒子。而当弹丸着角继续增加至 60°时,弹丸贯穿防护靶板后姿态进一步翻转,最终以接近 90°的姿态从油箱上壁面垂直穿出,弹丸仅在燃油中侵彻数十微秒,形成的空穴极小。当着角继续增加至 75°时,弹丸在撞击防护靶板时便已发生跳飞,无法与靶后油箱碰撞,活性材料芯体也仅在靶板外发生爆燃。

以上分析表明,着角对活性脱壳穿甲弹侵彻油箱过程影响显著,油箱毁伤程度随弹丸着角增加不断减弱。油箱在不同着角活性脱壳穿甲弹撞击下的隆起

第4章 脱壳穿甲活性毁伤增强侵彻战斗部技术

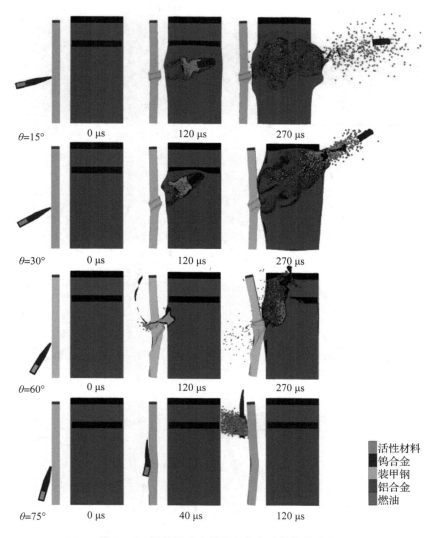

图4.19 活性脱壳穿甲弹斜侵彻油箱作用过程

变形如图4.20所示。可以看出，随弹丸着角从0°增加至60°，油箱整体隆起变形减弱。以油箱后壁面为例，0°着角时最大隆起高度为42 mm，着角增加至15°时，最大隆起高度降至35 mm，而当着角进一步增加至30°时，最大隆起高度降至22 mm。此外，当着角增加至60°以上时，弹丸将在侵彻过程中出现翻转，导致作用燃油时间减少，动能及化学能均无法有效传递至周围燃油及箱壁。当弹丸在大着角条件下发生跳飞后，油箱结构则基本保持完整。

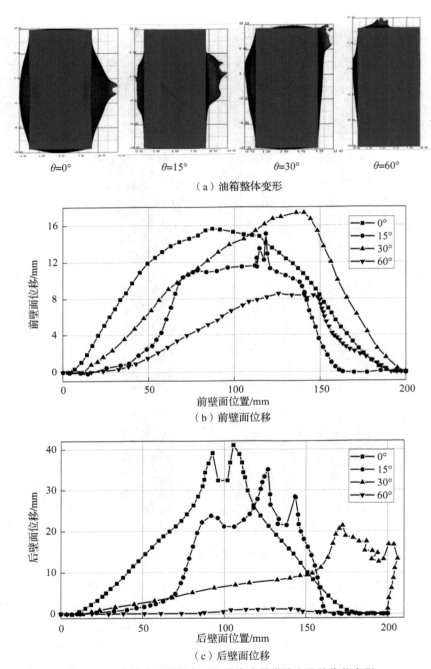

(a)油箱整体变形

(b)前壁面位移

(c)后壁面位移

图 4.20 油箱在不同着角活性脱壳穿甲弹撞击下的隆起变形

4.2.3 引爆毁伤增强效应

活性脱壳穿甲弹撞击模拟战斗部毁伤效应计算模型如图 4.21 所示。计算中，活性脱壳穿甲弹采用活性芯体填充构型，计算模型主要由金属弹芯、活性芯体、双层间隔铝靶板、装甲钢防护靶板和装药组成，具体材料状态方程、强度模型等列于表 4.5。在算法方面，除活性芯体采用 SPH 算法外，其余部分均采用 Lagrange 算法，并沿装药中轴线均匀设置若干径向观测点（#1 ~ #7），记录并分析侵彻过程中压力等参量变化。活性脱壳穿甲弹初始速度 v_0 为 1 300 m/s，弹体直径与长度分别为 11 mm 和 70 mm，其内外径比和长度比恒定为 0.64 和 0.25，主要分析防护靶板厚度对弹丸毁伤效应的影响。

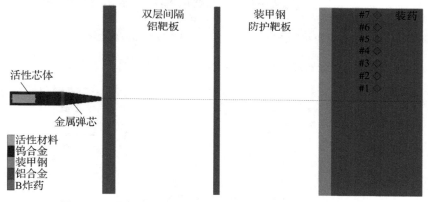

图 4.21 活性脱壳穿甲弹撞击模拟战斗部毁伤效应计算模型

表 4.5 材料模型与状态方程

部件	材料	状态方程	强度模型
金属弹芯	钨合金 TUNG - ALLOY	Shock	Johnson - Cook
活性芯体	活性材料	Powder Burn	Johnson - Cook
铝靶板	铝合金 AL - 2024	Shock	Steinberg - Guinan
防护靶板	装甲钢 RHA	Shock	von Mises
装药	B 炸药 COMP B	Lee - Tarver	von Mises

为进行对比，首先对纯钨合金脱壳穿甲弹侵彻模拟战斗部作用过程进行计算，结果如图 4.22 所示，装药内部观测点所记录压力时程曲线如图 4.23 所示。可以看出，在 1 300 m/s 速度下，钨合金脱壳穿甲弹可贯穿厚度分别为 10 mm、

5 mm 的双层间隔铝靶板，150 μs 时刻，弹丸已基本贯穿装甲钢防护靶板。由于钨合金强度较高，200 μs 时弹丸已完全贯穿三层防护靶板并侵入炸药内部，除弹丸锥形头部发生较为明显变形外，剩余圆柱部弹体仍保持完好。随弹丸继续运动，撞击作用产生的压力仅为数百兆帕，低于引爆炸药临界压力。230 μs 时刻，弹丸即将贯穿炸药，但仅在炸药内部侵彻出一与弹径等大侵孔。

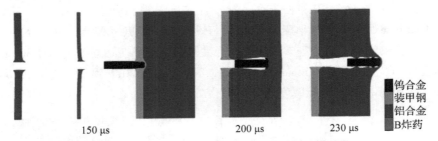

图 4.22　纯钨合金脱壳穿甲弹侵彻战斗部作用过程

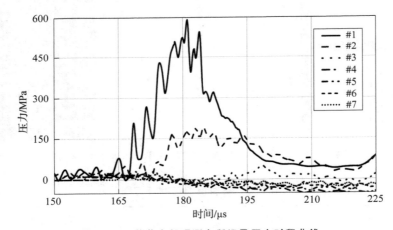

图 4.23　装药内部观测点所记录压力时程曲线

10 mm 厚装甲钢靶板防护下，活性脱壳穿甲弹正侵彻模拟战斗部毁伤效应如图 4.24 所示，炸药内部观测点压力时程曲线如图 4.25 所示。可以看出，在 145 μs 时刻，弹丸已贯穿厚度分别为 10 mm、5 mm 的双层间隔铝靶板，并开始侵彻装甲钢防护靶板。此时除弹丸头部发生一定墩粗变形外，其余部分尤其是活性芯体并未出现明显变形。随着侵彻过程的进行，活性芯体在冲击压力作用下逐渐激活。至 205 μs 时刻，弹丸整体已完全侵入炸药，且已达到反应弛豫时间，活性芯体开始发生爆燃反应，出现明显膨胀，钨合金壳体破裂。分析压力云图可知，此时芯体周围炸药已经在爆燃压力作用下被引爆，产生向未反应炸药中传播的爆轰波。210 μs 时刻，爆轰波传播扩展导致炸药被完全引爆，且此时弹体在高达数十吉帕的爆轰压力作用下发生向内挤压变形。此外，炸药爆轰产物开始向外飞散，防护靶板发生明显向外凸起变形。压力时程曲线表明，随着装药内爆轰波逐渐传播扩展，压力由初始引爆时刻的 26 GPa 逐渐上升稳定至超过 40 GPa，即形成稳定爆轰，这也表明装药此时被成功引爆。

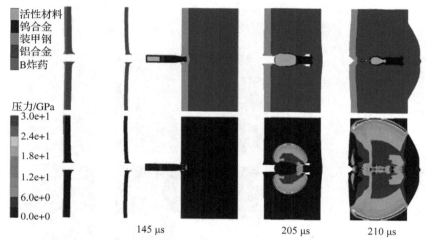

图 4.24　装甲靶板厚 10 mm 时活性脱壳穿甲弹侵彻作用过程

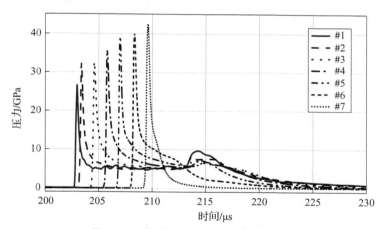

图 4.25　装药内部观测点压力时程曲线

装甲钢防护靶板厚度增加至 20 mm 后，活性脱壳穿甲弹正侵彻模拟战斗部毁伤效应如图 4.26 所示，装药内观测点所记录压力时程曲线如图 4.27 所示。可以看出，随着装甲钢防护靶板厚度增加，活性脱壳穿甲弹对模拟战斗部毁伤效应显著下降。由于装甲钢防护靶板厚度增加，弹丸在 165 μs 时刻仍未穿透靶板，弹丸头部墩粗变形明显，且出现了一定分叉现象。至 205 μs 时刻，活性芯体随之发生爆燃反应,但此时弹丸仍未完全侵入炸药内部,导致相当一部分活性芯体爆燃膨胀受到装甲钢靶板的阻碍约束。从压力云图可以看出,205 μs 时刻活性材料爆燃压力传入炸药内部,但此时压力仅为 2 GPa 左右,不足以使波后炸药发生爆轰。随着芯体爆燃反应的进行,爆燃压力逐渐下降,炸药最终未能被成功引爆。至 240 μs 时刻,炸药仅在撞击和爆燃压力作用下发生一定的膨胀变形,但装药内压力始终较低,并未出现爆轰现象。

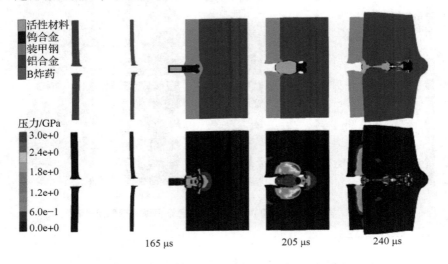

图 4.26 装甲靶板厚 20 mm 时活性脱壳穿甲弹侵彻作用过程

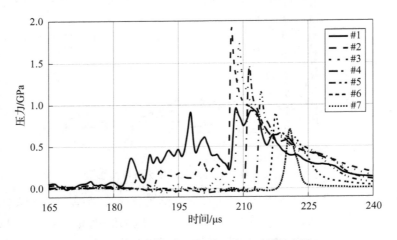

图 4.27 装药内观测点所记录压力时程曲线

当装甲钢防护靶板厚度进一步增加至 30 mm 后,活性脱壳穿甲弹侵彻模拟战斗部毁伤效应如图 4.28 所示,装药内各观测点所记录压力时程曲线如图

4.29 所示。可以看出，受防护靶板厚度进一步增加影响，弹丸于 185 μs 时刻仍未穿透靶板，弹丸变形严重，活性芯体前端钨合金弹体在侵彻中消耗显著。而当活性材料反应弛豫时间过后开始反应时，大部分活性芯体仍位于装甲钢靶板侵孔中，即尚未侵入炸药中。此时爆燃压力受装甲钢靶板约束极为严重，大量爆燃压力耗散于装甲钢靶板中。从压力时程曲线可以看出，装药内观测点处压力水平仅为 1 GPa 左右，表明传入炸药中的能量极为有限。此外，爆燃产物的飞散也因受到两侧装甲钢靶板的约束而难以向四周扩散，呈现出与撞击厚结构靶时类似的轴向飞散现象。至 290 μs，弹丸即将贯穿整体炸药，但只在装药中侵彻出一直径稍大于弹径的侵孔，装药始终未被引爆。

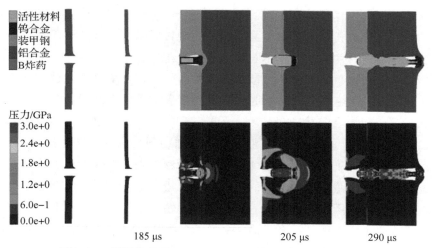

图 4.28　装甲靶板厚 30 mm 时活性脱壳穿甲弹侵彻作用过程

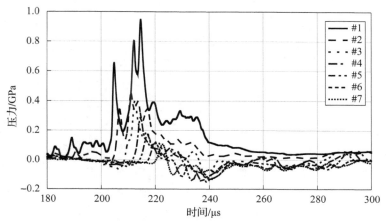

图 4.29　装药内各观测点处压力时程曲线

以上分析表明，装甲钢防护靶板厚度对活性脱壳穿甲弹侵彻模拟战斗部毁伤效应影响显著，随着装甲钢防护靶板厚度增加，毁伤效应不断减弱。从机理上分析，一方面，随着装甲钢靶板厚度增加，弹丸贯穿靶板后剩余速度减小。模拟结果表明，随着装甲钢靶板厚度从 10 mm 增加至 30 mm，弹丸贯穿装甲靶后剩余速度从 1 240 m/s 降至 970 m/s，降低 20% 以上，对应剩余动能降低 39%，因此弹丸向炸药传递的动能显著减小。另一方面，由于侵彻防护靶板所需时间增加，活性芯体爆燃初始位置不断远离炸药，从而引发弹丸穿甲与后效之间的匹配失衡，这也是导致活性脱壳穿甲弹毁伤效应减弱的主要原因。

在弹丸初始撞击速度相同的条件下，同样配比的活性芯体在弹靶碰撞过程中的激活时间与所需反应弛豫时间基本一致，这也意味着芯体发生爆燃的时刻基本相同。但弹丸贯穿不同厚度装甲钢防护靶板后剩余速度差异显著，导致活性芯体发生爆燃时的初始位置不断靠近装甲钢靶板，从而给活性材料爆燃超压场的传播以及爆燃气体产物的飞散带来极大障碍。初始爆燃位置越靠近装甲钢靶板，爆燃压力场在靶板中传播时耗散就越显著，爆燃气体产物的飞散也将从周向膨胀逐渐转为沿侵孔轴向飞散。而爆燃超压与气体产物均是实现对战斗部引爆增强的关键性因素，装甲钢靶板厚度的增加同时削弱了两者的增强效应，导致活性材料优势难以体现。因此，在进行活性脱壳穿甲弹设计时，需充分考虑弹丸穿甲性能与爆燃后效之间的匹配特性，避免出现弹丸穿甲性能不足芯体外爆，或者弹丸穿甲性能过强但后效不足等问题。

但需特别注意的是，与惰性钨合金脱壳穿甲弹相比，活性脱壳穿甲弹在增强对战斗部的引爆毁伤效应方面具有不可比拟的优势。同等撞击速度下，惰性钨合金脱壳穿甲弹动能要大于活性脱壳穿甲弹，但得益于活性芯体后置设计，在防护靶板厚度不足以使芯体在侵彻中发生侵蚀的情况下，两种弹丸贯穿靶板后的剩余速度基本相同。模拟结果表明，当装甲钢靶板厚度为 10 mm 时，惰性与活性脱壳穿甲弹均在约 155 μs 时刻贯穿装甲钢靶板，且两种弹丸剩余速度分别为 1 245 m/s 和 1 240 m/s。这表明在一定的战斗部结构防护强度下，活性脱壳穿甲弹仍具有类惰性重金属脱壳穿甲弹的强穿甲能力。而当弹丸成功侵入炸药内部后，惰性脱壳穿甲弹只能继续依靠自身动能进行侵彻，将导致输入炸药的能量不足，从而难以实现对战斗部装药的有效引爆，造成"穿而不爆"。相反地，活性脱壳穿甲弹中装填的活性材料芯体随剩余弹丸一起侵入炸药同时发生剧烈爆燃，释放大量化学能，形成局部爆燃超压场，从而在极短的时间内提高对与其紧密接触的炸药部分的能量输入速率，极大提高了装药内部压力，有利于炸药内部微缺陷如孔洞、裂纹等的热点成核，并最终发展为稳定爆轰。

4.3 毁伤增强效应实验

数值计算结果表明，在动能和化学能的联合作用下，活性脱壳穿甲弹可分别实现对金属结构靶、油箱、战斗部的结构毁伤增强、引燃增强、引爆增强毁伤效应。本节主要通过实验，分析活性脱壳穿甲弹对金属结构靶、油箱、战斗部的结构毁伤增强效应、引燃毁伤增强效应、引爆毁伤增强毁伤效应。

4.3.1 结构毁伤增强效应

装甲作为轻型装甲车辆、直升机等轻型装甲目标的主要防护，是其赖以抗侵彻、抗爆、抗冲击的核心部件。有效摧毁装甲防护，并对其后的人员、装备等实现高效毁伤，是小口径脱壳穿甲弹所必须具备的毁伤能力。传统脱壳穿甲弹仅依靠其机械贯穿模式进行毁伤，虽具备较强的穿甲能力，但后效毁伤威力存在明显不足，难以对装甲目标内部进行高效后效毁伤。

活性脱壳穿甲弹碰撞结构靶毁伤效应实验原理如图 4.30 所示，实物如图 4.31 所示。实验系统主要由弹道枪、活性脱壳穿甲弹、测速网靶、迎弹靶、后效靶、靶架等组成。其中，活性脱壳穿甲弹采用 25 mm 口径弹道枪发射，弹芯材料为高强度钨合金，并装填有活性材料芯体，兼具优良侵彻能力与后效毁伤能力。迎弹靶材质为装甲钢，尺寸为 1 000 mm×1 000 mm，用以模拟不同厚度轻型装甲；迎弹靶后放置有 3 层 1 mm 厚后效靶，后效靶材质为硬铝，尺寸同为 1 000 mm×1 000 mm，以模拟轻型装甲目标内部人员、装备等。

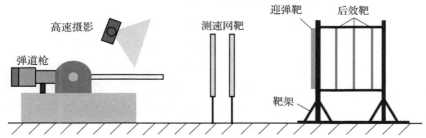

图 4.30　活性脱壳穿甲弹碰撞结构靶毁伤效应实验原理

为研究活性脱壳穿甲弹对结构靶毁伤效应，开展了不同迎弹靶厚度条件下毁伤实验，实验结果列于表 4.6。实验结果表明，撞击速度同为 800 m/s 条件下，随着迎弹靶厚度从 10 mm 逐渐增加至 15 mm、20 mm，活性脱壳穿甲弹毁

（a）弹道枪　　　　　　　　　（b）结构靶

图 4.31　结构靶实验布置实物图

伤效果（含穿孔数与散布范围）先上升后下降，即毁伤效果在迎弹靶厚度为 15 mm 时最佳，厚度为 10 mm 时次之，厚度为 20 mm 时最不理想。

表 4.6　活性脱壳穿甲弹撞击结构靶毁伤实验结果

序号	迎弹靶厚/mm	碰撞速度/(m·s^{-1})	迎弹靶/(mm×mm)	毁伤结果	1#后效靶	2#后效靶	3#后效靶
1	10	800	29×37	通孔数	1	4	7
				散布范围/(mm×mm)	140×110	260×110	280×120
2	15	800	33×35	通孔数	15	19	12
				散布范围/(mm×mm)	342×234	435×370	460×430
3	20	800	35×39	通孔数	4	4	3
				散布范围/(mm×mm)	150×70	230×100	330×70

活性脱壳穿甲弹撞击 10 mm 厚迎弹靶典型毁伤结果如图 4.32 所示。从图 4.32 中可以看出，活性脱壳穿甲弹以 800 m/s 速度碰撞迎弹靶后，造成了典型的冲塞破坏，于迎弹靶上侵彻出一尺寸为 29 mm×37 mm 的类圆形侵孔，侵孔边缘较为光滑，无明显卷边。成功贯穿 10 mm 厚迎弹靶后，活性脱壳穿甲弹于第一层后效靶处形成了一尺寸为 140 mm×110 mm 的较大侵孔，且侵孔边缘呈卷曲状向后翻起，但周围并无其余可见侵孔。这主要是由于此时迎弹靶厚度较薄，撞击迎弹靶后，活性芯体激活程度十分有限，未能在迎弹靶后及时形成大范围破片场，导致活性芯体在碰撞第一层后效靶时才被进一步激活并发生爆燃。因此，弹丸碰撞第一层后效靶时，除在动能作用下形成侵孔外，侵孔还将在爆燃反应作用下发生进一步撕裂扩大，从而形成大面积通孔。但由于撞击后效靶前并未形成有效破片场，因而并无破片场毁伤痕迹。随弹丸继续侵彻其余后

效靶,活性芯体也逐步激活,弹芯在爆燃反应作用下逐渐破碎,径向飞散速度也不断增加,所形成破片场的散布范围显著增加,如图4.32(b)~(d)所示。

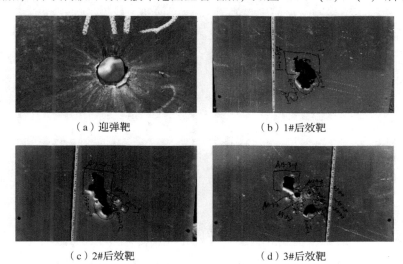

图4.32 活性脱壳穿甲弹撞击10 mm厚迎弹靶典型毁伤结果

活性脱壳穿甲弹撞击15 mm厚迎弹靶典型毁伤结果如图4.33所示。从图4.33中可以看出,活性脱壳穿甲弹在迎弹靶上留下的侵孔呈现为类椭圆状,且侵孔边缘伴有部分裂纹和卷边。这是由于靶板厚度增加显著增加了侵彻阻力,弹靶材料在侵彻中的塑性变形随之增加。此外,迎弹靶厚度增加还直接导致活性芯体激活程度提高,贯穿迎弹靶后弹芯材料便在活性材料爆燃作用下发生破碎,形成具有一定径向扩展速度的破片场。随后,破片场在第一层后效靶上形成了尺寸为342 mm×234 mm的侵彻毁伤场,且随破片场轴向飞散,其径向范围也不断扩展,于第二、三层后效靶处形成的毁伤场散布范围依次为435 mm×370 mm、460 mm×430 mm。但值得注意的是,三层后效靶上的通孔数依次为15、19、12,即通孔数随轴向距离增加先增加而后减少。这是由于弹丸将在侵彻过程中不断破碎,将增加破片数量,但同时尺寸较小的破片将在侵彻中逐渐减速,导致有相当一部分破片无法成功贯穿第三层后效靶,即通孔数有所减少。

活性脱壳穿甲弹撞击20 mm厚迎弹靶典型毁伤结果如图4.34所示。从图4.34中可以看出,当迎弹靶厚度进一步增加至20 mm后,毁伤效果急剧下降,三层后效靶上主要毁伤仅为两个较大通孔,且通孔数量与散布面积较15 mm厚迎弹靶时均显著减少。此外,在迎弹靶上侵孔周围可观察到附着有明显的黑色痕迹,这表明活性脱壳穿甲弹在撞击迎弹靶时,其内部活性芯体便已被大量激活并发生爆燃,于迎弹靶外生成了大量爆燃产物,最终附着于迎弹靶上。更为重要的

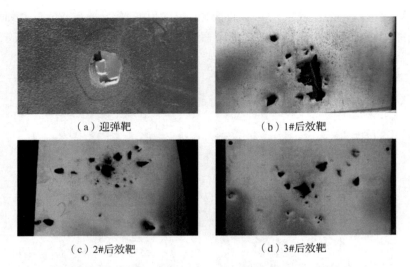

(a) 迎弹靶　　　　　　　　　(b) 1#后效靶

(c) 2#后效靶　　　　　　　　(d) 3#后效靶

图 4.33　活性脱壳穿甲弹撞击 15 mm 厚迎弹靶典型毁伤结果

是,活性芯体在迎弹靶外便已发生爆燃,导致其化学能无法用于有效驱动弹芯材料破碎与相应的破片径向飞散,最终导致其后效毁伤效果显著下降。

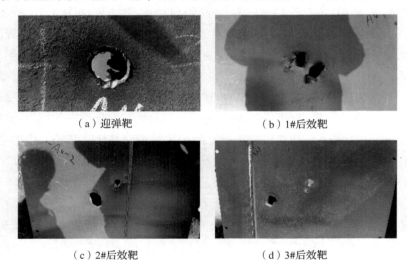

(a) 迎弹靶　　　　　　　　　(b) 1#后效靶

(c) 2#后效靶　　　　　　　　(d) 3#后效靶

图 4.34　活性脱壳穿甲弹撞击 20 mm 厚迎弹靶典型毁伤结果

上述实验结果表明,迎弹靶厚度对活性脱壳穿甲弹毁伤效果有着显著影响。由于活性芯体自身的冲击激活非自持反应特性,迎弹靶厚度直接影响着其激活程度与爆燃反应剧烈程度。当迎弹靶厚度较小时,撞靶时的冲击压力不足以激活足够的活性芯体,导致活性脱壳穿甲弹难以在贯穿迎弹靶后及时发生碎裂，无法形成理想的破片场以提高后效毁伤；当迎弹靶厚度较大时，活性芯体在侵彻迎弹靶过程中便已发生爆燃，大量化学能消耗于迎弹靶外部，导致金属弹芯破碎不充分、破片径向飞散速度不足，后效毁伤同样不理想。

4.3.2 引燃毁伤增强效应

作为轻型装甲车辆及巡航导弹的关键易损部件，车载油箱或燃油舱在被摧毁后将导致车辆或导弹难以完成预定作战任务。但受单一动能侵彻毁伤机理局限，惰性脱壳穿甲弹往往难以在贯穿防护装甲后有效引燃燃油。

活性脱壳穿甲弹丸碰撞柴油油箱引燃毁伤效应实验原理如图 4.35 所示。实验系统主要由弹道枪、活性脱壳穿甲弹丸、测速网靶、防护钢靶、油箱等组成。其中，活性脱壳穿甲实验样弹如图 4.36 所示，采用 12.7 mm 口径弹道枪发射。脱壳穿甲弹芯材料为高强度钨合金，并在弹芯尾部装填活性材料芯体，使弹芯兼具优良侵彻能力与后效引燃能力。实验中所用油箱靶标为半开口结构，油箱前设置有一定厚度装甲钢以模拟油箱防护结构。

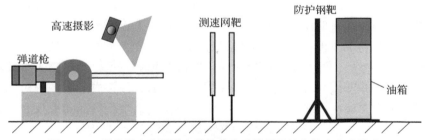

图 4.35 活性脱壳穿甲弹丸碰撞柴油油箱引燃毁伤效应实验原理

图 4.36 活性脱壳穿甲弹实验样弹

为研究活性脱壳穿甲弹对模拟油箱引燃毁伤效应，以约 800 m/s 速度发射弹丸，使其在贯穿防护钢靶后碰撞油箱。根据活性脱壳穿甲弹对油箱的引燃毁伤效应差异，将实验结果分为三类：引燃、闪燃、未引燃。引燃指弹丸成功贯穿前置钢靶和油箱壁面，作用于油箱后成功引燃燃油，产生明火并持续燃烧；

闪燃指弹丸在作用油箱后，燃油出现瞬间明火，但之后快速熄灭，未能持续燃烧；未引燃指弹丸作用于油箱后，仅可观察到油箱毁伤及燃油喷溅，无燃烧现象。典型引燃、闪燃及未引燃实验过程高速摄影如图4.37所示。

活性脱壳穿甲弹丸未引燃柴油油箱典型作用过程如图4.37（a）所示。从图4.37（a）中可以看出，弹丸在贯穿防护钢靶后高速撞击油箱前壁面，导致油箱内部燃油高速喷溅，油箱在撞击作用下倾倒。除撞击过程中弹丸穿靶产生的火光外，未观察到燃油被引燃。活性脱壳穿甲弹丸作用于油箱并造成燃油闪燃的过程如图4.37（b）所示。此时，弹丸侵彻前置钢靶过程中，弹芯尾部内活性材料芯体被成功激活，弛豫阶段过后，活性材料与剩余钨合金弹芯一同继续碰撞油箱。在活性材料爆燃效应作用下，喷溅出的燃油瞬间被引燃，呈现明亮火焰。但之后火焰快速减小，并最终熄灭，表现为闪燃现象。活性脱壳穿甲弹丸作用于油箱并造成燃油引燃的过程如图4.37（c）所示。与闪燃现象时不同的是，此时活性材料发生爆燃时间相对较晚，并成功引发雾化燃油剧烈燃烧，且燃烧逐渐趋于稳定，部分未燃尽的燃油也在从油箱溢出至地面后继续燃烧。

值得注意的是，在实验过程中，受天气等因素影响，弹丸飞行及着靶过程中还将出现一定弹道偏移，导致其命中油箱的弹着点出现一定散布。实验结果表明，弹着点的不同也将导致油箱破坏形式出现差异，且对燃油的引燃效应产生显著影响。为此，针对碰撞位置对引燃效应的影响进行分析，首先将油箱前面板和后面板分别划分为 5×3 和 6×3 的方形区域，并在方形区域内对前后面板侵彻体作用区域进行标记定位，以对比分析弹丸命中位置对引燃效应的影响规律。典型油箱毁伤、燃油引燃效应及破坏位置如图4.38所示。

图4.38（a）中，弹丸作用于油箱前面板左下侧位置，在油箱前面板造成穿孔，未穿透油箱后面板，燃油未被引燃。在该作用形式下，钨合金弹芯剩余侵彻体与油箱作用时间及活性材料点火时间短，致使燃油无法有效雾化，导致柴油无法被引燃。图4.38（b）~（c）中，弹丸均作用于油箱前面板中心线左侧位置，穿过油箱前面板后，弹道发生偏转，剩余侵彻体从油箱侧面穿出，最终致使燃油发生闪燃。相比于图4.38（a）中未引燃情况，此时油箱破坏更加严重，剩余侵彻体穿透油箱前面板和侧部面板时间更长，流体动压效应使燃油更充分雾化、汽化，加之活性材料爆燃反应所释放能量，最终引发燃油闪燃。图4.38（d）中，弹丸作用于油箱前面板中部，从后面板中部穿出。这种情况下，子弹撞击产生的冲击波在燃油内传播时间最长，流体动压效应最显著，油箱破坏严重，且可使燃油形成大面积易燃油雾。在活性芯体爆燃反应的持续点火作用下，油雾达到其闪点开始持续燃烧。碰撞位置与引燃效应的关系如图4.39所示。

第 4 章 脱壳穿甲活性毁伤增强侵彻战斗部技术

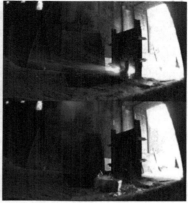

（a）未引燃

（b）闪燃

（c）引燃

图 4.37 活性脱壳穿甲弹作用油箱典型试验结果

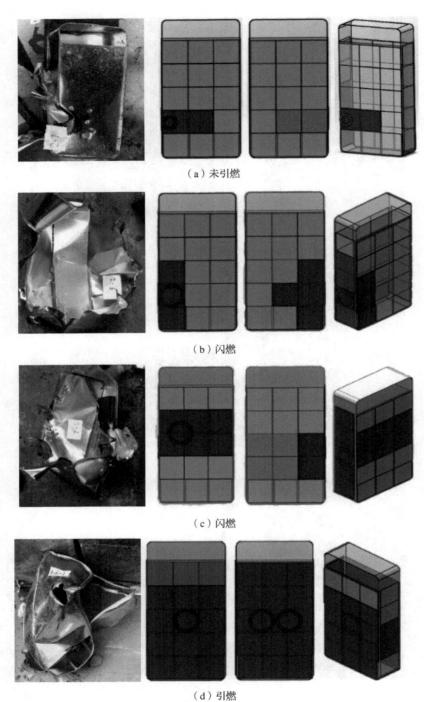

图 4.38 模拟油箱典型毁伤情况

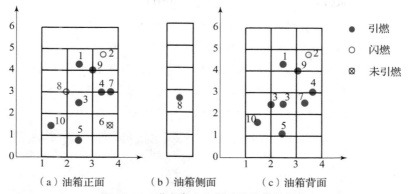

图 4.39 弹丸命中位置对引燃效果影响

综上分析可知，在活性脱壳穿甲弹丸碰撞模拟油箱过程中，弹丸命中位置对引燃效果影响显著，造成该差异的主要原因在于命中位置对液态燃油内流体动压效应影响明显。当弹丸同时贯穿前、后面板时，其作用油箱时间最长，冲击波作用冲量也最大，在导致燃油雾化、汽化效应最为显著的同时，也可为激活后的活性材料提供最长的点火时间，对模拟油箱的引燃效果最佳。

4.3.3 引爆毁伤增强效应

小口径脱壳穿甲弹作为舰艇末端反导系统的主要拦截作战弹药，必须具备对来袭导弹的高效毁伤能力，尤其是对导弹战斗部的引爆毁伤效应。但同样受惰性金属弹丸单一动能侵彻机理的限制，传统小口径脱壳穿甲弹往往在命中导弹战斗部时出现"穿而未爆"现象，难以对来袭导弹进行有效摧毁。

活性脱壳穿甲弹作用屏蔽装药毁伤效应实验原理如图 4.40 所示。实验系统主要由 25 mm 口径线膛弹道炮、活性脱壳穿甲弹、防护板、测速网靶、屏蔽装药模拟靶等组成。实验中，活性脱壳穿甲弹通过弹道炮发射，通过调整发射药量使活性脱壳穿甲弹碰撞速度控制在 750 m/s 左右，并通过设置在模拟靶前

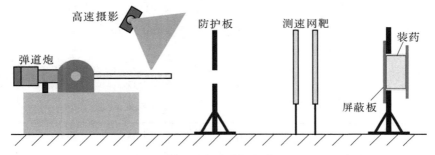

图 4.40 活性脱壳穿甲弹作用屏蔽装药毁伤效应实验原理

的测速网靶测量,弹靶作用过程通过高速摄影系统记录。此外,同时开展同质量钨合金脱壳穿甲弹丸作用屏蔽装药毁伤实验进行对比分析。

实验中所用屏蔽装药模拟靶如图 4.41 所示,主要由屏蔽板、环形壳体、后挡板以及炸药装药组成。屏蔽板为均质装甲钢,厚度分别为 6 mm、10 mm、15 mm,环形壳体和后挡板均为 5 mm 厚。炸药装药采用注装 B 炸药,装药质量约为 2.6 kg,通过螺栓将其紧固于屏蔽板与后挡板之间。

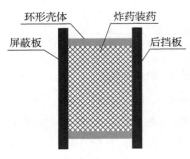
(a) 基本结构

(b) 装药实物

图 4.41 实验中所用屏蔽装药模拟靶

活性脱壳穿甲弹和钨合金弹丸撞击屏蔽装药毁伤实验结果列于表 4.7 和表 4.8。可以看出,在撞击点均为装药中心的前提下,活性脱壳穿甲弹以 750 m/s 速度撞击屏蔽板厚度为 6~15 mm 屏蔽装药模拟靶,均成功引爆 B 炸药。当撞击点为装药边缘时,在活性脱壳穿甲弹以 750 m/s 速度撞击下,三种屏蔽板厚度的 B 炸药均未能被完全引爆,且当屏蔽板厚度增加至 15 mm 时,仅有少量装药被引燃。然而,钨合金弹丸以 945~1 151 m/s 撞击屏蔽板厚度为 6 mm 的屏蔽装药时,B 炸药均未被成功引爆,实验中仅观察到屏蔽板机械穿孔以及装药碎裂。

表 4.7 活性脱壳穿甲弹撞击屏蔽装药毁伤实验结果

序号	屏蔽板厚度/mm	碰撞速度/(m·s^{-1})	命中位置	屏蔽装药状态
1	6	750	装药中心	完全爆轰
2		750	装药边缘	部分爆轰
3	10	750	装药中心	完全爆轰
4		750	装药边缘	部分爆轰
5	15	750	装药中心	部分爆轰
6		750	装药边缘	少量引燃

表 4.8　钨合金弹丸撞击屏蔽装药毁伤实验结果

序号	屏蔽板厚度/mm	碰撞速度/(m·s⁻¹)	命中位置	屏蔽装药状态
7	6	945	装药中心	装药碎裂
8	6	1 036	装药中心	装药碎裂
9	6	1 151	装药中心	装药碎裂

速度 750 m/s 条件下，活性脱壳穿甲弹撞击屏蔽板厚度为 6 mm 装药毁伤效应如图 4.42 所示，高速摄影如图 4.43 和图 4.44 所示。在命中屏蔽装药中心位置处后，弹丸成功贯穿屏蔽板并引爆 B 炸药，环形壳体被炸裂，如图 4.42（a）~（b）所示。高速摄影表明，此时炸药发生了剧烈爆炸，产生了剧烈的大范围火光。弹丸撞击后并未观察到炸药的缓慢燃烧现象，这表明此时炸药在弹丸作用下基本被完全引爆，主要以爆轰的形式发生反应。与命中屏蔽装药中心时不同的是，弹丸在命中屏蔽装药边缘后虽成功引爆炸药，但可以清晰观察到后续的炸药缓慢燃烧现象，且伴随产生明显黑烟，如图 4.44 所示。此时炸药爆炸产生的火光明显减弱，且有部分未反应的炸药粉末被抛掷到爆炸洞顶部，如图 4.42（c）所示。这表明活性脱壳穿甲弹命中屏蔽装药边缘时仅引爆部分炸药，其余炸药是以爆燃或燃烧形式发生反应。

（a）屏蔽板穿孔

（b）环形壳体破裂

（c）抛掷到洞顶处炸药

图 4.42　活性脱壳穿甲弹作用 6 mm 厚屏蔽装药毁伤效应

图 4.43　活性脱壳穿甲弹命中 6 mm 厚屏蔽板中心引爆效应

图 4.44　活性脱壳穿甲弹命中 6 mm 厚屏蔽板边缘引爆效应

屏蔽板厚度增至 10 mm 后，活性脱壳穿甲弹作用屏蔽装药典型毁伤效应及高速摄影如图 4.45～图 4.47 所示。可以看出，弹丸命中位置同样对毁伤效应影响显著。命中屏蔽装药中心时，B 炸药被完全引爆，发生剧烈爆轰并伴有耀眼的大范围火光。而命中屏蔽装药边缘时，装药虽被成功引爆，但此时爆炸火光还要弱于 6 mm 厚屏蔽板时，且同样可以观察到后续有明显的炸药缓慢燃烧现象，这表明屏蔽板厚度增加将会削弱弹丸引爆毁伤效应。

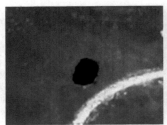

（a）屏蔽板穿孔　　　　　　（b）后挡板破裂

图 4.45　活性脱壳穿甲弹作用 10 mm 厚屏蔽装药毁伤效应

屏蔽板厚度继续增加至 15 mm 时，活性脱壳穿甲弹作用屏蔽装药典型毁伤效应及高速摄影如图 4.48～图 4.50 所示。可以看出，弹丸命中屏蔽装药中心后，同样将装药成功引爆，但此时却可以观察到较为明显的炸药燃烧现象。该现象表明活性脱壳穿甲弹在贯穿 15 mm 厚装甲钢屏蔽板后并未将炸药完全引爆，仍有部分炸药发生了爆燃或燃烧。而当弹丸命中屏蔽装药边缘时，仅有极少部分 B 炸药被引燃，整个撞击过程中仅产生了零星火焰与少量烟雾。

图 4.46　活性脱壳穿甲弹命中 10 mm 厚屏蔽板中心引爆效应

图 4.47　活性脱壳穿甲弹命中 10 mm 厚屏蔽板边缘引爆效应

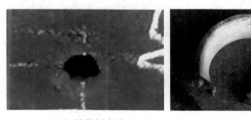

（a）屏蔽板穿孔　　　　　　（b）环形壳体破裂

图 4.48　活性脱壳穿甲弹作用 15 mm 厚屏蔽装药毁伤效应

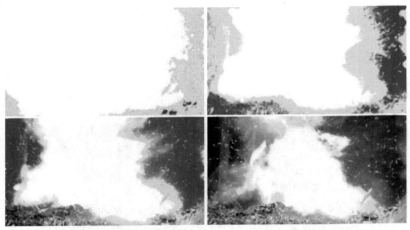

图 4.49　活性脱壳穿甲弹命中 15 mm 屏蔽板中心引爆效应

图 4.50　活性脱壳穿甲弹命中 15 mm 屏蔽板边缘引爆效应

钨合金脱壳穿甲弹碰撞屏蔽装药典型毁伤效应如图 4.51 所示。弹着点为屏蔽装药中心位置时，钨合金弹丸以 945~1 151 m/s 速度撞击 6 mm 厚屏蔽板防护装药，均未能将其引爆。从图 4.51 中可以看出，钨合金弹丸撞击屏蔽装药中心位置后，虽成功贯穿屏蔽板，但依旧未能引爆屏蔽装药，最终仅造成屏蔽板机械穿孔以及 B 炸药碎裂，大量炸药粉末在碰撞作用下被抛掷飞散。

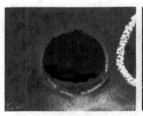 

(a) 屏蔽板穿孔　　　　(b) 碎裂后炸药粉末

图 4.51　钨合金脱壳穿甲弹碰撞屏蔽装药典型毁伤效应

活性与惰性脱壳穿甲弹丸在不同速度下命中屏蔽装药不同位置时的引爆效应如图 4.52 所示。从实验结果可以看出，相较于惰性钨合金弹丸，活性脱壳穿甲弹能够以更低的撞击速度实现对炸药的有效毁伤，显著提升对屏蔽装药的引爆能力，但活性脱壳穿甲弹对装药造成的毁伤效果会随着屏蔽板厚度的增加而有所下降。值得注意的是，弹丸命中位置同样对毁伤效果有显著影响，活性脱壳穿甲弹在命中屏蔽装药边缘时的毁伤效果要大幅弱于命中屏蔽装药中心时。当命中位置为屏蔽装药边缘时，活性脱壳穿甲弹在贯穿屏蔽板后均无法将装药完全引爆，且当屏蔽板厚度为 15 mm 时，弹丸仅能引燃部分装药。

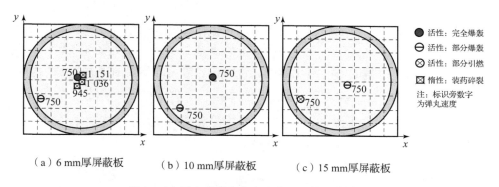

图 4.52　弹丸类型与命中位置对引爆效应影响

4.4　毁伤增强机理

活性脱壳穿甲型侵彻战斗部高速碰撞目标时，除通过动能对目标造成机械贯穿毁伤外，活性芯体还会在强冲击载荷作用下发生爆燃，基于动能与爆炸化学能时序联合作用机理，显著提升对目标毁伤威力。本节主要介绍结构毁伤增强机理、引燃毁伤增强机理及引爆毁伤增强机理。

4.4.1　结构毁伤增强机理

1. 结构毁伤增强行为

活性脱壳穿甲弹丸作用结构靶实验及数值模拟研究结果表明，穿靶后活性芯体发生剧烈爆燃反应，活性脱壳穿甲弹在靶后形成超压场及大量二次破片，二者耦合作用，弹丸后效毁伤威力得以大幅提升。

活性脱壳穿甲弹碰撞结构靶毁伤增强行为如图 4.53 所示。活性脱壳穿甲弹以一定速度初始碰撞结构靶时，分别产生向前传入靶板和向后传入弹丸中的初始冲击波，金属弹芯头部随即在侵彻作用下变形墩粗。随着冲击波继续传播至活性芯体内部，冲击波幅值达到激活阈值后，活性材料进入弛豫阶段。弹丸成功贯穿结构靶后，一方面，弹芯材料会在侵彻过程中出现一定程度碎裂；另一方面，贯穿瞬间的卸载效应将在撞击点附近产生拉伸效应，因此，芯体将首先在穿靶后形成初始碎片云，如图 4.53（b）所示。除碎片云外，剩余金属弹芯将包裹活性芯体从靶后飞出。活性材料弛豫时间过后，活性芯体开始发生剧烈爆燃，快速释放化学能。芯体周围金属壳体在爆燃反应超压场及气体产物作用下膨胀变形，最终破坏形成沿径向飞散的高速二次破片，如图 4.53（c）所示。活性脱壳穿甲弹的动能与化学能联合毁伤机理将显著增强其后效威力。

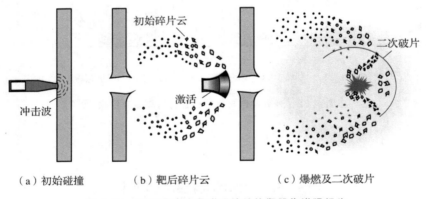

（a）初始碰撞　　　（b）靶后碎片云　　　（c）爆燃及二次破片

图 4.53　活性脱壳穿甲弹碰撞结构靶毁伤增强行为

由于活性脱壳穿甲弹丸作用结构靶涉及动能与爆炸化学能的联合毁伤机理，因此其毁伤增强行为受活性芯体结构、撞击速度、结构靶厚度等因素影响显著。当弹丸穿甲能力较弱或结构靶较厚时，将导致弹丸穿靶所需时间较长，活性芯体爆燃时所处位置相对靠近靶板，甚至在靶板侵彻通道内便已发生反应，最终导致活性芯体化学能增强作用大为减弱。相反，若弹丸穿靶所需时间较短，则弹丸易在贯穿结构靶后继续贯穿靶后其余目标而仍未发生爆燃，从而难以发挥其化学能增强作用。此外，活性芯体结构也将以类似影响机制对弹丸最终的毁伤效应产生显著影响，活性芯体比重较大将导致穿甲能力下降，易出现类"早爆"现象，而活性芯体比重较小将导致二次破片效应减弱，也易出现"穿而未爆"现象。因此，在活性脱壳穿甲弹结构设计中，应充分考虑弹丸穿甲性能与后效威力之间的匹配性，实现后效毁伤威力最大化。

2. 结构毁伤增强模型

1) 靶后初始碎片云

基于上述毁伤增强行为，在弹靶高速碰撞条件下，活性脱壳穿甲弹丸在贯穿结构靶后，重金属弹芯将首先在靶后破碎并形成初始碎片云。可将该初始碎片云轮廓近似为截椭圆形，如图 4.54 所示。其中，椭圆长半轴和短半轴分别记为 c_0 和 a_0，碎片云头尾部之间距离为 h_0，θ 为碎片云散射角，表征任一碎片飞散速度矢量与碎片云椭球长轴线间夹角。活性脱壳穿甲弹撞靶时，从靶板贯穿到其在靶后形成初始碎片云的间隔极短，即 a_0/c_0 值迅速增加达到一恒定值。通常，不考虑该过程中弹靶材料状态变化，并做出如下假设。

（1）初始碎片云阶段，只考虑金属弹芯碎裂所产生的碎片。
（2）贯穿靶板后，初始靶后碎片云即开始稳定膨胀与飞散。
（3）各碎片速度矢量保持不变，且反向延长线均经过同一点。

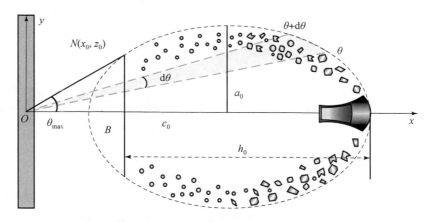

图 4.54　活性脱壳穿甲弹丸碎片云分布

基于上述假设，弹丸贯穿靶板后所形成初始碎片平均尺寸为

$$s_a = \left(\frac{\sqrt{24} K_{IC}}{\rho_p c_p \dot{\varepsilon}} \right)^{2/3} \quad (4.1)$$

式中，s_a 为试样平均尺寸；K_{IC} 为强度断裂因子；c_p 为材料声速；ρ_p 为弹芯材料密度；$\dot{\varepsilon}$ 为平均应变率。另假定碎片近似为球形，则碎片总数 N_0 表述为

$$N_0 = \frac{6 L_s m_p}{\pi L_0 s_a^3 \rho_p} \quad (4.2)$$

基于泊松分布，累计碎片数可表述为

$$N(m) = N_0 \left(1 - e^{[M/m_a - 1]\ln[1 - m/M]} \right) \quad (4.3)$$

式中，M 为弹丸质量；m 为碎片质量；m_a 为碎片平均质量；$N(m)$ 为质量小于 m 的碎片总数。由质量与尺寸间转换关系，碎片尺寸分布可表述为

$$N(s) = N_0(1 - \exp[(D_p^3/s_a^3 - 1)\ln(1 - s^3/D_p^3)]) \tag{4.4}$$

式中，$N(s)$ 为尺寸小于 s 的累积碎片总数。

而后对靶后初始碎片云区域进行离散化处理，其中碎片云空间内第 i 个散射区间 $[\theta, \theta + \mathrm{d}\theta]$ 中碎片分布数量可表述为

$$N_{\theta_i} = \frac{5N_0}{1.0648} \cdot \frac{\mathrm{d}\theta}{\sqrt{2\pi}\,\theta_{\max}} \cdot \exp\left(-0.5\left(\frac{5\theta_i/\theta_{\max} - 2.3}{1.1}\right)^2\right) \tag{4.5}$$

$$\theta_{\max} = 91.8(v_0/U_t) + 8.9 \tag{4.6}$$

式中，N_{θ_i} 为第 i 个散射区间碎片数量；$\theta_{\max}$ 为碎片最大散射角；v_0 为弹丸初始撞击速度；U_t 为靶板中初始冲击波速度。

第 i 个散射区间内碎片速度可表述为

$$v_{\theta_i} = a_r(v_0^n - v_r^n)^{1/n}\cos(1.94\theta_i)/\cos\theta_i \tag{4.7}$$

式中，v_r 为弹丸剩余速度；v_s 为弹道极限速度。常数 n 和 a_r 分别表述为

$$\begin{cases} n = 2 + h/(3D_p) \\ a_r = m_p/(m_p + \pi\rho_{t0}D_p^2 h/12) \end{cases} \tag{4.8}$$

式中，D_p 和 m_p 分别为弹丸直径和质量；h 为靶板厚度。

基于上述靶后初始碎片云模型，即可对活性脱壳穿甲弹丸贯穿结构靶后首先形成的初始金属碎片云进行描述，包括碎片云整体外形轮廓演化、各碎片空间位置及尺寸分布等。但该模型尚未对活性芯体爆燃所引入的化学能增强效应进行描述，因此还需进一步对活性材料爆燃行为进行耦合分析。

2）爆燃二次破片场

事实上，活性脱壳穿甲弹的金属弹芯将在侵彻结构靶过程中不断被侵蚀消耗，相当一部分弹芯将在穿靶后碎裂飞散，即形成初始碎片云。与此同时，包裹着活性芯体的剩余金属弹芯已明显墩粗变形，随着在穿靶过程中被激活的活性芯体弛豫阶段结束，活性材料将发生剧烈爆燃，芯体周围重金属弹芯将被撑裂并沿径向飞散，形成二次破片场，如图 4.53（c）所示。

需要说明的是，有关金属壳体在活性芯体作用下的径向膨胀增强效应已在第 3 章中做了相应讨论与分析，此处做类似假设与处理。对于穿靶后的活性脱壳穿甲弹，形成二次破片场的原因主要有以下两个。

（1）由于活性芯体和金属弹芯泊松比差异，穿靶过程中在机械力作用下引起的径向膨胀效应，主要与泊松比差异、碰撞速度和靶板厚度等相关。

（2）碰撞过程中被激活的活性芯体在靶后发生爆燃，由爆燃压力所引起的径向膨胀效应，主要与活性材料特性等相关。

基于上述两点假设，剩余弹丸在靶后的径向膨胀加速度表述为

$$a_j = (S_0 P_r - A_c \sigma_{hs})/m_j + 2\beta G(\gamma - 1) v_0^2 (1 - x/L)^2 / [r(2 + \beta)] \quad (4.9)$$

式中，P_r 为径向压力；m_j 为壳体质量；S_0、A_c 分别为尾部弹芯壳体初始内表面积和横截面积；σ_{hs} 为环向应力；γ 为爆燃气体产物的比热比；$\beta = m_f/m_j$；G 为经验常数。弹丸穿靶后轴向剩余速度 v_r 及壳体碎片平均质量 m_f 表述为

$$v_r = v_0 - G' d^{0.75} h^{0.7} / M^{0.5} \quad (4.10)$$

$$m_f = \delta \sqrt{2/\rho_j} (\sigma_{fs}/\lambda)^{3/2} (1/\dot{\varepsilon}_{fs}) \quad (4.11)$$

式中，δ 为碎片外形系数；ρ_j 为壳体密度；σ_{fs} 为破坏应力；λ 为 Mott 常数；ε_{fs} 为壳体在碎裂时刻的膨胀应变率；d 为弹丸外径；M 为弹丸总质量；h 为靶板厚度；系数 G' 为经验常数，其值为 2 200～2 600。

结合以上模型，对式（4.9）积分，即可得撞击结构靶时沿活性材料芯体轴线处金属外壳的径向速度和径向位移，从而对二次碎片场进行描述。

4.4.2 引燃毁伤增强机理

1. 引燃毁伤增强行为

对惰性脱壳穿甲弹而言，仅能依靠自身动能，即单一动能作用下所产生的流体动压效应，对油箱进行毁伤。大量研究表明，流体动压效应作用过程主要涉及初始冲击、空穴形成、空穴扩展以及贯穿油箱四个阶段，如图 4.55 所示。各阶段均有着不同的特性，且对整个油箱毁伤过程贡献不同。

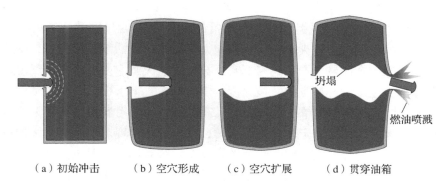

（a）初始冲击　　（b）空穴形成　　（c）空穴扩展　　（d）贯穿油箱

图 4.55　惰性脱壳穿甲弹丸作用油箱动能毁伤行为

（1）初始冲击阶段。弹丸高速撞击油箱前壁面后，所产生的初始冲击波将透射传入液态燃油内，但由于冲击波在液体中衰减较快，此时较强冲击载荷主要集中于弹丸入口处，造成油箱前壁面发生一定隆起变形。

（2）空穴形成阶段。弹丸贯穿前壁面后将继续在燃油内高速运动，但在燃油拖曳阻力作用下速度不断下降，并在该过程中将动能传递给周围燃油，导致燃油四散流动并在油箱内形成动压压力场。此时，压力在峰值上要显著低于初始冲击压力，但持续时间显著增加。由于惯性作用，受扰动燃油无法及时回流，从而在弹丸后方形成空穴，且该空穴将随燃油流动逐渐扩展。

（3）空穴扩展阶段。空穴随弹丸运动不断扩展，体积迅速增加，燃油内部压力波逐渐传递至油箱各壁面，导致油箱结构产生形变。在复杂应力场作用下，燃油中空穴将逐渐坍塌，不断从两侧向中央闭合，并最终消失，空穴坍塌所引起的振荡压力，也将进一步加剧对油箱结构的破坏。

（4）油箱贯穿阶段。当弹丸继续运动直至抵达油箱后壁面时，将与后壁面发生碰撞。若弹丸此时仍具有足够动能，将贯穿油箱后壁面并穿出，油箱内部燃油也将随之从弹丸侵彻出口处喷溅而出。

基于以上分析，当弹丸动能足够高时，将导致油箱结构产生一定程度破坏，并引发燃油的喷溅与泄漏。但值得注意的是，油箱结构破坏并不代表着燃油能被可靠引燃，引燃还需满足以下条件。

（1）形成满足引燃浓度要求的油气混合物。相比于液态燃油，燃油蒸气或油雾在高速撞击过程中更易引燃，燃油蒸气主要是撞击前油箱内燃油挥发后所形成，而油雾主要是燃油从油箱破坏处高速喷出后形成。考虑到油箱内原有空气含量极低，油气混合物主要是由油雾和外部空气混合形成。此外，油气混合物浓度还应在可燃浓度范围内，浓度过低时，油气混合物将无法被引燃。

（2）形成可靠点火源。在产生满足浓度要求的油气混合物后，还需在外界点火源作用下才可实现引燃，即温度需达到燃油燃点并提供一定的点火能量。对高速撞击而言，点火源主要来自弹丸穿靶时形成的炽热碎片，或弹丸自身所释放其他综合能量所产生的局部高温热点。点火源温度应达到油气混合物引燃所需临界温度值，并且维持该温度一定时间，直至引燃。

由于惰性脱壳穿甲弹单一动能毁伤机理限制，在作用油箱过程中缺乏有效点火机制，燃油即使喷出形成油气混合物，依然无法实现对油箱类目标的有效引燃。而不同于惰性脱壳穿甲弹，活性脱壳穿甲弹对油箱的毁伤作用除动能毁伤外，还有相当一部分来自化学能毁伤。活性脱壳穿甲弹所含活性芯体在撞击过程中被激活，随后发生剧烈爆燃，释放大量化学能及气体产物。得益于活性芯体所释放的额外化学能，不仅弹丸高速碰撞下所产生的流体动压效应得以加强，且芯体化学反应所产生的高温可弥补惰性穿甲弹在有效点火机制方面的不足。活性芯体爆燃后，高温反应产物形成大量点火源，且包裹在产物周围的燃油也将在反应高温区作用下被预加热，在与外界空气相混合形成油气混合物后,可大幅增加其引燃概率,实现高效引燃毁伤。

活性脱壳穿甲弹作用油箱引燃毁伤机理如图 4.56 所示。装填活性材料芯体的脱壳穿甲弹首先侵彻并成功贯穿前置钢靶,碰撞过程中,在钨合金弹芯头部产生初始撞击冲击波,造成钨合金弹芯碎裂失效的同时,冲击波还将沿钨合金弹芯向弹尾部传播进入活性芯体。当传入的冲击波幅值达到一定阈值条件时,弹体尾部活性材料芯体将被激活,进入反应弛豫阶段。与此同时,剩余弹芯继续运动,先后与油箱前壁面、内部燃油、后壁面碰撞。在此过程中,活性材料将在一定的弛豫时间后发生爆燃反应,释放大量化学能及气体产物,高速摄影中沿弹芯运动方向高速喷射的明亮火焰也印证了这一点。活性芯体在油箱内释放的化学能进一步强化流体动压效应,使得油箱破坏更为严重。此外,活性材料反应高温使周围燃油温度不断升高,待燃油从油箱内喷出并与空气混合后,高温活性碎片等点火源就极有可能将油气混合物引燃。

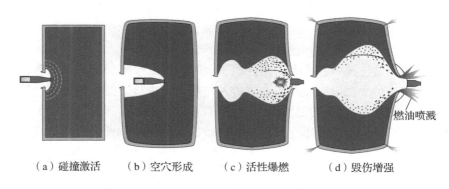

(a) 碰撞激活　　(b) 空穴形成　　(c) 活性爆燃　　(d) 毁伤增强

图 4.56　活性脱壳穿甲弹作用油箱引燃毁伤机理

值得注意的是,除活性材料芯体所释放化学能增加了传递给燃油介质的总能量外,爆燃反应同样提高了弹丸动能传递给燃油的比例。在活性芯体被激活并达到其反应弛豫时间后,活性材料爆燃作用下部分包裹在芯体周围的金属弹芯将发生碎裂,形成大量不规则碎片向四周飞散。相比于具有一定流线外形的完整弹芯,碎片在燃油内运动时所受阻力急剧上升,其速度也随之迅速衰减,从而有更多动能被传递至周围燃油。因此,活性爆燃反应不仅向燃油内传递了大量化学能,还可有效提高破片动能传递率,显著强化流体动压效应。

从能量传递及功热转换角度来看,惰性脱壳穿甲弹在侵彻油箱过程中,主要是将子弹动能通过流体动压效应传递给燃油,在造成燃油雾/汽化、热解及升温的同时,通过侵彻剪切、弹靶碎裂等过程产生的热量和炽热金属碎片,使燃油进一步汽化,最终达到闪点并引燃。但在该引燃模式中,引燃能量持续性较差，往往不足以可靠引燃燃油，极易出现闪燃后熄灭等情况，导致引燃效果不佳。对活性脱壳穿甲弹而言，在成功贯穿油箱结构后，剩余侵彻体在油箱内产生流体动压效应，与此同时，侵彻过程中被激活的活性材料将发生类爆燃化学反应，释放出约为其动能数十倍的化学能，使得燃油温度显著升高，进一步汽化、裂解，达到闪点并最终被引燃。对燃油而言，活性爆燃反应场温度极高，持续时间较长，是可靠的点火源。活性脱壳穿甲弹在燃油内运动时间长，活性爆燃反应有效作用时间将显著增加，流体动压效应愈发显著，可使燃油更充分雾/汽化、裂解，最终大幅提升活性脱壳穿甲弹丸引燃效率。

2. 引燃毁伤增强模型

正如前面章节所提及，对液态燃油而言，其发生点火所需的两个必要条件缺一不可，一是具有一定浓度的油气混合物，二是具有温度足够高的点火源。基于阿伦尼乌斯活化能方程给出的燃油点火判据表明，燃油引燃所需点火延迟时间与点火温度密切相关，点火源温度越高，对点火源与燃油接触持续时间要求越短，从而越有利于高速碰撞下对燃油的引燃。

事实上，在金属弹芯撞击油箱金属壁面时，将在摩擦、绝热剪切等作用下产生一定范围的局部高温或炽热金属碎片，但是此效应下产生的温升一般较低且持续时间较短，难以满足燃油点火判据要求。此外，当弹丸速度较低时，单一动能作用下所产生流体动压效应也往往难以使油箱结构发生严重破坏，从而难以形成理想浓度的油气混合物，导致燃油不具备引燃条件。基于上述原因，惰性穿甲弹丸往往难以有效引燃油箱，而活性脱壳穿甲弹中活性芯体所释放化学能正好弥补了这一缺点，为增强对油箱的毁伤效应开辟了新途径。

活性脱壳穿甲弹对油箱的毁伤增强效应主要得益于其所含活性芯体激活后所发生的爆燃反应，其增强效应主要体现在以下两个方面，一是化学能释放所形成的超压传递作用于周围燃油，可在一定程度上提高油箱结构所受载荷，在使得油箱结构更易发生解体破坏的同时，还有利于油气混合物的形成；二是爆燃产生的高温场以及高温碎片提供了燃油点火所需高温点火源。

活性脱壳穿甲弹作用油箱结构毁伤增强机理如图 4.57 所示。假定活性芯体激活并达到其弛豫时间后，发生爆燃化学反应，所生成气体产物将在已有空穴内迅速膨胀。记动能侵彻作用下的燃油空穴壁面原有压力为 P_e，化学能所引发作用在空穴壁面内的额外超压为 P_c，考虑到燃油不可压缩性，空穴内超压直接通过流体作用于油箱壁面。相比于惰性脱壳穿甲弹，活性脱壳穿甲弹优势主要体现在其化学能释放后所引发的空穴超压，可进一步提高油箱所受载荷。

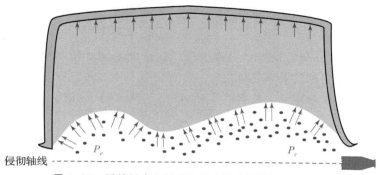

图 4.57 活性脱壳穿甲弹作用油箱结构毁伤增强机理

值得说明的是，受战斗部功能类型限制，相比于前述章节中的半穿甲等其他类型活性侵彻战斗部，活性脱壳穿甲弹中所能够装填的活性芯体往往较少，其所能释放的化学能总量并不是太多。因此，对活性脱壳穿甲弹而言，活性芯体爆燃超压所能起到的结构毁伤增强效应往往有限，其作用油箱时的引燃毁伤增强效应主要体现在活性材料高温爆燃反应所带来的可靠点火源。

对惰性脱壳穿甲弹而言，其在提供点火源方面仅能依靠弹靶碰撞过程中绝热剪切等效应所产生的局部高温，但此种局部高温往往难以持续，无法有效引燃燃油，而活性脱壳穿甲弹正好弥补了这一不足。在活性材料剧烈爆燃反应中，将产生大范围的高温高压场，同时产生一定量的高温气体产物及碎片，加之爆燃反应持续时间较长，从而形成可靠点火源。

为分析活性爆燃反应对引燃增强的贡献，假定爆燃反应在绝热以及常温常压条件下进行。依据反应前后物质总焓不变原理，反应前后总焓可表述为

$$\Delta H_r = \sum_i n_{ri} \Delta h_{ri} \tag{4.12}$$

$$\Delta H_p = \sum_j n_{pj} \Delta h_{pj} + \sum_j \int_{298}^{T_m} n_{pj} c_{pj} \mathrm{d}T \tag{4.13}$$

式中，ΔH_r，ΔH_p 分别为反应物总焓及生成物总焓；n_{ri}，n_{pj} 分别为各反应物及生成物物质的量；Δh_{ri}，Δh_{pj} 分别为各反应物及生成物标准摩尔生成燃烧焓，c_{pj} 为各生成物热容。活性材料反应理论最高温度 T_m 可表述为

$$\sum_j \int_{298}^{T_m} n_{pj} c_{pj} \mathrm{d}T = \sum_j n_{pj} \Delta h_{pj} - \sum_i n_{ri} \Delta h_{ri} \tag{4.14}$$

实际反应中，受热辐射及热传导影响，反应温度往往低于最高理论温度。以 PTFE/Al 活性材料为例，实验中测得反应最高温度可达约 3 000 K。

为更加贴近真实毁伤过程，假定活性芯体爆燃后形成了初始温度为爆燃温度的许多高温碎片，对碎片在燃油内运动时所发生的热传导过程进行分析。假定碎片运动初始速度与弹丸穿透油箱前壁面时剩余速度相同，为

$$v_{f0} = \left[\left(\frac{m_p v_0}{m_p + \pi r^2 \rho_t h_t} \right)^2 - \frac{2\pi r h_t^2}{m_p + \pi r^2 \rho_t h_t} \right]^{\frac{1}{2}} \quad (4.15)$$

式中，m_p，v_0，r 分别为脱壳穿甲弹质量、初始撞击速度及半径；h_t，ρ_t，τ 分别为油箱壁厚度、密度及剪切强度。

假定高温碎片为球形，其平均半径可由式（4.16）表述：

$$r_i = \frac{1}{2} \left(\frac{\sqrt{24} K_{IC}}{\rho_p c_p \dot{\varepsilon}} \right)^{\frac{2}{3}} \quad (4.16)$$

式中，ρ_p 为弹芯密度；c_p 为材料声速；K_{IC} 为断裂韧性；$\dot{\varepsilon}$ 为平均应变率。

碎片在燃油内运动时，将在流体拖曳阻力下逐渐减速，其速度变化为

$$v_f(t) = \frac{v_{f0}}{1 + \frac{\pi r_i^2 C_x \rho_l v_{f0}}{2 m_i} t} \quad (4.17)$$

式中，C_x 为阻力系数；ρ_l 为燃油密度；m_i 为碎片质量。

高温碎片在燃油中运动时，与温度较低的液态燃油间将发生对流热传导，从而造成紧邻碎片的燃油温度迅速上升，根据热传导理论有

$$q'' = h(T_f - T_0) \quad (4.18)$$

式中，q'' 为高温碎片传给燃油的热通量；T_f 为碎片温度；T_0 为燃油初始温度；h 为对流热传导系数，表述为

$$h = \frac{k}{2r_i} \left\{ 0.3 + \frac{0.62 Re^{0.5} Pr^{\frac{1}{3}}}{[1 + (0.4/Pr)^{\frac{2}{3}}]^{0.25}} \left[1 + \left(\frac{Re}{28\,200} \right)^{0.625} \right]^{0.8} \right\}^{0.5} \quad (4.19)$$

式中，k 为导热系数；Pr 为普朗特数；Re 为雷诺数。

忽略碎片内温度梯度，则碎片温度可表示为

$$q'' = -\frac{m_i c}{4\pi r_i^2} \frac{dT}{dt} \quad (4.20)$$

式中，c 为活性材料比热。

由此可见，高温碎片温度在燃油内运动时，其温度将随时间不断变化。考虑到碎片周边的燃油紧贴碎片表面，故可将紧贴碎片表面的燃油的温度近似于碎片温度。通过上述模型，即可对碎片温度时间历程进行描述。模型分析结构表明，在初始温度为 3 000 K 的高温条件下，活性材料爆燃形成的高温碎片足以在秒级尺度内维持其点火能力，成为可靠点火源，从而增强对油箱引燃毁伤效应。

4.4.3 引爆毁伤增强机理

1. 引爆毁伤增强行为

毁伤实验结果表明，在活性脱壳穿甲弹丸侵彻屏蔽装药过程中，活性芯体

将在碰撞冲击作用下被激活并发生爆燃反应,通过动能与爆炸化学能的时序联合作用,可大幅提升对屏蔽装药引爆毁伤能力。本小节主要基于活性材料能量释放行为及毁伤效应实验,分别对惰性和活性两种脱壳穿甲弹丸作用屏蔽装药引爆过程进行分析,以对比活性脱壳穿甲弹丸引爆毁伤增强行为。

受制于单一动能侵彻毁伤机理,惰性脱壳穿甲弹丸主要依靠碰靶时冲击效应实现对屏蔽装药的引爆,且受弹靶作用条件影响显著。惰性脱壳穿甲弹丸作用屏蔽装药冲击起爆行为如图 4.58 所示。当惰性脱壳穿甲弹丸以一定速度碰撞屏蔽装药时,碰撞瞬间产生强冲击波,分别向前传入屏蔽装药并向后传入弹丸中,且碰靶时所产生的冲击波压力大小与弹丸动能密切相关。在透射冲击波作用下,炸药内部压力、密度和温度均有不同程度上升,由于炸药内部存在微细观缺陷,炸药内部将产生绝热压缩,从而形成局部热点。当冲击波强度足够高时,炸药内已经生成的热点将相互作用,促使炸药发生局部分解。与此同时,炸药内部其余区域将会在冲击波作用下继续产生新的热点,一旦弹丸传递给炸药的能量达到其临界值,炸药内热点将引发局部爆燃或燃烧,继而发生低速爆轰,并最终发展成稳定传播的高速爆轰。但弹丸动能不足时,传入炸药的冲击波强度将不足以维持整个爆轰过程,炸药将无法被引爆,仅发生缓慢燃烧或碎裂。在整个惰性金属弹丸冲击起爆过程中,炸药的内能增量全部来源于弹丸动能,因此弹丸动能大小很大程度上决定了装药引爆与否。

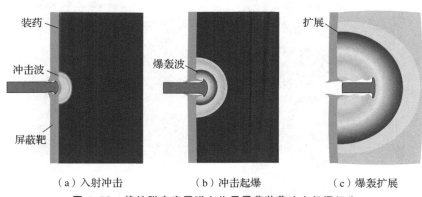

(a) 入射冲击　　　　(b) 冲击起爆　　　　(c) 爆轰扩展

图 4.58　惰性脱壳穿甲弹丸作用屏蔽装药冲击起爆行为

活性脱壳穿甲弹碰撞屏蔽装药引爆行为如图 4.59 所示。当活性脱壳穿甲弹以一定速度碰撞屏蔽装药时,撞击后同样将产生分别传入弹丸和靶板中的初始冲击波,若撞击速度较小,此时传入炸药中的初始冲击波往往难以引爆炸药。但对活性脱壳穿甲弹丸而言,其内部活性芯体在撞击冲击波压力作用下还将发生一定程度碎裂,其中尺寸较小的活性材料碎片将首先被激活并发生局部爆燃反应，其余活性材料也将在侵彻过程中不断被激活。待活性脱壳穿甲弹丸成功贯穿屏蔽板后，侵彻过程中被激活的大量活性材料都将侵入屏蔽板。在达到反应弛豫时间后，活性芯体将发生剧烈爆燃，释放大量化学能与气体产物，在造成芯体周围金属外壳破碎的同时，还将在与炸药相接触区域形成较高超压，从而进一步增强对炸药的冲击作用。在动能撞击产生的冲击波和化学能释放所形成的爆燃超压联合作用下，炸药极有可能在芯体爆燃场与接触点处发生爆轰，并随时间推移爆轰波逐渐汇合扩展至整个炸药。因此，当活性脱壳穿甲弹自身动能足以贯穿屏蔽板并侵入炸药内部时，弹丸所含活性材料即可在激活后依靠自身爆燃反应释放大量化学能，形成额外超压作用场，极大地提升了对靶后装药的引爆概率，从而显著增强弹丸引爆能力。

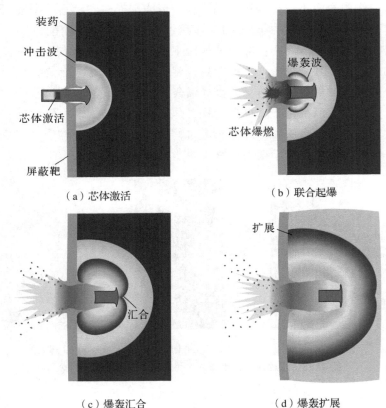

图 4.59 活性脱壳穿甲弹碰撞屏蔽装药引爆行为

4.3.3 小节所述弹道碰撞实验表明，相较于传统钨合金脱壳穿甲弹，活性脱壳穿甲弹在命中屏蔽装药中心的前提下，均能以 750 m/s 速度贯穿 6～15 mm 厚屏蔽板并成功引爆装药，而钨合金弹丸以 1 151 m/s 撞击速度却未能将 6 mm 厚屏蔽板防护下的装药引爆，表明活性材料爆燃所产生的引爆增强效应十分显著。

值得注意的是，屏蔽板厚度与撞击点位置均对活性脱壳穿甲弹引爆毁伤效应影响显著。由实验结果可知，活性脱壳穿甲弹对屏蔽装药的引爆效应随屏蔽板厚度增加逐渐减弱。造成这一现象的原因可能有以下两点：一方面，随着屏蔽板厚度增加，弹丸在侵彻屏蔽板过程中所耗散的能量逐渐增加，贯穿屏蔽板后的剩余速度逐渐下降，从而导致侵入炸药内部的活性材料逐渐减少；另一方面，屏蔽板厚度的增加还将显著削弱撞击时所产生的冲击波强度，使得传入装药内的透射冲击波强度显著减小，也不利于弹丸对炸药的引爆。除此之外，实验中还观察到活性脱壳穿甲弹命中装药边缘时的毁伤效果要显著弱于命中装药中心处时。而造成这一差别的主要原因可能是当撞击点位于装药边缘时，弹丸撞击以及爆燃所产生的冲击波压力及超压都将很快被环形壳体上所反射的稀疏波所卸载，从而导致传入炸药内部的能量大幅下降。

2. 引爆毁伤增强模型

活性脱壳穿甲弹作用屏蔽装药引爆增强行为，涉及动能与化学能联合毁伤效应，作用机理复杂，具体分析可通过对其作用过程解耦的方式实现。

首先，在不考虑活性材料爆燃反应的前提下，对活性脱壳穿甲弹撞击屏蔽装药过程中的冲击响应进行理论分析，然后再对活性芯体激活后的化学能释放行为进行理论分析，进而获得动能和化学能对引爆增强效应的具体贡献。

基于一维冲击波理论建立弹靶作用力学模型，对只考虑弹丸动能冲击作用下屏蔽靶后装药所吸收能量进行分析，弹靶作用过程如图 4.60 所示。碰撞屏蔽装药前，弹丸初始粒子速度 u_{0p} 与其初始撞击速度 v_i 相等，此时屏蔽板中粒子速度 $u_{0t}=0$。碰撞后所产生初始冲击波以速度 U_t 向右传入屏蔽板中，同时以速度 U_p 向左传入弹丸中，波后介质密度、压力和粒子速度等均发生变化。基于一维冲击波理论，碰撞区域压力和速度守恒关系表述为

$$v_i = u_p + u_t \tag{4.21}$$

$$P_p = P_t \tag{4.22}$$

式中，P、u 分别为波后介质中压力和粒子速度；下标 p、t 分别为弹丸和屏蔽板。

初始冲击波过后，介质中压力与粒子速度关系为

$$\begin{cases} P_p = \rho_{0p}[c_{0p} + s_p(v_i - u_t)](v_i - u_t) \\ P_t = \rho_{0t}(c_{0t} + s_t u_t) u_t \end{cases} \tag{4.23}$$

式中，ρ_0 为介质初始密度；c_0 为介质中初始声速；s_0 为材料 Hugoniot 常数。

基于压力守恒条件，可对波后屏蔽板中粒子速度 u_t 进行求解。由冲击波速度与粒子速度关系，屏蔽板中冲击波速度 U_t、波后介质密度 ρ_t 可表述为

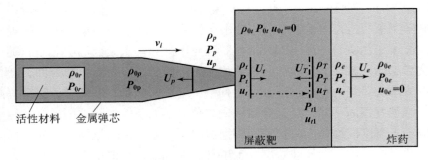

图 4.60 活性脱壳穿甲弹弹靶作用力学响应

$$\begin{cases} U_t = c_{0t} + s_t u_t \\ \rho_t = (\rho_{0t} U_t)/(U_t - u_t) \end{cases} \quad (4.24)$$

弹丸中冲击波速度 U_p 与波后密度 ρ_p 分别表述为

$$\begin{cases} U_p = c_{0p} + s_p u_p \\ \rho_p = (\rho_{0p} U_p)/(U_p - u_p) \end{cases} \quad (4.25)$$

随着初始冲击波在屏蔽板中不断传播,当其到达屏蔽板与炸药接触面时,将会向炸药中传入波速为 U_e 的透射波,同时向屏蔽板中传回一波速为 U_T 的反射波。与上述弹丸与屏蔽板之间相互作用的分析类似,由冲击波理论可对透射波与反射波过后屏蔽板与炸药内压力和粒子速度等参量进行分析。

基于冲击波在密实介质中传播时的衰减规律,屏蔽板与炸药接触面处初始入射波强度 P_{t1} 以及此时屏蔽板内粒子速度 u_{t1} 分别表述为

$$P_{t1} = P_t \cdot \exp(-\alpha x) \quad (4.26)$$

$$u_{t1} = [-\rho_t s_t + (\rho_t^2 c_t^2 + 4\rho_t s_t P_{t1})^{\frac{1}{2}}]/2\rho_t s_t \quad (4.27)$$

式中,α 为冲击波在屏蔽板中传播时的衰减系数;x 为冲击波传播距离。

在屏蔽板与炸药接触面,由动量守恒和连续条件可知($u_{t1} < u_e < 2u_{t1}$):

$$P_e = \rho_e (c_e + s_e u_e) u_e = \rho_t [c_t + s_t (2u_{t1} - u_e)](2u_{t1} - u_e) \quad (4.28)$$

考虑弹丸中冲击波由金属弹芯传至活性材料时,同样可由冲击波衰减及冲击波在不同介质界面处相互作用规律进行相应分析。需要注意的是,传入活性芯体内的初始冲击压力也直接决定着活性材料的冲击激活响应,从而决定活性材料激活率以及反应弛豫时间等关键参数,最终影响其力化特性。

基于 Walker 和 Wasley 的冲击起爆能量准则,炸药冲击起爆能量阈值既与传入炸药内冲击波压力大小 P 有关,也与冲击波脉冲宽度 τ 有关。在压力大小为 p、脉冲宽度为 τ 的冲击波作用下,炸药所吸收的能量 E 表述为

$$E = pu\tau \quad (4.29)$$

忽略弹丸侧向稀疏效应影响，传入炸药内冲击波脉冲宽度 τ_e 取决于初始冲击波在弹丸尾部反射所形成稀疏波传回弹靶接触面所需时间，近似为

$$\tau_e = L/\overline{U_p} + L/\overline{C_p} \tag{4.30}$$

式中，L 为弹丸长度；$\overline{U_p}$、$\overline{C_p}$ 分别为弹丸中冲击波及稀疏波平均速度。

弹丸中稀疏波速度可表述为

$$C_p = U_p\{0.49 + [(U_p - u_p)/U_p]^2\}^{0.5} \tag{4.31}$$

弹丸动能撞击下，炸药所吸收能量 E_i 可表述为

$$E_i = P_e u_e \tau_e \tag{4.32}$$

基于上述分析，可对炸药在活性脱壳穿甲弹丸动能撞击下所吸收能量进行计算。然而，数值模拟结果与实验结果均表明，受活性脱壳穿甲弹丸特有的冲击激活释能特性影响，内部活性材料在侵彻中所发生的爆燃反应是其引爆增强毁伤效应的主控机制。为分析活性脱壳穿甲弹丸作用屏蔽装药过程中活性材料释放化学能对其引爆增强行为的贡献，一般先采用密闭压力测试罐测试方法，对活性材料在碰撞与侵彻过程中的能量释放行为进行研究，基于实验所得弹丸芯体材料超压时程特性，可建立测试罐内压力与活性材料释能量间关系，从而定量分析活性脱壳穿甲弹在撞击中所释放的化学能。

能量释放测试实验中，活性芯体在测试罐内发生爆燃反应后将导致罐内压力显著提高，但其压力响应行为与传统高能炸药存在较大区别。从压力峰值 ΔP 来看，实验中活性材料爆燃后在测试罐内所产生的峰值压力为 10^{-1} MPa 量级，显著低于传统高能炸药吉帕量级的近场爆轰压力。但从压力上升时间 t_r 和正压持续时间 t_d 来看，活性材料在测试罐内爆燃反应所产生超压的 t_r 和 t_d 分别为 10 ms 量级和 10^2 ms 量级，爆燃压力的这一特性可描述为"低峰长时"，而这一特性也是活性材料区别于传统含能材料的主要特征之一。

在获得活性材料能量释放超压数据后，基于气体状态方程与热力学定律，可进一步对活性材料爆燃反应释能量进行理论分析，从而建立活性脱壳穿甲弹撞击侵彻行为与其爆燃释能行为间内在关联。

由 3.3.1 小节所述内爆超压测试原理，活性芯体所释放化学能可表述为

$$E_r = \Delta E = \frac{V}{\gamma - 1}\Delta P \tag{4.33}$$

基于式（4.33），即可通过所测得超压数据对罐内气体吸收总能量进行计算，与弹丸动能之差即为活性材料所释放化学能理论值，从而对活性材料化学能贡献进行定量分析。基于内爆实验，弹丸着靶速度为 v 时活性材料激活比例 η_v 可表述为

$$\eta_v = \frac{(E_r - E_k)}{mQ}\bigg|_v \times 100\% \tag{4.34}$$

式中，E_k 为测试罐实验中活性脱壳穿甲弹初始动能；m 为测试罐实验中活性脱壳穿甲弹质量；Q 为活性材料单位质量含能量。

活性脱壳穿甲弹撞击屏蔽装药时所释放化学能 E_c 可表述为

$$E_c\big|_v = \eta_v m_r Q \tag{4.35}$$

式中，m_r 为活性脱壳穿甲弹中所含活性材料总质量。

对活性脱壳穿甲弹而言，作用屏蔽装药的起爆能量准则表述为

$$E_i + E_c > E_{\text{critical}} \tag{4.36}$$

式中，E_{critical} 为炸药临界起爆能量，注装 B 炸药时，其值为 122 J/cm^2。

与传统惰性金属脱壳穿甲弹不同，活性材料反应所释放化学能往往数倍于其自身动能，因此，在活性脱壳穿甲弹引爆装药过程中，活性材料在炸药内部的爆燃反应起主导作用。当活性脱壳穿甲弹动能足够贯穿屏蔽板并侵入炸药内部时，活性材料芯体就能在激活后依靠自身爆燃反应释放大量化学能，并形成超压场，从而极大提升对靶后装药的引爆概率。

第 5 章
攻坚破障活性毁伤增强侵彻战斗部技术

5.1 概述

攻坚破障活性毁伤增强侵彻战斗部系指基于传统横向效应增强弹,将惰性芯体替换为活性毁伤材料芯体并对壳体结构进行特殊设计的战斗部类型。作为反钢筋混凝土结构硬目标的主要战斗部类型,目标特性不同,攻坚破障活性毁伤增强侵彻战斗部作用方式和毁伤效应差异显著。本节主要介绍典型硬目标特性、传统攻坚破障战斗部技术及活性毁伤增强攻坚破障战斗部技术等内容。

5.1.1 典型硬目标特性

1. 城市硬目标

随着全球范围内城市化不断发展,以重要城市为目标的城区作战模式将在未来战争中占据重要地位,美国国防部也预测,重要城市将成为未来战争的重要战场。相比于野外战场目标,城市目标具有分布密集、防护简单、结构复杂等特征。典型城市目标包括建筑房屋和民用基础工程,如桥梁、道路等,多为钢筋混凝土结构或砖混结构,如图 5.1 所示。该类目标设计和建设主要考虑其功能性、经济性和安全性,在遭遇军事打击时防护能力较弱。

以城市分布最为密集的建筑物目标为例,常规民用高层建筑一般为框架式钢筋混凝土结构,外墙壁厚一般为 200~240 mm,钢筋含量一般为 0.028 t/m^3,局

第 5 章　攻坚破障活性毁伤增强侵彻战斗部技术

图 5.1　典型城市目标

部简化结构如图 5.2 所示，混凝土厚度根据结构设计决定，钢筋横纵连接方式主要包括绑扎搭接连接、焊接连接和机械连接。

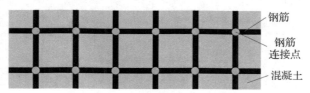

图 5.2　钢筋混凝土目标基本结构

钢筋混凝土一般由高强度混凝土包裹编制规则的钢筋网架浇筑而成，其力学性能受混凝土和钢筋共同影响。混凝土是由骨料、水泥、水按一定比例混合后凝固而成的复合材料，在压缩载荷下，体现出良好的力学强度及承载能力，在受拉时又表现出脆性。由于混凝土制备工艺的特殊性，其内部一般存在大量微裂纹及孔洞，在外载荷作用下易发展成为宏观裂纹，导致结构失效。战斗部高速碰撞作用下，根据响应行为差异，混凝土介质中距碰撞点不同距离处，依次产生空腔、粉碎、破裂等动态响应区，如图 5.3 所示。钢筋作为高强度、高韧性金属材料，可承受较高冲击载荷作用，从而有效阻止混凝土内裂纹的生长及扩展，提高混凝土材料整体强度。在高速碰撞及侵彻作用下，钢筋失效模式主要有两种，一是弯曲变形导致剪切断裂，二是钢筋在连接处弯曲断裂发生拉伸颈缩。配筋率表征混凝土内钢筋含量，直接影响钢筋混凝土结构强度。

2. 战场硬目标

相比于城市目标，战场目标在设计上主要考虑其功能性和安全性，因此结构更为复杂，强度更高，抗侵彻能力更强，典型战场硬目标包括深层工事、碉堡、机库等。攻坚破障战斗部有效打击此类目标的前提是，战斗部能够侵入目标内部并在目标内部发生爆炸，利用战斗部爆炸超压或高速混凝土碎块对靶后人员或技术装备进行杀伤。中印边界印军碉堡目标如图 5.4 所示。

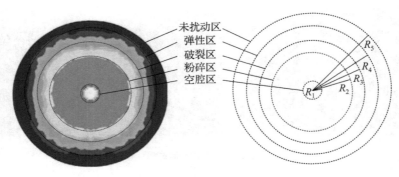

图 5.3 混凝土动态响应区

图 5.4 中印边界印军碉堡目标

  以碉堡为例,这是一种通过钢筋混凝土建成的防御性建筑,完全或部分埋于地下,以实现防御炮火或隐蔽的目的。在结构方面,设计中主要考虑其功能性和防护能力,外形以柱形/拱形为主,无棱角。一方面,这样的结构设计易导致作用于碉堡的弹丸发生跳飞,从而降低弹丸毁伤效应;另一方面,梁式或平面结构在竖直载荷作用下,内部易产生高剪应力分布,整体结构各截面处弯矩较大,在外界冲击载荷作用下易出现整体结构坍塌失效,导致战场工事丧失功能。柱形/拱式等曲面结构可在竖直载荷作用下产生水平反作用力,将部分剪应力转变成轴力,在相同载荷和跨度条件下,各截面弯矩均小于梁式结构,从而充分利用混凝土强抗压力学性能,提升碉堡防护能力。同时,碉堡不同立面均分布有数量、形式、位置不同的射孔或端口,内小外大呈喇叭状,实现在防御的同时,观察碉堡外部情况或射击敌方目标的目的。

  在功能方面,修筑碉堡的主要目的,一是作为防御体系中的防御支点,二是能有效地抵抗敌方攻击。因此,在材料上,碉堡主体结构一般由钢筋混凝土构成,墙体较厚,可有效抵御爆炸冲击波、破片、燃烧、侵彻等效应毁伤。碉堡洞口、火力射击点位等开放结构一般较隐蔽,且通过一定非对称错叠布局设计,减少对碉堡结构强度影响,同时增加火力覆盖面积。

  综上所述,城市和战场硬目标结构均以钢筋混凝土材料为主体,强度高,防护能力强。作为典型固定地面目标,能否高效摧毁,往往成为决定战场局部态势的关键,由此牵引攻坚弹药技术的发展。

5.1.2 传统攻坚破障战斗部技术

为实现对建筑物、深层工事、碉堡、机库等钢筋混凝土硬目标打击需求,攻坚破障战斗部的研究一直以来都是各国武器装备研发的重点。根据战斗部作用机理差异,攻坚破障战斗部可主要分为动能侵爆型和串联侵爆型两类。

1. 动能侵爆型

动能侵爆型攻坚破障战斗部是一种通过战斗部动能和爆炸化学能毁伤目标的战斗部类型。其毁伤机理为,首先依靠战斗部动能,高速碰撞并侵彻坚固工事目标,进入目标一定深度处,内部装填炸药发生爆炸,进一步对目标内部人员、技术装备产生后效毁伤杀伤,作用过程如图 5.5 所示。

图 5.5 动能侵爆型攻坚破障战斗部作用硬目标过程

在结构组成上,动能侵爆型攻坚破障战斗部主要由引信、壳体、高能炸药等组成,如图 5.6 所示。为实现较大穿深,战斗部一般长径比较大,头部尖锐对称,实现侵彻目标时的高比动能。为避免弹体结构弯曲断裂、材料熔化,战斗部壳体通常选择具有高强度、高硬度、高韧性、耐高温、耐摩擦等特征的高强度钢或重金属合金材料,如高强度钨合金钢、镍钴合金钢、铬锰合金钢或钨铀合金钢等。同时采用由头部至尾部的变壁厚设计,在保证弹体结构强度的同时,提高侵彻能力。高能炸药则要求在碰撞高过载条件下不被引爆,因此一般选择不敏感高爆炸药。在延时引信控制下,战斗部侵彻到达预定深度时发生爆炸,对钢筋混凝土类硬目标产生高效毁伤。

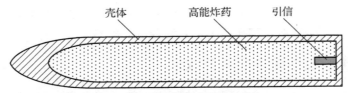

图 5.6 动能侵爆战斗部基本结构

在设计中，受携载能力限制，提高动能侵彻战斗部毁伤威力的途径主要包括两方面，一是合理设计战斗部长径比，提高侵彻比动能和高能炸药装药量；二是提高战斗部着靶速度，增强侵彻能力。同时，为实现对硬目标的精确打击，还采用电视、激光、红外、INS/GPS（惯性导航系统/全球定位系统）等先进制导技术。典型动能侵爆型攻坚破障战斗部如美国 BLU 系列，主要参数列于表 5.1。

表 5.1 典型动能侵爆型攻坚破障战斗部主要参数

战斗部	质量 /kg	弹径 /mm	长度 /m	侵彻混凝土厚度/m	贯穿土层厚度/m
BLU-109	870	370	2.438	1.83~3	12.2~30.5
BLU-113	2 041.2	370	3.9	6	30.4
BLU-116	874	254	2.438	3.4~6.1	24.4~36.6
BLU-118	814	370	2.5	3.4	12.2~30.5
BLU-121	900	—	—	1.8~3	12.2~30.5

2. 串联侵爆型

串联侵爆型攻坚破障战斗部采用两级串联体制，主要由前级聚能战斗部、前级引信、隔爆体、后级侵爆战斗部、后级引信等组成，如图 5.7 所示。其作用原理为，先利用前级聚能战斗部爆炸形成的高速聚能射流或爆炸成型弹丸，贯穿钢筋混凝土结构，并形成足够大直径的贯穿通道；随后，后级侵爆战斗部随进到目标内部侵彻爆炸，摧毁技术装备、杀伤人员，如图 5.8 所示。

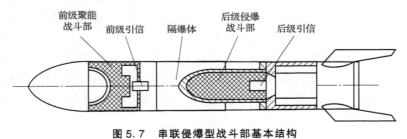

图 5.7 串联侵爆型战斗部基本结构

图 5.8 串联侵爆型攻坚破障战斗部作用硬目标过程

在结构设计上，为实现前级聚能战斗部对钢筋混凝土结构的大穿孔，聚能战斗部设计中应综合药型罩材料、结构、形状、尺寸进行优化设计。为实现气动外形良好、质量大、速度高的爆炸成型弹丸，还需通过起爆方式对聚能装药爆轰波形进行控制。后级次口径侵爆战斗部装填高能量、低感度炸药。沿前级战斗部穿孔进入目标内部继续侵彻，一定时间后，在引信作用下爆炸，实现对目标的高效毁伤。与同重量动能侵爆型攻坚破障战斗部相比，串联侵爆型战斗部增加了弹着角范围，同时降低了战斗部作用目标速度。

欧盟国家都以发展串联侵爆型攻坚破障弹药为主，如德、法联合研制的麦菲斯托（Mephisto）战斗部，英国研制的布诺奇（BROACH）战斗部，美国研制的长矛（Lance）战斗部等，均可在侵彻 9~10 m 土壤后贯穿 1.5~6 m 厚钢筋混凝土。典型串联侵爆型弹药主要参数列于表 5.2。

表 5.2 典型串联侵爆型弹药主要参数

型号	总质量/kg	前级战斗部		后级战斗部 装药/kg	钢筋混凝土 侵深/m
		口径/mm	装药/kg		
麦菲斯托（Mephisto）	500	356	95	399	2.5
长矛（Lance）	450	160	91	55	3.4~6.1
布诺奇（BROACH）	450	450/300/127	100.2	146.1	1.5

5.1.3 活性毁伤增强攻坚破障战斗部技术

活性毁伤增强攻坚破障战斗部技术为高效打击和毁伤钢筋混凝土类硬目标开辟了新途径。其基本技术理念为，在传统惰性径向效应增强侵彻战斗部基础上，由活性毁伤材料芯体全部或部分替代低密度惰性芯体，通过侵彻－爆炸时序联合毁伤机理，显著增强对钢筋混凝土硬目标毁伤效应。其显著技术优势在于，高强度壳体具有强侵彻能力，能够有效贯穿钢筋混凝土靶板；芯体为活性毁伤材料，在弹靶碰撞强冲击载荷作用下，激活爆炸释放大量化学能，一方面可进一步增加侵彻穿孔孔径，另一方面，能够提高壳体碎裂破片、抛掷混凝土靶碎块速度及靶后超压，显著增强毁伤后效，作用过程如图 5.9 所示。

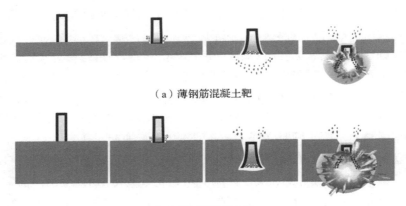

（a）薄钢筋混凝土靶

（b）厚钢筋混凝土靶

图 5.9 活性毁伤增强攻坚破障战斗部作用钢筋混凝土硬目标过程

活性毁伤增强攻坚破障战斗部作用钢筋混凝土硬目标时，首先在动能作用下，直接侵彻目标结构，强冲击载荷作用下，战斗部内部活性芯体被激活，经短暂弛豫时间后，发生爆燃反应，释放大量化学能，使得与爆燃产物直接接触的靶板区域处于高温、高压、高应变率的动态响应区，且由活性芯体爆燃超压作用区域、靶板厚度及弹靶作用条件共同决定。

作用城市硬目标、防护工事等较薄钢筋混凝土目标时，战斗部以较高速度贯穿混凝土靶板，活性芯体爆燃主要发生于穿靶末期或靶后，其增强效应主要体现在扩孔增强和破片杀伤增强两方面。对于扩孔增强，爆燃产物持续压缩侵孔出口附近靶板，开孔直径增加。对于破片杀伤增强，活性芯体化学能释放，提高了战斗部壳体碎裂所形成破片初速，提高了破片杀伤威力。

作用战场硬目标、碉堡等厚混凝土目标时，战斗部难以仅依靠动能完全贯穿靶板或需要较长时间才能贯穿靶板，活性芯体爆燃主要发生于侵彻中前期，其增强效应主要体现在侵彻增强和碎石抛掷增强两方面。对侵彻增强而言，活性芯体在半密闭侵孔内压缩混凝土介质，通过类爆炸作用，进一步增强战斗部侵彻能力。对碎石抛掷增强而言，侵彻靶板形成的碎石在战斗部冲塞作用下，在靶后形成具有一定速度的飞散场，在活性芯体爆燃反应作用下，碎石飞散角度和飞散速度进一步增加，对靶后目标进行杀伤后效显著提升。

在结构设计上，主要着眼于战斗部壳体设计和活性毁伤材料芯体设计。在壳体设计方面，一是要满足高速侵彻过程中壳体结构强度要求，二是要实现穿靶后壳体破片杀伤威力要求。除采用高强度金属材料外，一般采用的方式包括壳体环形内刻槽、环形外刻槽、轴向内刻槽、轴向外刻槽等。在活性毁伤材料芯体设计方面，一是结合战斗部结构及弹靶作用载荷特性，对活性材料含能量、激活阈值、弛豫时间等材料力化性能进行设计；二是采用梯度排布或活性毁伤材料环与惰性材料复合的方式，优化侵彻过程中活性芯体响应特性，提高战斗部综合毁伤威力。典型活性毁伤增强攻坚破障战斗部结构如图 5.10 所示。

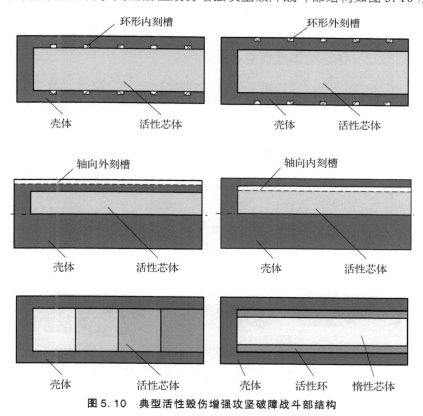

图 5.10 典型活性毁伤增强攻坚破障战斗部结构

5.2 毁伤增强效应数值模拟

攻坚破障型活性毁伤增强侵彻战斗部作用钢筋混凝土目标，通过弹丸侵彻动能和爆炸化学能时序联合作用，可显著增强侵彻战斗部对钢筋混凝土目标毁伤威力。本节主要基于数值模拟方法，开展活性毁伤增强侵彻战斗部作用防护工事、碉堡两类钢筋混凝土目标毁伤增强效应及规律的研究。

5.2.1 数值模拟方法

在活性侵彻弹作用目标过程中，混凝土目标材料及结构特征对毁伤效应影响显著。混凝土是一种典型的抗压不抗拉脆性材料，在战斗部高速碰撞下，易产生裂纹并快速扩展，导致材料失效破坏。将钢筋以一定排布方式内嵌于混凝土中，高速侵彻作用下，钢筋与混凝土的黏结作用及界面破坏，可有效阻碍裂纹形成及扩展，提高钢筋混凝土结构强度。

钢筋混凝土结构模型建模方法主要有三种。

（1）整体式建模。综合考虑钢筋和混凝土材料性能，将钢筋混凝土视为均质增强型混凝土。这种建模方法在主要考虑混凝土整体强度效应的分析中应用较广，但无法体现混凝土和钢筋间相互作用等非线性效应。

（2）组合式建模。钢筋和混凝土两种不同材料属同一单元，两种材料间定义为无滑移黏结，即材料界面处各物理量（如应力、应变、位移、速度等）具有连续性。这种建模方法可较为真实地模拟钢筋混凝土内非均匀强度分布特性，但不能描述钢筋和混凝土之间的滑移等失效行为。

（3）分离式建模。钢筋和混凝土分属不同单元，通过设置黏结和滑移接触，表征钢筋和混凝土之间相互作用及失效行为。这种建模方法最接近真实钢筋混凝土结构，能较为精确地分析钢筋混凝土结构响应行为，如图 5.11 所示。

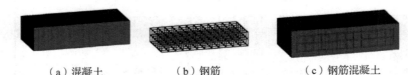

(a) 混凝土　　　(b) 钢筋　　　(c) 钢筋混凝土

图 5.11　钢筋混凝土分离式建模方法

为提高数值计算准确性，描述钢筋混凝土在战斗部碰撞下的响应行为，本节采用分离式建模方法建立钢筋混凝土模型。分析基于 AUTODYN – 3D 数值仿真平台,针对攻坚破障活性毁伤增强战斗部作用防护工事及碉堡目标毁伤行为,建立1/4计算模型,采用 SPH – Lagrange 耦合算法,其中活性材料芯体和高强度壳体均采用 SPH 算法描述,钢筋混凝土靶采用 Lagrange 算法。

活性材料既具有类金属材料的侵彻性能,又具有在强动载作用下激活反应释能特性,因此,对激活前后活性材料采用不同状态方程进行描述。对于未激活活性材料,采用 Shock 状态方程,用于描述活性材料的冲击压缩力学行为;对于已激活活性材料,采用 Powder Burn 状态方程,描述活性材料爆燃化学反应能量释放行为。混凝土材料是一种典型脆性材料,强动载作用下,应变硬化和应变率强化效应显著。仿真中,采用 RHT 材料模型,综合考虑混凝土在外载荷作用下的应变硬化和应变率强化效应。具体材料模型列于表 5.3。

表 5.3 主要材料模型

结构	材料	状态方程	强度模型	失效模型
未激活活性芯体	PTFE/Al	Shock	Johnson – Cook	无
激活活性芯体	PTFE/Al	Powder Burn	Johnson – Cook	无
壳体	STEEL 4340	Linear	Johnson – Cook	Johnson – Cook
混凝土靶	CONC – 35MPA	P alpha	RHT	RHT
钢筋	STEEL 4340	Linear	Johnson – Cook	Principal stress

本节数值模拟研究攻坚破障活性径向增强战斗部碰撞速度及内部芯体材料对防护工事及碉堡等效钢筋混凝土目标毁伤效应的影响。数值模拟中,活性芯体材料包括均一激活阈值活性材料及梯度激活阈值活性材料。

5.2.2 薄钢筋混凝土靶毁伤增强效应

模拟防护工事薄钢筋混凝土靶板尺寸为 2 000 mm × 2 000 mm × 240 mm,钢筋直径为 8 mm,钢筋间距为 150 mm,共两层,距混凝土靶板上下表面各 45 mm。活性径向增强战斗部内活性芯体激活长度由理论计算所得,活性毁伤增强侵彻战斗部碰撞速度分别为 700 m/s、1 000 m/s 及 1 300 m/s,计算模型如图 5.12 所示。

1. 典型毁伤效应

活性增强侵彻战斗部作用薄钢筋混凝土靶板典型过程如图 5.13 所示。从图 5.13 中可以看出,战斗部作用薄钢筋混凝土靶过程可分为开坑、剪切、冲塞及活性芯体爆燃四个阶段。在开坑阶段,战斗部直接碰撞混凝土靶,弹靶作

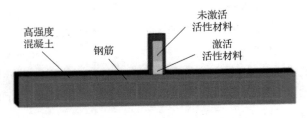

图 5.12 计算模型

用下形成的强冲击波分别向战斗部尾部和靶板背部传播,战斗部内活性芯体部分激活。同时由于混凝土抗压不抗拉特性,碰撞面附近混凝土材料在拉伸波作用下碎裂,在靶板表面形成一个远大于战斗部直径的崩落区域。在该阶段,战斗部对混凝土靶板影响范围仅限于碰撞区域附近,靶板其他大部分区域均为无应力区,碰撞区域附近混凝土大面积崩落,形成靶板正面漏斗坑。

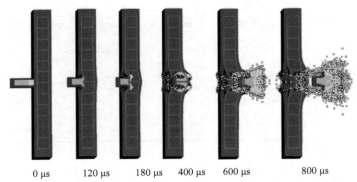

图 5.13 活性增强侵彻战斗部作用薄钢筋混凝土靶板典型过程

在剪切阶段,靶板内应力波先行到达靶板背部,反射形成拉伸波,向弹靶作用面传播。当反射稀疏波传播至弹靶界面时,混凝土靶应力突然卸载至近似为零。同时,在此阶段,冲击波作用于战斗部内活性芯体材料,并在传播过程中呈指数衰减,当冲击波强度高于活性芯体材料激活阈值时,活性材料被激活。由于活性芯体材料强度较低,侵彻能力较弱,在侵彻过程中,活性芯体被挤压在外壳和靶板之间,受该轴向压力作用,发生径向膨胀。部分靶板材料被挤压进入战斗部内,使得靶板材料之间发生相对剪切运动,形成塞块。

在冲塞阶段,塞块和弹体以相同速度继续侵彻靶板,贯穿混凝土靶板后,战斗部外壳在径向压力作用下碎裂,形成具有一定分布的破片杀伤场。

在爆燃阶段,由于防护工事厚度较小,被激活的活性芯体爆燃反应一般发生在穿靶后。在活性材料爆燃作用下,活性芯体化学能一方面提高了战斗部壳体所形成破片飞散速度,增强了破片对靶后目标杀伤效应;另一方面,在靶后形成超压，对防护工事后有生力量、仪器设备产生高效毁伤。

弹靶作用过程中，战斗部径向应力云图如图 5.14 所示，从图 5.14 中可以看出，活性毁伤增强侵彻战斗部作用混凝土靶初期（$t = 10\ \mu s$），战斗部壳体及活性芯体内随即产生超过 10 MPa 的径向应力，且由于壳体中应力波传播速度较快，壳体中径向应力扩展速度也快于芯体内径向应力扩展速度。在侵彻过程中，战斗部头部持续处于高径向应力状态，且显著高于战斗部尾部径向应力（$t = 300\ \mu s$）。当战斗部贯穿混凝土靶板、战斗部壳体失去靶板径向约束时，在膨胀应力作用下，战斗部壳体碎裂成具有一定速度和质量的破片杀伤场。

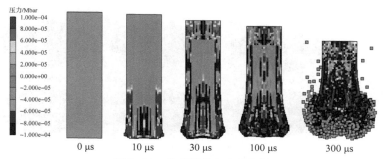

图 5.14　战斗部径向应力云图

混凝土靶内应力云图如图 5.15 所示。从靶板内应力波产生及传播角度看，弹靶作用瞬间，靶板内应力波产生并以碰撞点为原点呈球面波向四周传播，经约 20 μs，应力波传播至靶板背部经自由界面反射形成拉伸波，靶板背部大面积崩落，在战斗部侵彻通道附近形成漏斗坑。随着弹丸侵彻速度下降，持续产生的应力波强度下降，应力波在靶板内传播也不断衰减。经过约 110 μs，应力波传播至靶板边界，随后在靶板边界反射形成拉伸波，从而在混凝土靶内形成复杂应力场。这表明混凝土靶毁伤受边界效应影响，即靶板尺寸对毁伤效应存在一定影响。值得注意的是，弹靶作用后期（$t > 250\ \mu s$），战斗部内活性芯体逐步发生爆燃反应，释放化学能，在活性材料爆燃压力作用下，侵孔附近区域压力持续升高。

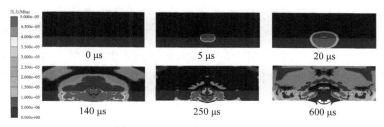

图 5.15　混凝土靶内应力云图

混凝土作为典型脆性材料，在战斗部高速碰撞下失效模式主要为拉伸碎裂及层裂。因此关注拉应力分布对分析混凝土靶失效行为有重要意义。战斗部以 700 m/s 作用靶板，混凝土靶板拉伸应力云图如图 5.16 所示，从图 5.16 中可以看出，50 μs 时，正对侵孔靶板背部最先出现拉伸应力，且高于 5 MPa，远超 C35 混凝土靶板抗拉强度。因此在实际毁伤过程中，该区域靶板已发生碎裂失效。随拉伸波在靶板内继续传播，可发现拉伸应力分布区域更广，且主要集中于靶板表面区域。作用时间达 200 μs 时，靶板内仍有兆帕级拉伸应力存在，这表明靶板的拉伸碎裂失效不仅发生于弹靶作用初始阶段，而且发生在亚毫秒级。

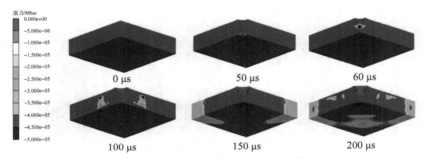

图 5.16　混凝土靶板拉伸应力云图

战斗部高速碰撞作用下，根据破坏行为，钢筋混凝土靶板可分为五个响应区：空腔区、粉碎区、破碎区、弹性区和未扰动区。空腔区一般为战斗部直接碰撞区域，混凝土内形成明显空腔。在粉碎区，混凝土环向拉伸断裂，径向压缩失效，材料发生完全破坏。在破碎区，环向拉伸应力超过混凝土抗拉强度，材料发生环形拉伸失效，而在径向方向一般不发生失效，表现为环形单向拉伸裂纹。在弹性区，混凝土材料处于弹性状态，未发生失效。在未扰动区，弹性波在传播过程中衰减，未传播至该区域导致材料未受扰动。

战斗部以一定速度碰撞靶板时，高压作用下碰撞点附近形成空腔区，在战斗部侵彻通道附近，材料发生轴向及径向失效，该区域即为粉碎区。随着应力波传播及衰减，距离碰撞点一定距离区域的混凝土仅发生单向径向拉伸断裂失效，靶板中产生大量径向裂纹，形成破碎区。弹性区和未扰动区不涉及材料失效，在这里不做讨论与分析。值得注意的是，活性攻坚破障战斗部作用钢筋混凝土靶板时，战斗部内活性芯体爆燃，爆燃超压作用于侵彻通道提高了靶板内应力波强度，使得靶板内空腔区、粉碎区、破碎区范围都有一定程度扩大。

2. 碰撞速度影响

均一激活阈值芯体活性径向效应增强战斗部分别以 700 m/s、1 000 m/s、

1 300 m/s 作用混凝土靶板毁伤图如图 5.17 所示。从图 5.17 中可以看出，损伤最先出现在弹体与混凝土直接碰撞区域，并进一步向四周传播，远离撞击点位置的损伤程度较轻。由于钢筋与混凝土之间的界面属于薄弱区，钢筋层周围出现较为严重的损伤，且呈现沿钢筋层的连续损伤。随着碰撞速度提高，混凝土靶严重毁伤区域面积增加，且在钢筋加强作用下混凝土损伤区域扩展受限。从损伤云图可以发现，当碰撞速度为 700 m/s 时，靶板严重损伤区域呈现为以碰撞点为圆心的圆形分布，碰撞速度分别为 1 000 m/s 及 1 300 m/s 时，在战斗部作用靶板初期，靶板严重损伤区域仍以碰撞点为圆心向靶板周边区域扩展，扩展至钢筋附近区域时，靶板严重损伤区域沿钢筋排列方向扩展。随着碰撞速度提高，靶板严重损伤区域增大，但并未呈大规模扩大，这是由于钢筋能够显著提高靶板抗拉强度，阻止混凝土中裂纹扩展，因此将靶板的严重损伤区域大幅缩小。

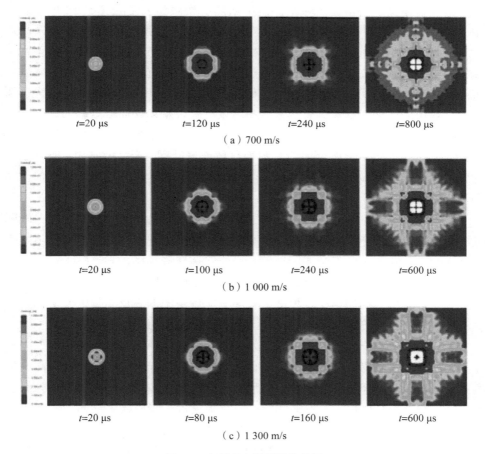

图 5.17 混凝土靶板毁伤云图

战斗部高速碰撞钢筋混凝土靶板时，战斗部与钢筋碰撞相对位置随机，碰撞位置可主要分为三类：一是钢筋横纵交界处，二是单排钢筋处，三是钢筋网眼内。研究结果表明，直接作用于钢筋横纵交界处时弹体所受阻力最大，其次为作用单排钢筋处，作用于钢筋网眼内时弹体所受阻力最小。

战斗部作用钢筋混凝土靶板时，钢筋响应行为可主要分为弯曲和断裂两个阶段。弯曲阶段，钢筋保持整体响应，受弹体冲击作用发生弯曲变形并运动。其响应类似于一无限长梁在阻尼介质中受冲击载荷作用的动力响应。此时，钢筋及混凝土对弹体的阻力相对独立，钢筋的阻滞作用明显。断裂阶段，钢筋弯曲变形，超过极限塑性弯矩，从而断裂。断裂后钢筋失去轴向约束，钢筋与混凝土介质一起运动，两者对弹丸的阻力合为一体，钢筋的阻滞作用微弱。

为最大限度考虑钢筋对混凝土靶强度的增强作用，数值模拟中弹着点全部设定为钢筋横纵交错位置。弹靶作用下钢筋有效应力云图如图 5.18 所示，从图 5.18 中可以看出，首层钢筋内有效应力最高，碰撞点附近有效应力高达 1.2 GPa，且各层钢筋有效应力沿碰撞点向外逐渐减小。钢筋在战斗部直接碰撞作用下失效断裂，横纵钢筋连接处也随之失效。遭直接撞击的钢筋，其破坏可简化为弯曲-剪切断裂和弯曲-拉伸断裂两种模式。随着碰撞速度提高，钢筋内有效应力增加，钢筋有效应力分布范围变大，断裂钢筋数量增加。

从能量角度来看，战斗部毁伤靶板过程可视为战斗部不断向靶板传递能量的过程。战斗部作用靶板过程中，靶板整体能量时程曲线如图 5.19 所示。根据靶板能量时程曲线，可以将靶板能量增加过程分为动能作用和化学能作用两个阶段。

动能作用阶段，在战斗部直接碰撞作用下，钢筋局部速度迅速增加，随即在速度梯度作用下产生大挠度变形甚至断裂；混凝土靶根据与碰撞点距离发生不同程度变形或碎裂，部分混凝土碎石以一定速度被抛掷。同时碰撞过程中靶板被绝热压缩，材料温度升高，内能增加。在动能作用阶段，钢筋及混凝土动能及内能均增加。增加至一定程度时，部分能量用于钢筋及混凝土变形，同时材料温度下降，钢筋及飞溅碎石速度不断衰减，靶板总能量下降。

化学能作用阶段，活性攻坚破障战斗部与传统攻坚破障战斗部最典型差异即在于活性攻坚破障战斗部能够释放化学能增强对目标的毁伤效应。在前一阶段强动载作用下，经过一定弛豫时间后，活性芯体在侵彻通道内逐渐发生爆燃反应，在爆燃产物作用下，钢筋和混凝土靶板被进一步压缩，钢筋和混凝土变形程度增加，变形范围不断扩大，靶板总能量再次增加。

从图 5.19 中还可看出，随碰撞速度增加，在动能作用阶段，靶板能量上升速率及峰值均增加，这是由于战斗部碰撞速度高，钢筋及混凝土直接作用导

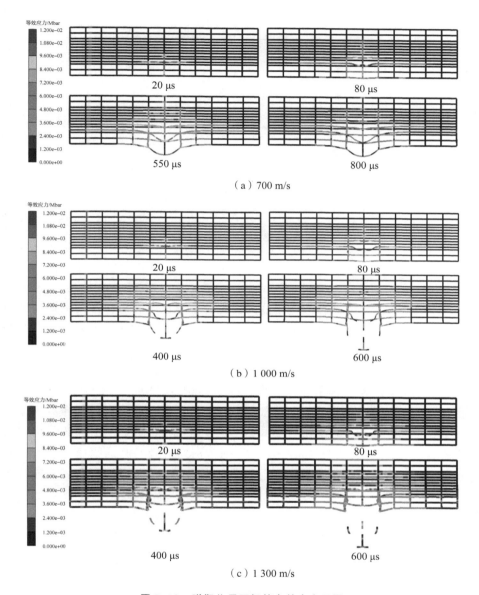

图 5.18 弹靶作用下钢筋有效应力云图

致的局部速度更高，材料变形更严重。与此同时，随着碰撞速度提高，靶板总能量从初始峰值下降幅度也增加，这是因为靶板在该阶段温度下降的幅度更大，同时更多内能用以克服材料碎裂和裂纹扩展等。在化学能作用阶段，随着碰撞速度增加，总能量二次峰值也增加。这主要是因为随着碰撞速度增加，活性芯体被激活长度增加，活性芯体释放出的化学能更高。

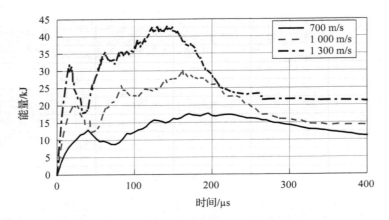

图 5.19　靶板整体能量时程曲线

3. 芯体材料影响

活性材料激活爆炸并释放化学能的前提，是超过活性材料激活阈值的冲击波作用于活性材料。在实际弹靶作用过程中，由于冲击波传播衰减效应，战斗部靠近尾部的活性芯体通常无法被激活，从而不能发生爆燃反应。活性材料的这种非自持反应，为活性毁伤增强侵彻战斗部设计提出了挑战。

为优化攻坚破障型活性毁伤增强侵彻战斗部化学能释放特性，设计了激活阈值梯度变化的活性芯体材料，头部活性材料激活阈值较高，尾部激活阈值较低。梯度激活阈值活性芯体战斗部增强原理如图 5.20 所示，Ⅰ 和 Ⅱ 分别代表两种激活阈值的活性芯体材料，P_{c1} 和 P_{c2} 则分别为对应的激活阈值，l_1 和 l_2 分别为激活长度。从图中可以看出，当活性芯体为均一阈值活性材料时，被激活

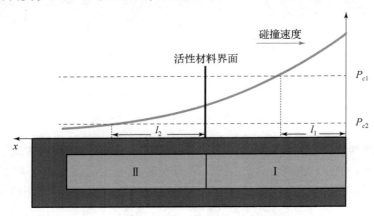

图 5.20　梯度激活阈值活性芯体战斗部增强原理

的活性材料长度仅为 l_1，能够释放化学能的活性材料较少；当活性芯体为梯度阈值活性材料时，被激活的活性材料长度为 l_1+l_2，能释放化学能的活性材料增加，从而增强了战斗部整体的能量释放能力，提高了战斗部毁伤能力。

弹靶作用条件相同时，与均一激活阈值活性芯体弹丸相比，梯度阈值活性芯体弹丸在弹靶作用过程中激活的活性材料更多，弹丸对靶板的化学能毁伤效应更加显著。梯度激活阈值活性弹丸分别以 700 m/s、1 000 m/s 及 1 300 m/s 作用于钢筋混凝土靶板，钢筋混凝土靶板毁伤云图如图 5.21 所示。

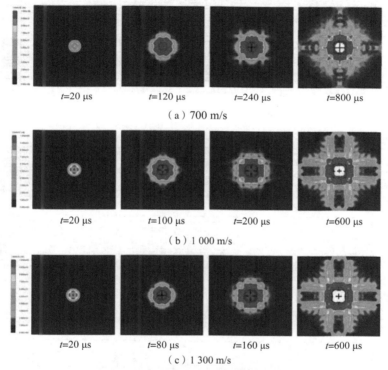

图 5.21 钢筋混凝土靶板毁伤云图

从图 5.21 中可以看出，梯度阈值活性芯体战斗部作用时混凝土损伤效应与均一阈值活性芯体弹丸作用时基本相似，随着碰撞速度增加，靶板损伤程度增加，混凝土层损伤在钢筋加强作用下范围缩小，靶板损伤沿钢筋走向扩展。结合图 5.17 和图 5.21 可以看出，碰撞速度相等时，梯度阈值活性芯体战斗部作用混凝土损伤程度更高。值得注意的是，碰撞速度为 1 000 m/s 时，两种活性芯体弹丸对混凝土损伤效应差距最大，表明在该速度下，梯度激活阈值弹丸更具优势，释能更高。与均一激活阈值活性芯体战斗部相比，梯度激活阈值活性芯体战斗部在弹靶作用过程中能够释放更多化学能，从而提高了战斗部毁伤威力。

混凝土靶内钢筋有效应力云图如图 5.22 所示,从图 5.22 中可以看出,与填充均一阈值活性芯体弹丸相同,随碰撞速度提高,钢筋有效应力不断增加,钢筋变形也逐渐加剧,逐渐由大变形向断裂过渡。与填充均一活性芯体弹丸相比,当弹靶作用条件相同时,在高速侵彻钢筋混凝土靶过程中,钢筋有效应力更高。表明装填梯度阈值活性芯体弹丸对钢筋结构毁伤更严重。

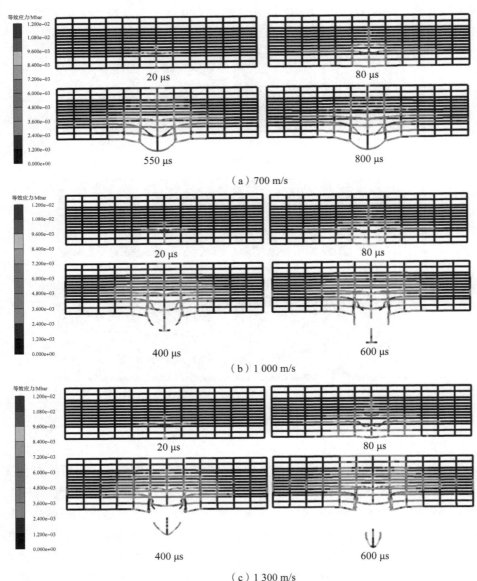

图 5.22　混凝土靶内钢筋有效应力云图

弹靶作用过程中,靶板能量变化如图 5.23 所示。在作用初期,靶板能量快速升高,主要由弹丸动能对靶板造成毁伤。随碰撞速度增加,能量上升速率及峰值均增加。数十微秒后,能量再次快速上升达到峰值,主要由活性芯体爆燃反应对靶板的进一步毁伤作用导致。碰撞速度对该阶段毁伤行为影响主要体现在,随着碰撞速度提高,活性芯体激活长度增加,释放化学能增加。

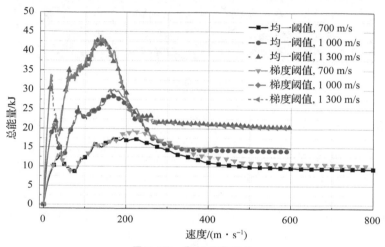

图 5.23 靶板能量变化

对比同一碰撞速度条件下,两类活性战斗部分别作用靶板时靶板能量曲线可以发现,在战斗部动能作用阶段,靶板总能量随时间变化基本相同,靶板能量差异主要体现在化学能作用阶段。值得注意的是,当碰撞速度为 700 m/s 和 1 000 m/s 时,梯度阈值活性芯体战斗部作用下靶板能量二次峰值显著高于均一激活阈值活性芯体战斗部。原因在于在上述弹靶作用条件下,冲击波传播并衰减能够激活的活性材料有限;对于梯度阈值活性芯体战斗部而言,即使在低冲击波强度作用下,部分低激活阈值的活性材料依然被激活并发生爆燃反应,提高了活性材料整体的化学能释放量。当战斗部碰撞速度为 1 300 m/s 时,两类战斗部作用靶板的总能量基本相同,这表明在该弹靶作用条件下,参与爆燃反应的活性材料基本相同,说明强冲击波作用下,战斗部内活性材料已经被全部激活。

5.2.3 厚钢筋混凝土靶毁伤增强效应

模拟碉堡目标厚钢筋混凝土靶板尺寸为 2 000 mm × 2 000 mm × 500 mm,钢筋直径为 8 mm,钢筋间距均为 150 mm,共三层,外层钢筋距混凝土表面各 25 mm,活性径向增强战斗部活性芯体激活长度由理论计算所得,战斗部碰撞速度分别为 700 m/s、1 000 m/s 及 1 300 m/s,计算模型如图 5.24 所示。

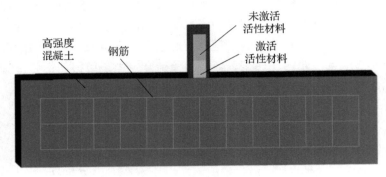

图5.24　计算模型（2）

1. 典型毁伤效应

活性毁伤增强侵彻战斗部作用厚钢筋混凝土目标典型过程如图5.25所示。从图5.25中可以看出，与作用防护工事目标时战斗部行为相比，作用碉堡类目标时战斗部行为不完全相同，差异主要体现在活性芯体响应行为方面。随着钢筋混凝土靶板厚度增加，战斗部贯穿靶板所需时间增加，但芯体材料反应弛豫时间基本不变，这导致战斗部作用碉堡类目标时，芯体爆燃主要发生在钢筋混凝土靶板结构内部。活性毁伤增强侵彻战斗部作用碉堡类目标行为可主要分为三个阶段，即开坑阶段、剪切阶段及内爆阶段。开坑阶段和剪切阶段与作用防护工事行为基本相同，不再赘述。但在内爆阶段，活性毁伤增强战斗部侵彻至靶板内部时，活性芯体材料开始陆续发生爆燃反应，从图5.25中可以看出，活性芯体爆燃产物集中分布在靶板侵彻通道中前部分，爆燃高压作用于战斗部头部靶板未贯穿部分，一方面增强了战斗部的侵彻能力；另一方面该爆燃压力驱动混凝土碎石，形成碎石飞散场，可实现对靶后有生力量及技术装备的有效毁伤。

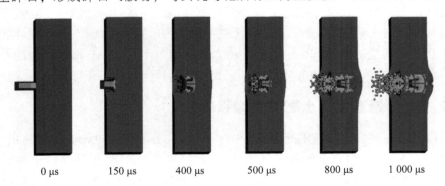

图5.25　活性毁伤增强侵彻战斗部作用厚钢筋混凝土目标典型过程

弹靶作用过程中,战斗部径向应力分布如图 5.26 所示。从图 5.26 中可以看出,活性毁伤增强侵彻战斗部作用厚钢筋混凝土靶时,响应初期其径向应力分布与作用薄靶基本相同。但作用 100 μs 后,战斗部响应行为即出现显著差异。随着碰撞时间增加,战斗部墩粗变形更显著,壳体膨胀张开角度增大。由于靶板厚度较大,因此在 300 μs 后战斗部仍处于高径向应力状态。

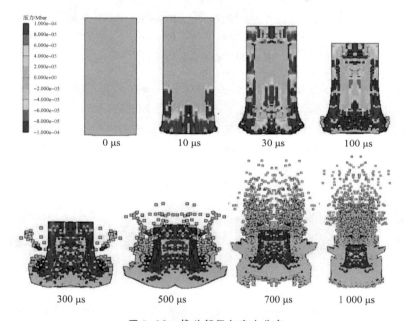

图 5.26 战斗部径向应力分布

战斗部作用于厚钢筋混凝土时,靶内应力波传播与薄靶也有显著差异,靶板内应力分布如图 5.27 所示。弹靶作用瞬间,靶板内应力波产生并以碰撞点为原点呈球面波向四周传播（$t = 5$ μs),经 50 μs 应力波传播至靶板背部并经自由界面反射形成拉伸波。随着应力波在靶板内继续传播至侧向边界时发生应力波反射,应力波在靶板内传播反射叠加,最终形成复杂应力场。值得注意的是,活性径向增强攻坚破障战斗部作用不同厚度混凝土靶对其内部压力分布的影响主要有两方面,一是应力波传播影响,由于靶板厚度不同,应力波传播至靶板边界时间长短不同,碰撞薄靶时靶内应力分布受自由界面反应的拉伸波影响较大;二是活性芯体爆轰压力作用区域影响,由于靶板厚度增加,战斗部仅依靠动能难以贯穿靶板,活性芯体爆燃主要发生在半封闭的侵彻通道内,爆燃压力直接作用于靶板,进一步提高了靶板内压力。

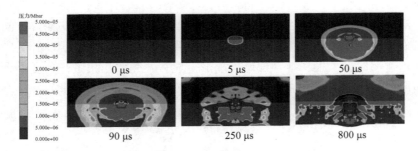

图 5.27　靶板内应力分布

靶板内拉应力分布如图 5.28 所示。从图 5.28 中可以看出，应力波传播至各自由界面时发生反射形成拉伸波，随着弹靶作用进行，靶板内拉应力分布区域从靶板背部向其他边界扩展。与薄靶内拉应力分布相比，厚靶内拉应力分布有显著差异，即拉应力主要分布在靶板背部，主要原因在于，钢筋混凝土靶较厚，活性芯体在半密闭通道内爆燃，爆燃压力作用于靶板中前部分。

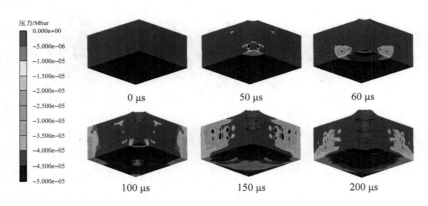

图 5.28　靶板内拉应力分布

2. 碰撞速度影响

活性毁伤增强侵彻战斗部分别以 700 m/s、1 000 m/s、1 300 m/s 速度作用厚钢筋混凝土靶时，损伤分布如图 5.29 所示。从图 5.29 中可以看出，靶板损伤区域以碰撞点为圆心向四周扩展，扩展至钢筋附近区域时，靶板损伤扩展受阻。与薄靶相比，厚靶严重损伤区域更大，但轻微损伤区域更小，表明损伤更加集中。

从图 5.29 中可以看出，损伤最先出现于弹体与钢筋混凝土靶直接碰撞区域，并进一步向四周传播。由于钢筋与混凝土之间界面属于薄弱区，钢筋层周围出现较为严重的损伤，且呈现沿钢筋层的连续损伤。随碰撞速度提高，混凝

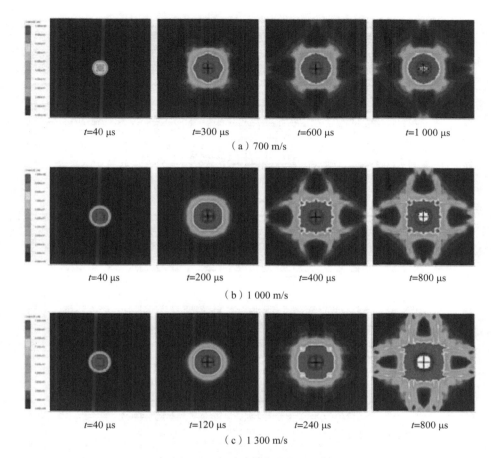

图 5.29 钢筋混凝土靶毁伤分布

土靶严重毁伤区域增加，且在钢筋加强作用下损伤区域扩展受限。但随战斗部速度增加，靶板严重损伤区域扩大，并沿钢筋方向扩展。

战斗部分别以 700 m/s、1 000 m/s、1 300 m/s 速度碰撞厚钢筋混凝土靶时，钢筋应力分布如图 5.30 所示。从图 5.30 中可以看出，随着战斗部碰撞速度增加，钢筋应力增大，变形程度持续增加。与薄靶内钢筋响应行为相比，首层钢筋失效行为相似，均属直接碰撞导致的材料断裂失效，但后续层钢筋失效行为则有所差异，主要由于在厚靶中后续层钢筋受活性芯体爆燃气体作用发生弯曲变形。值得注意的是，战斗部以 1 300 m/s 速度碰撞靶板时，钢筋未出现断裂，主要由于靶板厚度增加，战斗部仅靠动能无法贯穿靶板，钢筋整体变形程度较轻。

模拟碉堡厚钢筋混凝土靶板能量时程曲线如图 5.31 所示。从图 5.31 中可以看出，随碰撞速度增加，靶板能量上升速率及峰值均增加。同时与薄靶相

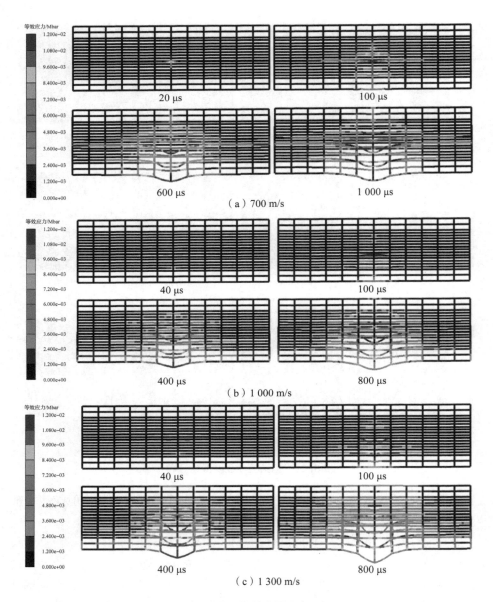

图 5.30 钢筋应力分布

比,作用厚靶能量更高。主要原因在于,弹丸作用厚靶时不能完全贯穿靶板,导致活性材料在半密闭侵孔内爆燃,爆燃超压作用于靶板时间更长,爆燃压力下降更慢。值得注意的是,弹丸速度为 700 m/s 时,靶板能量不下降,表明弹丸低速作用厚靶时,化学能作用时间更长,作用效果更加显著。

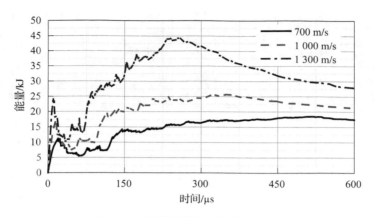

图 5.31　靶板能量随时间变化（1）

3. 芯体材料影响

梯度激活阈值芯体活性侵彻弹丸分别以 700 m/s、1 000 m/s 及 1 300 m/s 速度作用厚钢筋混凝土靶时，靶板损伤如图 5.32 所示。从图 5.32 中可以看出，与均一激活阈值芯体弹丸相比，梯度阈值活性弹丸作用时靶板损伤更加严重。随着碰撞速度提高，对于梯度阈值活性芯体弹丸来说，被激活的活性芯体长度增加，爆燃产物在更加密闭的环境中作用于靶板时间更长，靶板损伤更严重。

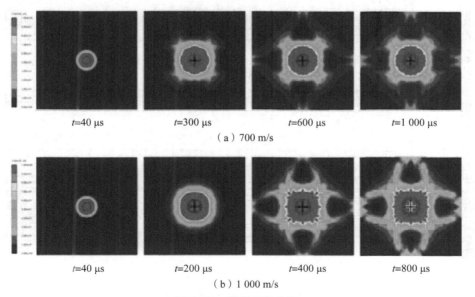

图 5.32　靶板损伤分布

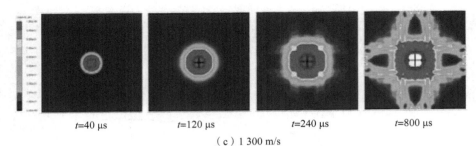

$t=40\ \mu s$ 　　$t=120\ \mu s$ 　　$t=240\ \mu s$ 　　$t=800\ \mu s$

(c) 1 300 m/s

图 5.32　靶板损伤分布（续）

梯度激活阈值芯体侵彻战斗部分别以 700 m/s、1 000 m/s、1 300 m/s 速度作用模拟碉堡厚钢筋混凝土目标时，钢筋内有效应力分布如图 5.33 所示。从图 5.33 中可以看出，随着碰撞速度增加，钢筋内有效应力显著增加，当弹靶碰撞速度达 1 300 m/s 时，有效应力分布较广，直至靶板边缘钢筋处。

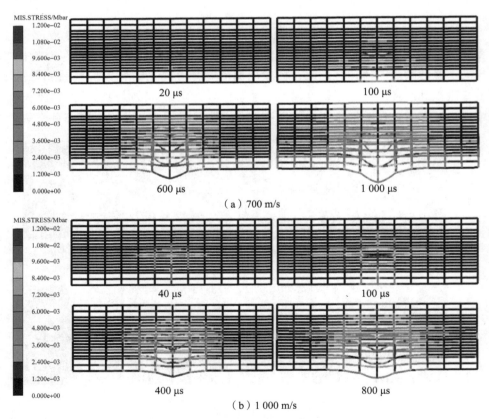

(a) 700 m/s

(b) 1 000 m/s

图 5.33　钢筋内有效应力分布

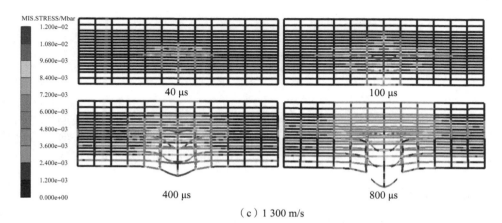

(c) 1 300 m/s

图 5.33　钢筋内有效应力分布（续）

弹丸毁伤靶板过程也可视为弹丸不断向靶板传递能量的过程，其变化时程曲线如图 5.34 所示。从图 5.34 中可以看出，相比于均一激活阈值活性芯体战斗部，梯度激活阈值活性芯体战斗部作用时，靶板能量二次峰值更高，这也直接表明，在该弹靶作用条件下战斗部对靶板作用的化学能贡献更大。同时，在弹靶作用初期，靶板能量快速升高，这一阶段靶板主要由弹丸动能对靶板造成毁伤。随碰撞速度增加，靶板能量上升速率及峰值均增加。随后，经过数十微秒，靶板能量再次快速上升达到二次峰值，这是活性芯体爆燃反应对靶板的进一步毁伤作用所致。碰撞速度对战斗部作用钢筋混凝土靶毁伤行为影响主要体现在，随着碰撞速度提高，活性芯体被激活长度增加，释放出的化学能更高。

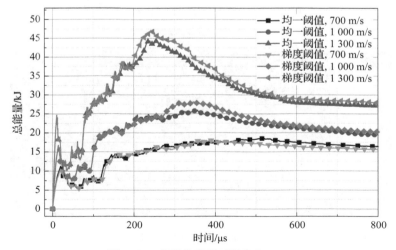

图 5.34　靶板能量随时间变化（2）

5.3 毁伤增强效应实验

数值模拟表明,在动能和化学能的联合作用下,活性毁伤增强侵彻战斗部可分别实现对防护工事、碉堡目标等效钢筋混凝土靶的高效毁伤。本节主要通过实验,分析活性毁伤增强侵彻战斗部对防护工事和碉堡的毁伤增强效应。

5.3.1 实验方法

攻坚破障活性毁伤增强侵彻战斗部作用钢筋混凝土目标毁伤效应实验方法如图 5.35 和图 5.36 所示。实验系统主要由发射平台、活性侵彻弹、测速靶、高速摄影机、钢筋混凝土靶、后效靶等组成。活性侵彻弹主要由壳体、风帽、活性芯体及尾翼组件等组成。实验中,钢筋混凝土靶标长宽均为 2.4 m,模拟

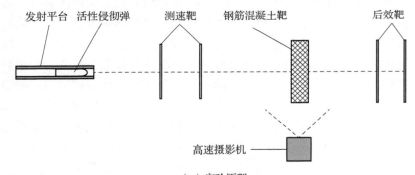

(a) 实验原理

(b) 240 mm 钢筋混凝土靶标

图 5.35 活性增强侵彻战斗部毁伤薄钢筋混凝靶效应实验方法

防护工事及碉堡目标等效钢筋混凝土靶厚度分别为 240 mm 和 500 mm，钢筋间隔为 200 mm，钢筋直径为 8 mm，混凝土强度等级为 C45，发射平台为 125 mm 口径滑膛炮。模拟毁伤防护工事毁伤效应实验中，后效靶为 2 mm 厚 Q235 钢靶，扇形布置在距离钢筋混凝土靶 5 m 及 7 m 处；模拟毁伤碉堡类目标毁伤效应实验中，后效靶为 2 mm 厚 Q235 钢靶，扇形布置在距离钢筋混凝土靶 5 m 处。

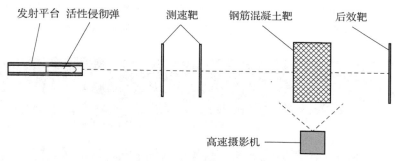

（a）实验原理

（b）500 mm 钢筋混凝土靶标

图 5.36　活性增强侵彻战斗部毁伤厚钢筋混凝靶效应实验方法

实验中，分别对比分析活性径向增强侵彻战斗部对防护工事和碉堡的毁伤效应。实验过程为：首先，确定 2.4 m×2.4 m 靶板几何中心，确定为战斗部着靶点；然后，将发射平台射击中心线瞄准靶板几何中心，并保证战斗部入射轴线与靶板几何中心对齐并垂直靶板水平面，同时在距靶板一定距离处设置高速摄影，拍摄画幅及帧率根据实验要求设定；最后，通过滑膛炮发射活性毁伤增强侵彻战斗部，通过高速摄影记录弹靶作用过程，并分析靶板毁伤效应。后效靶用以模拟战斗部对钢筋混凝土靶后有生力量及技术装备毁伤效应。

5.3.2 薄钢筋混凝土靶毁伤增强效应

为研究活性毁伤增强侵彻战斗部对薄钢筋混凝土靶毁伤增强效应,共开展 3 发 125 mm 口径活性侵彻战斗部作用 240 mm 厚钢筋混凝土目标的毁伤实验。

攻坚破障活性毁伤增强侵彻战斗部以 740 m/s 左右速度作用薄钢筋混凝土靶典型作用过程如图 5.37 所示。从毫秒级响应行为上看,其典型作用过程可分为三个阶段:动能侵彻阶段、活性扩孔增强阶段及后效毁伤增强阶段。

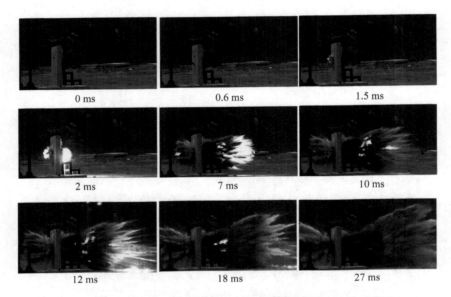

图 5.37 活性毁伤增强侵彻战斗部作用薄钢筋混凝土靶过程

在动能侵彻阶段($t = 0 \sim 1.5$ ms),战斗部主要以动能侵彻钢筋混凝土,弹靶接触点附近混凝土材料崩落,在钢筋混凝土靶迎弹位置附近产生开坑现象。碰撞产生的冲击波分别向战斗部尾部及混凝土靶板背部传播,传播至靶板自由界面时,反射形成拉伸波,造成靶板背部部分材料崩落,形成碟形坑。

在活性扩孔增强阶段,$t = 1.5$ ms 时,侵彻通道内开始出现火光,表明战斗部内活性材料经过一定弛豫时间后开始发生爆燃反应。经过一定时间后,靶板后出现大量火光,根据火光位置分布,可判断活性材料爆燃反应主要发生在靶板后。随战斗部继续侵彻靶板($t = 2$ ms),火光范围继续扩大,活性材料持续释放能量,在活性材料爆燃作用下靶板侵孔附近有大量碎石被抛掷,形成具有一定速度的碎石杀伤场,活性扩孔增强效应显著。

在后效毁伤增强阶段,$t = 10$ ms 时,战斗部已完全贯穿靶板,活性毁伤材料芯体在靶后持续反应，反应产物急剧膨胀，黑烟呈锥状扩散，直至 $t = 27$ ms 时，火光逐渐熄灭，大量高速碎石在靶后形成杀伤场。

活性毁伤增强侵彻战斗部对等效防护工事薄钢筋混凝土靶毁伤效应如图 5.38 所示，对应毁伤结果列于表 5.4。可以看出，靶板侵孔靠近端面部分均呈现典型浅碟状，且后端面崩落区域大于前端面崩落区域，靶板其他区域混凝土材料无明显破坏失效效应。碰撞点中心处横纵钢筋断裂，其他区域处钢筋不同程度地向后弯曲，部分钢筋甚至以网状整体向外隆起。

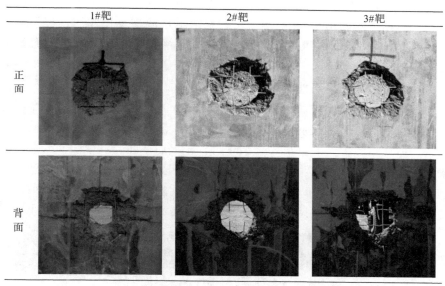

图 5.38　240 mm 钢筋混凝土靶毁伤效应

表 5.4　薄钢筋混凝土靶毁伤效应

前端面崩落区域 /(mm × mm)	穿孔区域 /(mm × mm)	后端面崩落区域 /(mm × mm)	钢筋断裂效应
810 × 710	380 × 430	860 × 800	前：一横一纵 后：三横一纵
780 × 800	400 × 390	830 × 850	前：一横两纵 后：一横两纵
800 × 730	390 × 400	890 × 750	前：一横两纵 后：两横两纵

活性攻坚破甲战斗部贯穿 240 mm 薄钢筋混凝土后，在动能及活性材料化学能联合作用下战斗部外壳碎裂形成有效破片，破片以一定动能作用于后效钢靶，后效钢靶上出现大量穿孔，后效靶穿孔以花瓣形毁伤模式为主。

5.3.3　厚钢筋混凝土靶毁伤增强效应

为研究攻坚破障活性毁伤增强侵彻战斗部对厚钢筋混凝土靶毁伤增强效应，共开展 3 发活性毁伤增强侵彻战斗部作用 500 mm 厚钢筋混凝土靶毁伤实验。

口径 125 mm 攻坚破障活性增强侵彻战斗部以 750 m/s 速度毁伤厚钢筋混凝土靶，作用过程如图 5.39 所示。与毁伤薄钢筋混凝土靶作用过程不同，活性增强侵彻战斗部作用靶板过程毫秒级响应行为主要分为两个阶段：动能侵彻阶段、活性扩孔增强阶段。从图 5.39 中可以看出，动能侵彻阶段与作用薄钢筋混凝土靶基本相同。活性扩孔增强阶段，$t = 2$ ms 时，战斗部尚未完全贯穿靶板，活性材料开始反应在侵孔前部，靶后无火光，这与活性战斗部作用薄靶时的毁伤过程有着显著区别。随侵彻继续进行，活性材料在靶板前部呈现喷射火球状，体积不断扩大。直至 $t = 12$ ms 时，靶板后壁面碎石呈锥状抛掷，但靶后依然无火光。可以推测，在该弹靶作用条件下，战斗部仅靠动能难以贯穿靶板，在活性材料爆燃超压增强作用下才使得战斗部贯穿靶板。从 $t = 18$ ms 后高速摄影可以看出，大量靶后碎石飞散，且伴随着浓烈黑烟。这是因为战斗部低

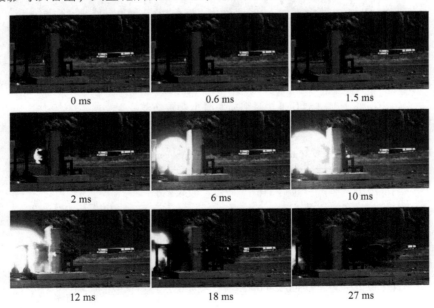

图 5.39　活性增强侵彻战斗部作用碉堡目标过程

速侵彻 500 mm 厚钢筋混凝土靶时，活性材料反应主要集中在半密闭狭窄的侵彻通道内，侵孔内氧气含量较低，且反应较为快速，导致反应不彻底，生成大量未完全反应的碳，形成靶后黑烟。值得注意的是，活性材料在半密闭侵孔内爆燃，其靶板失效模式与混凝土被深埋炸药抛掷相似，但其作用峰值较低，碎石被抛掷速度稍低。

活性增强侵彻战斗部对厚钢筋混凝土靶毁伤效应如图 5.40 所示，对应结果列于表 5.5。可以看出，靶板呈现锥形开孔，前后端面均有大面积崩落，且崩落区域和开孔区域均大于作用城防工事时毁伤效应。同时，靶板后端面出现大量分布于靶板边缘处的径向裂纹。混凝土内三层钢筋均遭到不同程度毁伤，其中第一层钢筋被切断根数最多，这是因为战斗部接触第一层钢筋时速度最高，钢筋在战斗部直接碰撞作用下弯曲变形最严重，超过钢筋抗弯强度时，钢筋断裂。第三层钢筋主要呈现大变形失效，第二层钢筋毁伤程度介于两者之间。与城防工事毁伤情况不同，碉堡类目标内钢筋架变形呈现大的弯曲隆起变形，这是因为随着靶板厚度增加，钢筋在战斗部直接碰撞作用下发生的位移更小，因活性芯体爆燃超压对钢筋作用面积小，因此对于钢筋断裂失效贡献较小。

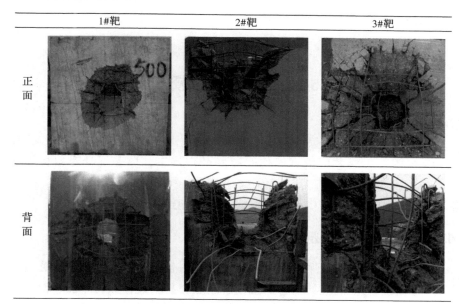

图 5.40　500 mm 钢筋混凝土毁伤效应

活性攻坚破障战斗部贯穿 500 mm 厚钢筋混凝土靶板后，部分碎石在战斗部动能冲塞作用及活性材料爆燃超压联合作用下以一定动能飞散，形成碎石杀

表5.5 厚钢筋混凝土靶毁伤效应

前端面崩落区域 /(mm × mm)	穿孔区域 /(mm × mm)	后端面崩落区域 /(mm × mm)	钢筋毁伤
1 100 × 1 100	450 × 540	1 650 × 1 300	前：两横两纵 中：一横两纵 后：一横
1 200 × 800	500 × 600	1 700 × 1 000	前：一横两纵 中：两横两纵 后：两横三纵
1 150 × 1 100	550 × 580	1 700 × 1 500	前：两横两纵 中：两横两纵 后：两横

伤场，对后效钢靶进行毁伤作用。后效钢靶在碎石作用下形成大量穿孔，穿孔毁伤模式接近花瓣形和冲塞联合毁伤模式。

5.4 毁伤增强模型

攻坚破障活性毁伤增强侵彻战斗部侵彻钢筋混凝土目标，在动能机械贯穿毁伤和活性毁伤材料芯体内爆毁伤时序联合作用下，显著提升对目标毁伤威力。本节主要介绍攻坚破障活性毁伤增强侵彻战斗部侵爆联合毁伤时序模型、薄钢筋混凝土靶毁伤增强模型和厚钢筋混凝土靶毁伤增强模型。

5.4.1 侵爆联合毁伤时序模型

攻坚破障活性毁伤增强侵彻战斗部作用钢筋混凝土目标时，首先通过动能侵入目标内部，随后活性材料芯体在侵孔内爆燃并快速释放化学能，对目标产生毁伤增强效应。在以上机理作用下，活性侵彻战斗部对目标毁伤效应受动能和爆炸化学能联合影响，且动能与爆炸化学能时序作用时间也显著影响其毁伤效应。在毁伤时序性影响下，战斗部毁伤行为和作用机理复杂，为便于分析，将活性战斗部作用行为分为具有一定时序特征的侵彻及内爆行为。

活性战斗部动能侵彻行为与传统战斗部侵彻目标作用行为基本相同，此处不再赘述。活性战斗部内爆行为主要指活性材料在高载荷作用下经过一段时间后释放化学能，爆燃产物快速压缩周围介质。内爆行为可视为活性材料化学能 E_c 重新分配过程，不考虑作用过程能量损失，其能量传递可表述为

$$E_c = E_{ap} + E_t \tag{5.1}$$

式中，E_{ap} 为空气冲击波能；E_t 为靶板变形能及动能。活性材料释放化学能时间决定了活性材料爆燃作用区域，从而导致各类型能量分配比例差异，对活性毁伤增强侵彻战斗部毁伤效应产生影响。

引入表征活性材料爆燃时刻与靶板相对位置的关系函数 ξ，表述为

$$\xi = \frac{h_1}{h} = \frac{\int_0^\tau v(v_0, a) \, dt}{h} \tag{5.2}$$

式中，h_1 为侵彻深度；h 为靶板厚度；τ 为从开始侵彻到活性材料反应时间，即活性材料反应弛豫时间；$v(v_0, a)$ 为活性材料运动速度，与着靶初速和侵彻过程中减加速度相关。从式（5.2）可以看出，ξ 是一个受弹靶条件耦合影响的参量，靶板厚度及材料性能、活性材料着靶初速及弛豫时间等均对 ξ 有着显著影响，ξ 则决定了式（5.1）中各项能量分布比例。根据活性战斗部作用目标时相应 ξ，具体分析活性战斗部对靶板毁伤行为。

根据能量传递特性，E_{ap} 和 E_t 随 ξ 典型变化特征如图 5.41 所示。图 5.41 中 η_{ap} 及 η_t 分别为 E_{ap}/E_c 及 E_t/E_c，表示活性材料化学能传递给空气冲击波能量比例及传递给靶板的能量比例。从图 5.41 中可以看出，随着 ξ 从 0 增加至 1，η_{ap} 先减小后增大，η_t 先增大后减小；ξ 从 1 继续增大时，η_{ap} 逐渐增大趋近于 1，η_t 逐渐减小趋近于 0。其中，ξ_c 表示该弹靶作用条件下，活性材料传递给靶板的能量比例最高，活性材料化学能对靶板毁伤效应最显著。

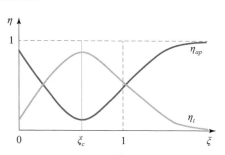

图 5.41 能量传递随 ξ 变化特征

当 $\xi < 0.3$ 时，认为活性材料爆燃主要发生于侵彻靶板初期，其毁伤行为如图 5.42 所示。在该弹靶作用条件下，活性材料爆燃产物集中分布于靶板侵孔入口附近，由于爆燃发生在相对开放空间，爆燃超压在空气中随距离和时间迅速衰减，靶板仅侵孔入口处受到爆燃超压作用，侵孔入口处的碟形开坑形貌更为显著，靶板其他区域几乎不受活性材料爆燃压力影响。大部分化学能转化

为空气中冲击波动能，靶板变形程度较轻，变形所消耗的能量也较轻。因此在此弹靶作用条件下，活性材料化学能释放对靶板毁伤效应增强极为有限。

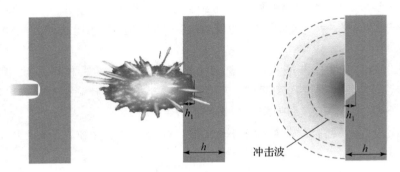

图 5.42　爆燃发生于侵彻初期毁伤行为

当活性材料冲击激活弛豫时间较短时，易出现该类型毁伤行为。活性材料弛豫时间受内外两方面因素影响，一是活性材料组分体系特性及制备工艺，二是弹靶作用条件及侵彻战斗部结构。

当 $0.6<\xi<1$ 时，认为活性材料爆燃反应主要发生在侵彻过程中，其毁伤行为如图 5.43 所示。在该弹靶作用条件下，爆燃反应发生于相对密闭空间，爆燃产物集中分布于侵孔内，爆燃超压持续时间较长，超压峰值衰减较慢，靶板所受冲量也较高。在爆燃超压作用下，靶板内应力增加，侵孔直径增加，战斗部扩孔能力增强；同时尚未贯穿部分碎裂，战斗部侵彻能力增强，被抛掷部分靶板碎石速度增加。与 $\xi<0.3$ 时其毁伤行为相比，活性材料化学能不再主要转化为空气冲击波能，而是主要转化为靶板变形能及靶板动能。

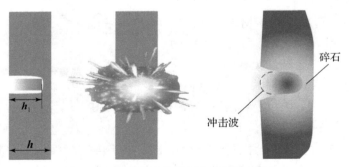

图 5.43　爆燃发生于侵彻中后期毁伤行为

该毁伤模式充分体现了活性毁伤元对目标的侵-爆耦合作用机制，对目标动能与化学能联合毁伤的技术优势。同时，这也对活性战斗部设计提出了更高要求，需要针对目标特性及弹靶作用条件进行匹配性设计。

当 $\xi > 1$ 时，认为活性材料爆燃主要发生在靶后，其毁伤行为如图 5.44 所示。在该弹靶作用条件下，爆燃反应发生于靶后开放空间，爆燃产物集中分布于靶后，爆燃超压在空气中快速衰减，超压对靶板毁伤效应基本无贡献，但对近距离靶后目标形成冲击波毁伤，活性材料化学能大多转化为靶后空气冲击波能。特别地，在内部活性芯体爆燃作用下，活性攻坚破障战斗部惰性壳体碎片飞散速度升高，增加了战斗部靶后破片杀伤场的杀伤威力及杀伤半径。活性战斗部以较高速度作用薄目标时基本属于该毁伤模式。

图 5.44　爆燃发生于贯穿靶板后其毁伤行为

通过上述活性毁伤增强侵彻战斗部毁伤时序模型分析可知，相比于传统动能侵彻战斗部，活性毁伤增强侵彻战斗部动能与爆炸化学能时序联合毁伤模式更加复杂，对目标毁伤效应也并非动能和爆炸化学能毁伤效应简单叠加，而是在空间和时间层面的耦合。因此，在战斗部设计时，需要充分考虑目标特性及弹靶作用条件，实现弹目匹配，也对战斗部设计提出了更高要求。

5.4.2　薄钢筋混凝土靶毁伤增强模型

1. 扩孔增强模型

活性战斗部作用薄钢筋混凝土靶时，侵彻动能和爆炸化学能均对扩孔有贡献，为便于分析，将战斗部直接碰撞作用形成的侵孔孔径记为 D_k，随后在活性芯体爆燃化学能作用进一步扩大孔径时，将化学能作用下孔径增加记为 D_c。

混凝土材料在动能弹作用下失效模式与韧性材料失效模式有着显著差异，根据破坏严重程度，混凝土失效分为侵彻区、破碎区及裂纹区。先通过弹靶作用行为分析侵彻区半径 r_a，再通过侵彻区与破碎区关系估算破碎区半径 r_b。

基于钝头杆式弹冲塞模型和 Paulus 理论，不考虑化学能作用类似结构战斗部直接碰撞混凝土靶板时，在靶板内形成截锥形穿孔，简化后侵孔形貌如

图 5.45 所示，D_{k1}、D_{k2} 分别为入孔直径和出孔直径，S_n 为战斗部表面位移，y_f、y_j 分别为芯体和外壳径向膨胀阶段位移，y_t 为塞块厚度。

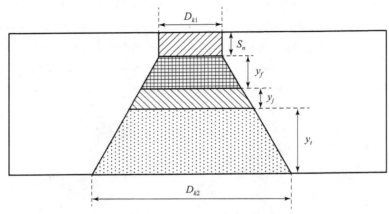

图 5.45 动能侵孔形貌

入孔直径 D_{k1} 由战斗部初始碰撞阶段决定，此时靶板处于弹性阶段且未发生形变，一般近似认为 D_{k1} 为战斗部直径，则 D_{k2} 可表述为

$$D_{k2} = D_{k1} + 2(h_t - s_n)\frac{\sqrt{A_{f1}} - \sqrt{A_{f0}}}{\sqrt{\pi} \cdot y_f} \tag{5.3}$$

式中，h_t 为靶板厚度；A_{f0}、A_{f1} 分别为芯体墩粗变形前后截面积；D_{k1} 和 D_{k2} 即为侵彻区入孔和出孔半径。根据混凝土靶板内侵彻区半径与破碎区半径关系，混凝土破碎区入孔和出孔半径可表述为

$$\begin{cases} D'_{k1} = D_{k1} \Big/ \left(\eta_2 \sqrt[4]{\dfrac{D_{k1}}{\chi}} \right) \\ D'_{k2} = D_{k2} \Big/ \left(\eta_2 \sqrt[4]{\dfrac{D_{k2}}{\chi}} \right) \end{cases} \tag{5.4}$$

$$\eta_2 = \sqrt[4]{\gamma_0/(1-\mu_t)}, \quad \chi = (K_c/\tau_s^e)^2 \tag{5.5}$$

式中，γ_0 为靶板极限剪应变；μ_t 为半泊松比；K_c 为靶板断裂韧性；τ_s^e 为靶板剪切极限强度；D'_{k1} 和 D'_{k2} 即分别为动能作用下靶板入孔直径 D_{k1} 和出孔直径 D_{k2}。

活性芯体发生爆燃，高压作用于侵孔四周，进一步增强了战斗部的扩孔效应。为简化分析做出如下假设。

（1）爆燃高压均匀作用于侵孔四周，且仅考虑平面问题。

（2）不考虑爆燃气体泄漏。

（3）作用过程瞬时完成，高压作用对靶板产生绝热压缩。

活性径向增强战斗部扩孔计算模型如图 5.45 所示，假设活性芯体在侵孔内爆燃并形成均匀作用于侵孔四周的压力 p，动能作用下该位置处孔径为 $D(z)$，且为规则圆形。根据图 5.45 所示弹性力学经典解答中双调和方程，具有小圆孔的平板均匀拉伸条件下，平板内各点（ρ，Φ）处应力状态可表述为

$$\begin{cases} \sigma_\rho = \dfrac{p}{2}\left(1 - \dfrac{D(z)^2}{\rho^2}\right) + \dfrac{p}{2}\left(1 + \dfrac{3D(z)^4}{\rho^4} - \dfrac{4D(z)^4}{\rho^2}\right)\cos 2\varphi \\ \sigma_\varphi = \dfrac{p}{2}\left(1 + \dfrac{D(z)^2}{\rho^2}\right) - \dfrac{p}{2}\left(1 + \dfrac{3D(z)^4}{\rho^4}\right)\cos 2\varphi \\ \tau_{\rho\varphi} = \tau_{\varphi\rho} = -\dfrac{p}{2}\left(1 - \dfrac{3D(z)^4}{\rho^4} + \dfrac{2D(z)^2}{\rho^2}\right)\sin 2\varphi \end{cases} \quad (5.6)$$

式中，σ_ρ、σ_φ 分别为平面内点（ρ，Φ）处沿半径和沿半径切线方向的应力；φ 为夹角。

根据载荷叠加原理，在爆燃压力 p 作用下混凝土靶板内任意位置（ρ，Φ）处应力状态可表述为

$$\begin{cases} \sigma_\rho = -\dfrac{pD(z)^2}{\rho^2} \\ \sigma_\varphi = \dfrac{pD(z)^2}{\rho^2} \\ \tau_{\rho\varphi} = \tau_{\varphi\rho} = 0 \end{cases} \quad (5.7)$$

爆燃压力 p 与活性芯体释放化学能和侵孔直径相关，假设活性材料释放化学能全部转化为热能用以提高侵孔内气体温度，不考虑气体泄漏和作用过程热散失。侵孔内爆燃压力与侵孔体积和释放的化学能之间关系可表述为

$$p = \dfrac{\gamma - 1}{V}\Delta E \quad (5.8)$$

式中，γ 为气体常数；ΔE 为能量释放量，与活性芯体激活长度相关，对同种活性芯体，激活长度为碰撞速度函数；V 为侵孔体积。

从式（5.8）可以看出，混凝土靶板内各位置受力状态由与侵孔圆心的距离决定，混凝土靶板受沿半径方向大小为 qa^2/ρ^2 压应力，沿半径切线方向大小为 pa^2/ρ^2 拉应力。混凝土作为一类典型抗压不抗拉材料，在实际作用过程中，当 $pa^2/\rho^2 > \sigma_c$ 时，沿半径切线方向发生拉应力失效，形成裂纹，宏观上表现为材料碎裂，将化学能作用下的侵孔直径增加值称为 D_c，战斗部扩孔能力增强。活性材料对目标典型扩孔效应如图 5.46 所示，随着活性材料释放化学能增加，侵孔直径增加，但增加速率逐渐减小，与应力波在靶板内传播特性相符。

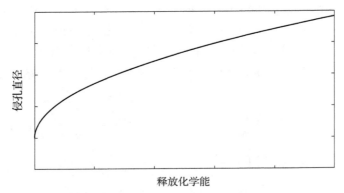

图 5.46 活性材料对目标典型扩孔效应

2. 破片杀伤增强模型

攻坚破障活性毁伤增强侵彻战斗部作用薄钢筋混凝土靶时,贯穿靶后,壳体碎裂,形成具有一定分布特征的破片杀伤场,对靶后有生力量及技术装备产生毁伤。靶后破片速度分为轴向速度及径向速度,轴向速度可认为与杆体剩余速度相同,为 v_a,破片径向速度 v_r 受弹靶作用条件、战斗部结构等因素影响。

活性毁伤增强侵彻战斗部在侵彻靶板过程中,弹体中应力波传播非常复杂。壳体在侵彻过程中类似于弹性波导管,由于壳体存在内外两个界面,应力波在壳体中传播时发生一定色散效应。芯体材料不仅承受来自轴向的压缩,还要承受壳体对其产生的约束力。当冲击波传至弹体尾部时,会在尾部反射稀疏波,并沿初速度方向向前传播。因此,可以看出在整个侵彻过程中,壳体、芯体以及靶板之间的相互作用复杂,且会伴随产生多种物理现象,主要包括材料整体或者局部变形/破碎/摩擦生热、弹性波传播、塑性波传播等。

为便于分析活性毁伤增强侵彻战斗部在侵彻靶板时所产生破片的径向飞散,做如下假设。

(1) 忽略壳体在穿靶过程中的质量损失。

(2) 穿靶过程中,芯材料近似视为流体,壳体材料为理想弹塑性。

(3) 芯体对壳体作用力方向为外法线方向,且不考虑二者间摩擦。

(4) 忽略壳体变形和破碎所产生的能量耗散,芯体材料因泊松效应存储的能量和反应化学能在穿透靶板后全部释放,转化为破片径向飞散动能。

因此,可将破片径向飞散速度的能量来源归纳为以下三部分:壳体自身轴向动能、芯体材料因泊松效应对壳体产生的径向压缩势能、活性芯体发生反应释能的化学能。针对以上三部分能量,下文将分别进行分析。

分析中，将战斗部结构参数以及靶板结构参数做如下定义：战斗部初速为 u_0，弹体长度为 L，壳体外径为 D，壳体内径（内芯外径）为 d，壳体厚度为 δ，弹体长径比 $\zeta = L/D$，壳体内外径比 $\gamma = d/D$，靶板厚度为 h，靶板宽度为 ψ，材料密度为 ρ，材料泊松比为 μ，材料弹性模量为 E。t 代表靶板，j 代表壳体，f 代表芯体。弹丸和靶板结构如图 5.47 所示。

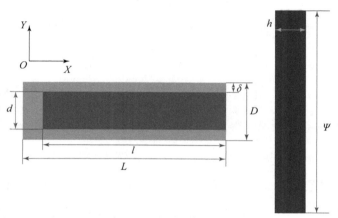

图 5.47　弹丸和靶板结构

弹体在撞击靶板时，冲击波分别向弹体和靶板中传播。冲击波在战斗部壳体和芯体中的传播速度分别为 C_j 和 C_f，方向与弹体运动方向相反；在靶板中的传播速度为 C_t，方向与弹体运动方向相同。由于撞击在战斗部壳体和内芯撞击端中产生的接触应力为 σ_j 和 σ_f，接触应力使得壳体和芯体与靶板接触界面获得相应运动速度，记为 u_j 和 u_f。根据弹靶作用过程动量守恒，可表述为

$$\begin{cases} \sigma_j = u_0 \dfrac{\rho_j C_j \rho_t C_t}{\rho_j C_j + \rho_t C_t} \\ \sigma_f = u_0 \dfrac{\rho_f C_f \rho_t C_t}{\rho_f C_f + \rho_t C_t} \end{cases} \qquad (5.9)$$

$$\begin{cases} u_j = u_0 \dfrac{\rho_j C_j}{\rho_j C_j + \rho_t C_t} \\ u_f = u_0 \dfrac{\rho_f C_f}{\rho_f C_f + \rho_t C_t} \end{cases} \qquad (5.10)$$

战斗部与靶板作用过程中，战斗部被轴向压缩，受轴向压力作用产生轴向应变，即 $\varepsilon_x = \partial s_x / \partial x = -\sigma_x(x,t)/E$，同时在泊松效应作用下战斗部产生相应径向变形，径向应变可表述为

$$\begin{cases} \varepsilon_y = \partial s_y / \partial y = -\mu \varepsilon_x(x,t) \\ \varepsilon_z = \partial s_z / \partial z = -\mu \varepsilon_x(x,t) \end{cases} \qquad (5.11)$$

式中，s_y、s_z 分别表征在 y 轴、z 轴方向上的位移分量。对式（5.11）积分可得径向位移 s_y 和 s_z 表述为

$$\begin{cases} s_y = -\mu y \varepsilon_x(x,t) = -\mu y \dfrac{\partial s_x(x,t)}{\partial x} \\ s_z = -\mu z \varepsilon_x(x,t) = -\mu z \dfrac{\partial s_x(x,t)}{\partial x} \end{cases} \quad (5.12)$$

基于以上径向位移关系式，径向运动的质点速度 u_y 和 u_z 可表述为

$$\begin{cases} u_y = \dfrac{\partial s_y}{\partial t} = -\mu y \dfrac{\partial \varepsilon_x}{\partial t} = -\mu y \dfrac{\partial u_x}{\partial x} \\ u_z = \dfrac{\partial s_z}{\partial t} = -\mu z \dfrac{\partial \varepsilon_x}{\partial t} = -\mu z \dfrac{\partial u_x}{\partial x} \end{cases} \quad (5.13)$$

基于动能关系，便可以得到单位体积内的平均径向动能为

$$\frac{1}{A_0 \mathrm{d}x} \int_{A_0} \rho(u_y^2 + u_z^2) \mathrm{d}x \mathrm{d}y \mathrm{d}z = \frac{1}{2}\rho \mu^2 r_g^2 (\partial \varepsilon_x / \partial t)^2 \quad (5.14)$$

式中，r_g 表示界面对弹体轴线（x 轴）的回转半径，通用表达式为 $r_g = \dfrac{1}{A_0}\int_{A_0}(y^2 + z^2)\mathrm{d}y\mathrm{d}z$，对于空心圆管型界面，回转半径还可以表述为 $r_g = \dfrac{D\sqrt{1+\gamma^2}}{4}$；$\partial \varepsilon_x / \partial t$ 则对应为轴向应变率。轴向应变 ε_x 还可以表示为 $\varepsilon_x = \mathrm{d}l/L$，则轴向应变率 $\dot{\varepsilon} = \dfrac{\mathrm{d}l}{L\mathrm{d}t}$。根据 Tate 模型，$\mathrm{d}l/\mathrm{d}t = u_0 - u_j$，轴向应变率可表述为

$$\dot{\varepsilon} = \frac{\mathrm{d}l}{L\mathrm{d}t} = \frac{u_0 - u_j}{L} \quad (5.15)$$

在弹靶撞击过程中，壳体因自身径向惯性作用而产生的径向速度为 u_{r1}，则单位体积内外壳体因径向惯性作用获得的径向动能可表述为

$$E_1 = \rho_j u_{r1}^2 / 2 \quad (5.16)$$

结合以上各式，壳体因自身径向惯性作用而产生的径向速度 u_{r1} 可表述为

$$u_{r1} = \frac{u_0 \mu_j \sqrt{1+\gamma^2}}{4\zeta(1 + \rho_j C_j / \rho_t C_t)} \quad (5.17)$$

在弹靶作用过程中，芯体由于受到轴向压缩，泊松效应使得内芯在轴向上获得的压缩能转化为对壳体的径向作用力，记因内芯径向力作用而使壳体获得的径向速度为 u_{r2}。根据弹靶撞击瞬间内芯与靶板见面处的接触应力 σ_f，芯体作用在外壳体内壁的径向应力可表述为

$$\sigma_{f\text{-}j} = \frac{1-\mu_f}{\mu_f}\sigma_f = u_0 \frac{1-\mu_f}{\mu_f} \frac{\rho_f C_f \rho_t C_t}{\rho_f C_f + \rho_t C_t} \quad (5.18)$$

根据基本假设,在弹靶高速撞击条件下,芯体材料近似呈现出流体状态,则 μ_f 取 0.5。根据动量定理可得

$$\sigma_{f-j} A t = m u_{r2} \tag{5.19}$$

式中,m 为单位长度壳体质量,可表述为 $m = \pi \rho_j D^2 (1 - \zeta^2)/4$;$A$ 为芯体和壳体的接触面积;t 为力的作用时间,可表述为 $t = 2h/C_t$。

因芯体径向力作用而使壳体获得的径向速度为 u_{r2} 可表述为

$$u_{r2} = u_0 \frac{8h\zeta}{D(1-\zeta^2)} \frac{1}{(\rho_j/\rho_t)(1 + \rho_t C_t/\rho_f C_f)} \tag{5.20}$$

因此,可得到 u_{r2} 对应的单位体积能量来源 E_2 为

$$E_2 = \rho_j u_{r2}^2 / 2 \tag{5.21}$$

壳体径向运动除了由以上两种能量导致,还包括活性芯体材料反应释放的化学能。关于该部分能量对壳体的作用机理,可参照圆柱形破片战斗部的破片飞散机理分析。对于圆柱形破片战斗部,根据炸药装药爆炸后的能量守恒,有

$$\begin{cases} CE = \dfrac{1}{2}(M + 2C) v_0^2 \\ v_0 = \sqrt{2E} \sqrt{\dfrac{C}{M + C/2}} \end{cases} \tag{5.22}$$

式中,C 为炸药装药质量;M 为壳体质量;E 为单位质量炸药装药爆炸后释放的总能量。假设单位质量活性芯体材料完全发生反应释放的能量为 Q,记壳体因径向活性材料发生反应而获得的径向速度为 r_{u3},则可得到单位体积内外壳体因径向活性材料发生反应而获得径向动能表述为

$$Q\rho_f = \frac{\pi(D^2 - d^2)}{8} \rho_j u_{r3}^2 \tag{5.23}$$

求解式(5.23),可得壳体因活性材料反应而获得的径向速度 r_{u3}:

$$u_{r3} = \sqrt{\frac{8Q\rho_f}{\pi \rho_j (D^2 - d^2)}} \tag{5.24}$$

因此,可以反推出 r_{u3} 对应的单位体积能量来源 E_3 为

$$E_3 = \rho_j u_{r3}^2 / 2 \tag{5.25}$$

通过上述分析可知,壳体穿靶后产生破片径向飞散速度为 u_r,表述为

$$u_r = \sqrt{u_{r1}^2 + u_{r2}^2 + u_{r3}^2} \tag{5.26}$$

因此,活性毁伤增强侵彻战斗部作用薄钢筋混凝土靶所形成的破片初速和飞散角度可表述为

$$\begin{cases} v_i = \sqrt{v_a^2 + v_r^2} \\ \theta = \arctan \dfrac{v_r}{v_a} \end{cases} \qquad (5.27)$$

5.4.3 厚钢筋混凝土靶毁伤增强模型

1. 侵彻增强模型

相比于传统侵彻型战斗部，活性毁伤增强侵彻战斗部侵彻性能更佳，极限侵彻厚度增加。为分析活性毁伤侵彻战斗部侵彻增强效应，对活性毁伤侵彻战斗部极限侵彻速度进行分析。但实际弹靶作用过程涉及高瞬态动力学响应过程，机理复杂；战斗部结构、弹靶作用条件等因素均对侵彻过程产生较大影响。

为便于分析，做如下假设。

(1) 靶板材料均匀，侵彻过程中靶板抗力不变。

(2) 不考虑战斗部变形，旋转及偏转运动。

根据能量守恒，弹靶作用过程可表述为

$$E_{k0} + E_c = \int_0^\varepsilon F\mathrm{d}x \qquad (5.28)$$

式中，E_{k0} 为战斗部动能，E_c 为战斗部化学能，ε 为从战斗部着靶至侵彻结束时的行程，F 为侵彻过程平均抗力，x 为战斗部在靶板中位移。

当战斗部以极限速度侵彻靶板时，战斗部全部能量均用以克服靶板抗力做功，战斗部及靶板速度均为零。假设抗力做功与靶板弹坑容积、靶板厚度 h_0 和战斗部直径 d 之比的若干次方成正比，则式 (5.28) 可表示为

$$\frac{1}{2}mv_b^2 + E_c = K\pi d^2 h_0 \left(\frac{h_0}{d}\right)^n \qquad (5.29)$$

式中，m 为战斗部质量；v_b 为极限侵彻速度；K 为比例系数，由靶板几何特性决定，一般取 2 200～2 600；n 为系数，通常取 $n = 0.5$。基于上述侵彻极限速度分析模型，活性战斗部侵彻厚 h_0 靶板弹道极限速度可表述为

$$v_b = \sqrt{\frac{2(K\pi d^2 h_0^{n+1} d^{-n} - E_c)}{m}} \qquad (5.30)$$

传统战斗部作用同样材料厚度靶板，其侵彻极限速度 v_b' 则可表述为

$$v_b' = \sqrt{\frac{2K\pi d^2 h_0^{n+1} d^{-n}}{m}} \qquad (5.31)$$

根据式 (5.30) 和式 (5.31) 可以看出，在活性芯体化学能作用下，侵彻

同样材质厚度靶板时，活性侵彻战斗部对应的极限速度更小，即战斗部侵彻能力增强。根据上述侵彻增强理论模型，极限侵彻速度随释放化学能变化典型规律如图 5.48 所示。从图 5.48 中可以看出，随着活性战斗部释放的化学能能量增加，战斗部对同一目标的极限侵彻速度不断减小，活性战斗部侵彻能力不断提高。

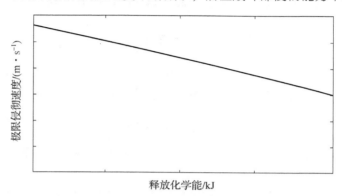

图 5.48　典型侵彻增强效应

2. 碎石杀伤增强模型

活性毁伤增强侵彻战斗部作用碉堡类厚混凝土目标、侵彻至靶板内部一定深度时，活性芯体在半密闭侵孔内爆燃，产生爆燃超压，混凝土靶板碎石被抛掷，形成碎石飞散场对靶后人员及仪器设备进行有效杀伤。

混凝土靶板抛掷飞散场如图 5.49 所示，其中 O 为坐标原点，在柱坐标系下对被抛掷混凝土进行分析，将被抛掷部分近似考虑为圆台。不考虑作用过程中热量消耗及靶板碎裂消耗的能量，则弹靶体系中能量转换可表述为

$$E_{k0} + E_c = E_{pk} + E_{tk} + \int_0^\varepsilon F \mathrm{d}x \qquad (5.32)$$

式中，E_{k0} 为战斗部初始动能；E_c 为活性芯体释放的化学能；E_{pk} 为战斗部剩余动能 E_{tk} 为飞散碎石的整体动能。根据动能定理，战斗部侵彻至 ε 时剩余速度 $v_p(\varepsilon)$ 和战斗部剩余动能 E_{pk} 可分别表述为

$$v_p(\varepsilon) = \sqrt{v_{p0}^2 - 2\frac{F}{m}\varepsilon} \qquad (5.33)$$

$$E_{pk} = \frac{1}{2}m\left(v_{p0}^2 - 2\frac{F}{m}\varepsilon\right) \qquad (5.34)$$

考虑仅战斗部直接碰撞靶板过程动能作用，根据界面质量连续定理，战斗部头部粒子速度与靶板接触面粒子速度相等，则 $v_k(0, 0, 0) = v_{pk}(\varepsilon)$，且只有沿战斗部轴向速度（即 z 方向）。基于应力波在自由界面传播规律，靶板背

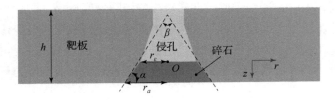

图 5.49　混凝土靶板抛掷飞散场

部粒子速度 $v_k(0,0,h-\varepsilon)=2v_k(0,0,0)$。假设沿战斗部入射轴线方向靶板各微元速度线性分布,则轴线上各微元速度 $v_k(0,0,z)$ 可表述为

$$v_k(0,0,z)=v_{pk}(\varepsilon)+v_{pk}(\varepsilon)\frac{z}{h-\varepsilon} \quad (5.35)$$

靶板背部呈现类似抛掷漏斗破坏形貌,抛掷漏斗任意 z 平面内粒子速度沿半径 r 方向分布可表述为

$$v_k(r,\theta,z)=v_k(0,0,z)\cdot\left[1-\left(\frac{r}{r_a}\right)^k\right] \quad (5.36)$$

式中,$v_k(0,0,z)$ 为坐标 $(0,0,z)$ 处微元速度;r 为粒子与入射轴线距离;r_a 为靶板背部漏斗坑半径;k 为体现靶板材料性能相关系数。

考虑化学能作用时,假设爆燃超压 p 在侵孔内均匀分布并垂直作用于侵孔内壁面,根据应力波传播规律,靶板内各典型微元速度可表述为

$$v_c(0,0,0)=\frac{p}{\rho C} \quad (5.37)$$

$$v_c(0,0,z)=\frac{2p}{\rho C} \quad (5.38)$$

$$v_c(r,\theta,z)=\frac{2p}{\rho C} \quad (5.39)$$

式中,ρ 为靶板密度;C 为靶板声速。碎石微元速度 $v(r,\theta,z)$ 则为动能和化学能分别作用下靶板微元速度的矢量叠加,可表述为

$$v(r,\theta,z)=v_k(r,\theta,z)+v_c(r,\theta,z) \quad (5.40)$$

从形成碎石的靶板速度分布看,碎石动能可表述为

$$dE_{tk}=\frac{1}{2}v^2(r,\theta,z)dm \quad (5.41)$$

$$E_{tk}=\frac{1}{2}\rho\int_V rv^2(r,\theta,z)d\theta dr dz \quad (5.42)$$

$v(r,\theta,z)$ 绝对值和方向均为 r_a 函数,联立式(5.40)和式(5.42),靶板背面抛掷漏斗半径 r_a 可求得,则被抛掷部分碎石速度可表述为

$$\begin{cases} v_r = \dfrac{p}{\rho C}\sin\gamma \\ v_z = \left[v_{pk}(\varepsilon) + v_{pk}(\varepsilon)\dfrac{z}{h-\varepsilon} \right] \cdot \left[1 - \left(\dfrac{r}{r_a}\right)^k \right] + \dfrac{p}{\rho C}\cos\gamma \end{cases}$$

$$\arctan\gamma = \dfrac{r}{r_a\tan\alpha - h + \varepsilon + z} \tag{5.43}$$

式中,v_r、v_z 分别为各碎石微元速度沿半径方向和轴线方向分速度,γ 为飞散方向。根据几何函数关系,被抛掷部分圆台底角 α 可表述为

$$\tan\alpha = \dfrac{h-\varepsilon}{r_a - r(\varepsilon)} \tag{5.44}$$

式中,$r(\varepsilon)$ 为战斗部侵彻深度 ε 处侵孔半径。碎石飞散角 β 由碎石各微元速度矢量方向直接决定,分析可知,坐标 $(r_a, \theta, h-\varepsilon)$ 处碎石微元速度方向角最大,可表述为

$$\beta = 2\arctan\left(\dfrac{v_c\cos\alpha}{v_c\sin\alpha + v_k}\right) \tag{5.45}$$

从碎石飞散场特征描述可以看出,相比于传统战斗部作用混凝土靶板所形成的碎石飞散场,活性战斗部作用时,靶后碎石沿入射轴线和侧向飞散速度均提高,碎石作用方向角也增大。碎石飞散场速度增加,方向角增大,有效提高了碎石对靶后目标的杀伤能力和扩大了杀伤范围,显著提高了战斗部毁伤威力。

参 考 文 献

[1] 北京工业学院八系《爆炸及其作用》编写组. 爆炸及其作用：下册 [M]. 北京：国防工业出版社，1979.

[2] 钱伟长. 穿甲力学 [M]. 北京：国防工业出版社，1984.

[3] 李向东，王议论. 弹药概论 [M]. 北京：国防工业出版社，2004：157-158.

[4] 何涛. 动能弹在不同材料靶体中的侵彻行为研究 [D]. 合肥：中国科学技术大学，2007：23-36.

[5] 孙炜海. 锥头弹丸正撞击下金属靶板破坏模式的理论和数值模拟研究 [D]. 合肥：中国科学技术大学，2009：3-75.

[6] 高飞. 高速弹体对混凝土类介质侵彻机理研究 [D]. 南京：南京理工大学，2018：8-12.

[7] 卢正操. 混凝土侵彻模型及其热力学本构模型研究 [D]. 合肥：中国科学技术大学，2019：6-9.

[8] 单俊芳. 三轴应力状态下混凝土动态力学性能及抗弹机理研究 [D]. 合肥：中国科学技术大学，2020：9-20.

[9] BEN-DOR G, DUBINSKY A, ELPERIN T. High-speed penetration dynamics [M]. Singapore：World Scientific Publishing, 2013：20-25.

[10] CORBETT G G, REID S R, JOHNSON W. Impact loading of plates and shells by free-flying projectiles [J]. International Journal of Impact Engineering, 1996 (18)：144-230.

[11] WEN H M, JONES N. Semi–empirical equations for the perforation of plates struck by a mass [C] //Structure Under Shock and Impact (SUSI) Ⅱ Southhampton, Boston and Thomas Telford, London: Computational Mechanics Publications, 1992: 369–380.

[12] GRISARO H, DANCYGIER A N. Assessment of the perforation limit of a composite RC barrier with a rear steel liner to impact of a nondeforming projectile [J]. International Journal of Impact Engineering, 2014, 64 (2): 122–136.

[13] PENG Y, WU H, FANG Q, et al. Residual velocities of projectiles after normally perforating the thin ultra–high performance steel fiber reinforced concrete slabs [J]. International Journal of Impact Engineering, 2016, 97: 1–9.

[14] ANDERSON C E, CHOCRON S, BIGGER R P. Time–resolved penetration into glass: experiments and computations [J]. International Journal of Impact Engineering, 2011, 38 (8): 723–731.

[15] WEN H M, HE Y, LAN B. A combined numerical and theoretical study on the penetration of a jacketed rod into semi–infinite targets [J]. International Journal of Impact Engineering, 2011, 38 (12): 1001–1010.

[16] VERREAULT J. Analytical and numerical description of the PELE fragmentation upon impact with thin target plates [J]. Internation Journal of Impact Engineering, 2015, 76: 196–206.

[17] 朱建生. 横向效应增强型侵彻体作用机理研究 [D]. 南京：南京理工大学, 2008.

[18] 王海福, 刘宗伟, 俞为民, 等. 活性破片能量输出特性实验研究 [J]. 北京理工大学学报, 2009 (8): 663–666.

[19] 郑元枫. 活性材料毁伤增强效应及机理研究 [D]. 北京：北京理工大学, 2012.

[20] 王礼立. 应力波基础 [M]. 2版. 北京：国防工业出版社, 2005: 39–40.

[21] 隋树元, 王树山. 终点效应学 [M]. 北京：国防工业出版社, 2000: 55–59.

[22] WANG H F, ZHENG Y F, YU Q B, et al. Impact–induced initiation and energy release behavior of reactive materials [J]. Journal of Applied Physics, 2011, 110 (7): 074904.

[23] Century Dynamics Inc.. AUTODYN theory manual [M]. Rev. 4.3.

Houston, USA: Century Dynamics, 2003.

[24] WILKINS M L. Mechanics of penetration and perforation [J]. International Journal of Engineering Science, 1978, 16 (4): 793 - 807.

[25] HOGGATT C R, RECHT R T. Fracture behavior of tubular bombs [J]. Journal of Applied Physics, 1968, 39 (3): 127 - 135.

[26] 朱森元. 小口径速射火炮武器系统发展展望 [J]. 兵工自动化, 2008, 27 (6): 1 - 4.

[27] 陈勇军. 小口径穿甲爆破炮弹侵彻目标数值模拟研究 [D]. 南京: 南京理工大学, 2013.

[28] 段建. 半穿甲弹设计及穿甲实验研究 [J]. 实验力学, 2011, 26 (4): 383 - 390.

[29] PAULUS G, CHANTERET P Y, WOLLMANN E. PELE: a new penetrator concept for generating lateral effects [C] //21st International Symposium on Ballistics, Adelaide, Australia, 2004: 104 - 110.

[30] SCHIRM V. Impact behaviour of PELE projectiles perforating thin target plates [J]. International Journal of Impact Engineering, 2006, 33 (1): 566 - 579.

[31] 尹建平, 王志军, 魏继允. 内外径比对 PELE 横向效应影响的数值模拟 [J]. 弹道学报, 2010, 22 (1): 79 - 82.

[32] YU Q, ZHANG J, ZHAO H, et al. Behind - plate overpressure effect of steel - encased reactive material projectile impacting thin aluminum plate [J]. Defence Technology, 2021, 27 (3): 231 - 244.

[33] 徐峰悦. 活性材料破片冲击响应与毁伤行为研究 [D]. 北京: 北京理工大学, 2017.

[34] 杜宁, 张先锋, 熊玮, 等. 爆炸驱动典型活性材料能量释放特性研究 [J]. 爆炸与冲击, 2020, 40 (4): 1 - 9.

[35] 张田育子. 侵爆 PELE 作用多层靶毁伤效应数值模拟 [D]. 北京: 北京理工大学, 2016.

[36] LIU S B, ZHENG Y F, YU C G, et al. Interval rupturing damage to multi - spaced aluminum plates impacted by reactive materials filled projectile [J]. International Journal of Impact Engineering, 2019, 130 (10): 153 - 162.

[37] DING L L, ZHOU J Y, RAN Y W, et al. Theoretical model of radial scattering velocity of fragments of the reactive core PELE projectile [J]. Symmetry, 2020, 12 (7): 40 - 44.

[38] 朱建生, 赵国志, 杜忠华, 等. 小口径 PELE 作用薄靶板影响因素的实验

研究 [J]. 实验力学, 2007, 22 (5): 505-510.

[39] KIPP M E, GRADY D E, SWEGLE J W. Numerical and experimental studies of high-velocity impact fragmentation [J]. International Journal of Impact Engineering, 1993, 14 (1-4): 427-438.

[40] 孟燕刚, 金学科, 陆盼盼, 等. 活性材料增强PELE杀伤效应 [J]. 科技导报, 2014, 32 (9): 31-35.

[41] 王海福, 姬鹏远, 余庆波, 等. PELE斜侵彻有限厚靶板数值模拟 [J]. 北京理工大学学报, 2010, 30 (9): 1017-1019.

[42] GE C, YU Q B, ZHANG H, et al. On dynamic response and fracture-induced initiation characteristics of aluminum particle filled PTFE reactive material using hat-shaped specimens [J]. Materials Design, 2020, 188: 108472.

[43] VERREAULT J. Modelling of the PELE fragmentation dynamics [C] // Journal of Physics: Conference Series. IOP Publishing, 2014.

[44] LIU S B, YUAN Y, ZHENG Y F, et al. Enhanced ignition behavior of reactive material projectiles impacting fuel-filled tank [J]. Defence Technology, 2019, 15 (4): 533-540.

[45] 刘艳君, 肖贵林, 贾寓词, 等. 尾翼稳定脱壳穿甲弹含能金属基材料弹芯技术研究 [J]. 火工品, 2019 (5): 19-22.

[46] AMES R G. Energy release characteristics of impact-initiated energetic materials [C] //Proceedings of Materials Research Society Symposium, Boston: Materials Research Society, 2006.

[47] AMES R G. Vented chamber calorimetry for impact initiated energetic materials [C] //43rd AIAA Aerospace Sciences Meeting and Exhibit, Reno: Nevada, 2005.

[48] GE C, DONG Y X, MAIMAITITUERSUN W, et al. Experimental study on impact-induced initiation thresholds of polytetrafluoroethylene/aluminum composite [J]. Propellants, Explosives, Pyrotechnics, 2017, 42 (5): 514-522.

[49] 李向东, 杜忠华. 目标易损性 [M]. 北京: 北京理工大学出版社, 2013.

[50] 肖艳文, 徐峰悦, 余庆波, 等. 类钢密度活性材料弹丸撞击铝靶行为实验研究 [J]. 兵工学报, 2016, 37 (6): 1016-1022.

[51] XU F Y, YU Q B, ZHENF Y F, et al. Damage effects of double-spaced aluminum plates by reactive material projectile impact [J]. International

Journal of Impact Engineering, 2017, 104: 13 - 20.

[52] XU F Y, ZHENG Y F, YU Q B, et al. Damage effects of aluminum plate by reactive material projectile impact [J]. International Journal of Impact Engineering, 2017, 104: 38 - 44.

[53] XU F Y, ZHENG Y F, YU Q B, et al. Experimental study on penetration behavior of reactive material projectile impacting aluminum plate [J]. International Journal of Impact Engineering, 2016, 95: 125 - 132.

[54] XU F Y, GENG B Q, ZHANG X P, et al. Experimental study on behind - plate overpressure effect by reactive material projectile [J]. Propellants, Explosives, Pyrotechnics, 2017, 42 (2): 192 - 197.

[55] LEE M; LONGORIA R G, WILSON D E. Cavity dynamics in high - speed water entry [J]. Physics of Fluids, 1997, 9 (3): 540.

[56] VARAS D, LOPEZ - PUENTE J, ZAERA R. Experimental analysis of fluid - filled aluminium tubes subjected to high - velocity impact [J]. International Journal of Impact Engineering, 2009, 36 (1): 81 - 91.

[57] 王海福, 郑元枫, 余庆波, 等. 活性破片引燃航空煤油实验研究 [J]. 兵工学报, 2012, 33 (9): 1148 - 1152.

[58] 肖艳文, 徐峰悦, 郑元枫, 等. 活性材料弹丸碰撞油箱引燃效应实验研究 [J]. 北京理工大学学报, 2017, 37 (6): 557 - 561.

[59] WANG H F, XIE J W, GE C, et al. Experimental investigation on enhanced damage to fuel tanks by reactive projectiles impact [J]. Defence Technology, 2021, 17 (2): 599 - 608.

[60] 梁君夫. 活性破片作用屏蔽装药引爆增强效应研究 [D]. 北京: 北京理工大学, 2016.

[61] 肖艳文. 活性破片侵彻引发爆炸效应及毁伤机理研究 [D]. 北京: 北京理工大学, 2016.

[62] 王海福, 郑元枫, 余庆波, 等. 活性破片引爆屏蔽装药机理研究 [J]. 北京理工大学学报, 2012, 32 (8): 786 - 789, 823.

[63] 甄建伟, 贾栓柱, 赵志峰, 等. 空对地硬目标打击弹药技术现状分析 [J]. 飞航导弹, 2018 (9): 43 - 49.

[64] 马田, 李鹏飞, 周涛, 等. 钻地弹动能侵彻战斗部技术研究综述 [J]. 飞航导弹, 2018 (4): 84 - 86.

[65] 席鹏, 南海. 串联侵彻战斗部装药技术及发展趋势 [J]. 飞航导弹, 2014 (6): 87 - 90.

[66] 吴家龙. 弹性力学 [M]. 6 版,北京:高等教育出版社,2010:144 - 149.

[67] ZHANG X F, SHI S Y, ZHANG J B, et al. Thermochemical modeling of temperature controlled shock - induced chemical reactions in multifunctional energetic structural materials under shock compression [J]. Journal of Applied Physics, 2012, 111 (12):1 - 9.

[68] CAI J, NESTERENKO V, VECCHIO K, et al. The influence of metallic particle size on the mechanical properties of polytetraflouroethylene - Al - W powder composites [J]. Applied Physics Letters, 2008, 92 (3):1007.

索 引

0～9（数字）

14.5 mm 钨心脱壳穿甲燃烧曳光弹结构
　（图）　164
30 mm 旋转稳定次口径脱壳穿甲弹结构
　（图）　165
240 mm 钢筋混凝土靶毁伤效应（图）
　247
500 mm 钢筋混凝土毁伤效应（图）　249

A～Z（英文）

Bernard 公式　34
Bernard 模型　34、35
　Ⅰ模型　34
　Ⅱ模型　35
　Ⅲ模型　35
BGM－109C 导弹 WDU－25/B 战斗部结构
　（图）　161
Johnson－Cook 本构模型　51
PELE 侵彻靶板（表）　60、61、64
　参数（表）　60、64
　侵彻靶板后参数（表）　61
PELE 轴向速度－时间曲线（图）　61、
　65、66
S_2 传感器处测量所得超压时程曲线（图）
　129
Young 模型　34

B

靶板材料　7、90
压缩强度　7
影响　90
靶板贯穿模型　27
靶板厚度　41、81、108、109、115
　对穿靶后壳体半径影响（图）　81
　对活性侵彻弹丸内爆超压场影响（图）
　108
　对活性芯体爆燃率和径向膨胀影响
　（图）　81
　对内爆超压时程曲线影响（图）
　108、109
　影响　106、115
靶板结构　79、257（图）
　参数影响　79
靶板类型　7
靶板内拉应力分布　238、238（图）
靶板内应力分布（图）　238
靶板能量变化（图）　235、241、243
　随时间变化（图）　241、243
靶板破坏模式（图）　8
靶板侵彻模型　26
靶板受力状态（图）　45
靶板损伤分布（图）　241、242
靶板整体能量时程曲线（图）　232
靶后初始碎片云　201
半穿甲活性毁伤增强侵彻战斗部　94、
　93、139
　技术　93
半穿甲型弹药　12

索引

半穿甲战斗部 13、99、101
    技术 99
半无限靶 7
薄靶 7、10
    破坏行为 10
薄钢筋混凝土靶毁伤 225、246、247、253
    效应（表） 247
    增强模型 253
    增强效应 225、246
爆燃 202、252、253
    二次破片场 202
    发生于贯穿靶板后其毁伤行为（图） 253
    发生于侵彻初期毁伤行为（图） 252
    发生于侵彻中后期毁伤行为（图） 252
不同材料芯体活性复合结构侵彻体对后效靶毁伤效应（图） 89
不同长径比 PELE 侵彻靶板参数（表） 60
不同长径比 PELE 轴向速度 – 时间曲线（图） 65、66
不同观测点处 PELE 轴向速度 – 时间曲线（图） 62
不同观测点处装填不同材料时 PELE 轴向速度 – 时间曲线（图） 61
不同壳体厚度时侵彻靶板后弹体结构响应状态（图） 102、103
不同壳体厚度条件下芯体不同位置轴向压力时程曲线（图） 76
不同临界条件下弹靶作用模型（图） 9
不同内外径比下 PELE 侵彻靶板参数（表） 64
不同碰撞速度下典型位置处壳体粒子（图） 113、114
    径向速度时程曲线（图） 114
    压力时程曲线（图） 113

不同碰撞速度下多层间隔铝靶毁伤数值模拟结果（表） 112
不同碰撞速度下活性侵彻弹丸对多层间隔靶毁伤效应（图） 111
不同条件下的 K 值（表） 17
不同位置壳体径向速度随时间变化曲线（图） 77
不同迎弹钢靶厚度条件下间隔靶平均穿孔直径（表） 116
步兵战车 98、98（图）、99（表）
    装甲防护性能（表） 99

C

材料参数（表） 51、83
材料绝热剪切破坏 10
材料壳体破坏状态（图） 55
材料模型（表） 84、170、175、179、225
    与状态方程（表） 170、175、179
参考文献 264
侧向稀疏波 72
长径比 58~60、64
    PELE 侵彻靶板参数（表） 60
    对复合结构侵彻体响应行为影响（图） 59、60
    影响 58、64
长径比对活性复合结构侵彻体（图） 86、87
    靶板响应影响（图） 86
    壳体平均轴向剩余速度影响（图） 87
    芯体内部应力峰值影响（图） 86
超声速反舰巡航导弹技术指标（表） 162
超压测试容器结构及实物（图） 127
超压时程曲线（图） 129
超压特性参量（表） 130
城市目标（图） 217

271

城市硬目标 216
冲击波 74、105、142
　　传播模型（图） 142
冲击速度 105～107、110、119
　　对活性侵彻弹丸内爆超压场影响（图） 106
　　对内爆超压时程曲线影响（图） 107
　　影响 105、110、119
穿靶后壳体半径与位置（图） 78
穿靶后碎裂壳体长度及其最大径向飞散速度随壳体厚度变化（图） 79
穿甲弹 4
穿甲爆破弹 99、100
　　基本结构（图） 100
　　侵彻过程（图） 4
穿甲弹丸（图） 3～5
　　对混凝土类目标侵彻效应（图） 5
　　对装甲目标侵彻效应（图） 3
穿甲弹药 3、4、12
　　穿甲能力 3
　　类型 4
穿甲燃烧弹 99、100
　　基本结构（图） 100
穿透迎弹钢靶后剩余侵彻体碰撞每层铝靶时的径向位置（图） 150～152
　　　穿透10 mm迎弹钢靶（图） 150
　　　穿透20 mm迎弹钢靶（图） 151
　　　穿透30 mm迎弹钢靶（图） 152
传统半穿甲战斗部技术 99
传统攻坚破障战斗部技术 219
传统侵彻弹药技术 12
传统脱壳穿甲战斗部技术 163
串联侵爆型弹药 220、221
　　主要参数（表） 221
串联侵爆型战斗部（图） 220、221
　　基本结构（图） 220
　　作用硬目标过程（图） 221

纯钨合金脱壳穿甲弹侵彻战斗部作用过程（图） 180
脆性破坏 7

D

单位静阻力与侵彻距离关系（图） 25
单位周长载荷 23
单一及组合芯体对壳体破坏状态影响（图） 54
单元压力及冲量时程曲线（图） 120、121
弹靶材料 76、201
　　参数（表） 76
　　状态变化假设 201
弹靶几何模型及结构参数（图） 82
弹靶作用 9、38、43、83、227、231、258、260
　　分析模型（图） 83
　　钢筋有效应力云图（图） 231
　　关系分析假设 43
　　过程 227、258
　　过程假设 260
　　模型 9、9（图）
　　行为 38
弹壳材料PELE轴向速度-时间曲线（图） 63
弹头（图） 27、28
　　贯穿靶板过程受力分析（图） 28
　　侵彻靶板阻力变化规律（图） 27
弹丸冲击速度影响 128
弹丸初始撞击速度 184
弹丸动能撞击 213
弹丸和靶板结构（图） 257
弹丸后效威力 174
弹丸、混凝土和侵深参量量纲（表） 32
弹丸毁伤靶板过程 243
弹丸类型与命中位置对引爆效应影响（图） 199

索引

弹丸命中位置对引燃效果影响（图） 193
弹丸侵彻 16、32、121
  侵彻薄靶过程（图） 16
  侵彻混凝土深度 32
  液体压力分布（图） 121
弹丸侵彻靶板 24、26、32
  侵彻过程中的阻力 24
  计算模型（图） 26
  效应 32
弹丸受力分析 22
弹丸速度损失 20
弹丸运动受力分析（图） 31
弹丸在混凝土介质中的运动模型假设 30
导弹目标特性 160
导弹战斗部 5
低速碰撞厚靶 71
低速条件下活性侵彻弹丸内爆效应（图） 128
典型城市目标（图） 217
动能侵爆型攻坚破障战斗部 219、220
  基本结构（图） 220
  主要参数（表） 220
  作用硬目标过程（图） 219
动能侵彻模型 69
动能侵孔形貌（图） 254
动阻力 24
钝头弹侵彻 7、8
  侵彻刚性薄靶或中厚靶 7
  侵彻强度较低中厚靶 8
多层间隔金属铝靶毁伤效应 112、116、133、134（图）
  数值模拟结果（表） 112
惰性复合结构侵彻体 38、39（图）、42、43、48、50
  对目标侵彻毁伤机理 42
  结构（图） 39
  侵彻靶板过程阶段 43

  侵彻靶板行为（图） 43
  侵彻理论 38
  侵彻效应 50
  碎裂行为（图） 48
惰性复合结构侵彻体侵彻效应数值模拟 50、50（图）
  模型（图） 50
惰性脱壳穿甲弹 204
惰性脱壳穿甲弹丸 203、209
  作用屏蔽装药冲击起爆行为（图） 209
  作用油箱动能毁伤行为（图） 203
惰性芯体复合结构侵彻体作用 44

E～F

二次破片场原因 202
发射火炮及结构靶（图） 131
反混凝土目标侵彻弹药（图） 5
反舰巡航导弹 162、163
  搭载战斗部类型（图） 163
防护装甲（图） 3、125
  对油箱前后壁位移影响（图） 125
  结构（图） 3
防护装甲厚度 122～124、139
  对弹丸速度影响（图） 123
  对引燃效应影响（图） 139
  对油箱后壁面压力及冲量影响（图） 124
  影响 122
防空反导型侵彻弹药 6
防空侵彻弹药结构（图） 7
复合结构侵彻体 37、47、56、58
  计算模型参数（表） 58
  结构参数（表） 56
  径向效应假设 47
  侵彻效应 37

G

刚性弹丸垂直侵彻混凝土靶假设　32
钢筋混凝土靶板（图）　233、239
　　毁伤分布（图）　239
　　毁伤云图（图）　233
钢筋混凝土分离式建模方法（图）　224
钢筋混凝土结构模型建模方法　224
　　分离式建模　224
　　整体式建模　224
　　组合式建模　224
钢筋混凝土目标基本结构（图）　217
钢筋内有效应力分布（图）　242、243
钢筋应力分布（图）　240
高速碰撞薄靶　71
高速条件下活性侵彻弹丸内爆效应（图）　128
高效穿爆联合毁伤一体化结构设计技术　13
攻坚破障活性毁伤增强侵彻战斗部　15、215、216、244
　　技术　215
　　作用过程（图）　15
攻坚破障型侵彻战斗部　14、15、219
　　技术　219
　　惰性芯体　15

H

航空煤油温度与加热持续时间关系（图）　154
厚靶　7、11
　　冲塞破坏模式　11
厚钢筋混凝土靶毁伤　235、248、250、260
　　效应（表）　250
　　增强模型　260
　　增强效应　235、248
后效毁伤模型　74

毁伤效应　225、236
毁伤增强　103、126、139、169、185、199、224、244、250
　　机理　139、199
　　模型　250
　　效应实验　126、185、244
　　效应数值模拟　103、169、224
毁伤作用过程（图）　167、169
混凝土/钢筋混凝土类目标　5
混凝土靶　29、227、234
　　钢筋有效应力云图（图）　234
　　侵彻理论　29
　　应力云（图）　227
混凝土靶板　228、229、262
　　毁伤云图（图）　229
　　拉伸应力云图（图）　228
　　抛掷飞散场（图）　262
混凝土动态响应区（图）　218
混凝土和侵深参量量纲（表）　32
混凝土类目标侵彻效应　4
活性材料（图）　167、256
　　对目标典型扩孔效应（图）　256
　　填充方式下毁伤作用过程（图）　167
活性弹丸侵爆作用过程（图）　140
活性复合结构侵彻体　66、67、70、72、77、81、87～91
　　高速碰撞目标　81
　　贯穿靶板后壳体径向位置　77
　　碰撞靶板受力模型（图）　70
　　侵彻不同材料靶板后壳体碎裂状态及破片分布（图）　91
　　侵彻理论　66
　　侵彻效应　81
　　作用靶板过程中波的相互作用（图）　72
　　作用多层金属靶侵彻－爆炸过程典型计算结果（图）　88

作用目标机理（图） 67
活性毁伤材料 13
 技术特点 13
 芯体高效激活爆炸技术 13
活性毁伤增强半穿甲战斗部 101、102
 技术 101
 作用目标过程（图） 101
活性毁伤增强攻坚破障战斗部 222
 技术 222
活性毁伤增强攻坚破障战斗部 222、223
 结构（图） 223
 作用钢筋混凝土硬目标过程（图） 222
活性毁伤增强侵彻战斗部 12、13、236、246、261
 技术 13
 技术优势 12
 作用薄钢筋混凝土靶过程（图） 246
 作用厚钢筋混凝土目标典型过程（图） 236
活性毁伤增强脱壳穿甲战斗部 166
 技术 166
活性径向增强战斗部扩孔计算模型 104（图）、255
活性侵彻弹丸 109、111、115、118、119、126、128、131~133、136~138、141、146、147、152
 穿透不同厚度迎弹钢靶后对五层间隔铝靶毁伤效应（图） 115
 对不同厚度迎弹钢靶毁伤效应（图） 133
 对多层间隔靶毁伤效应（图） 111
 高速碰撞引燃油箱作用机理 118
 结构毁伤增强效应实验原理（图） 131
 内爆超压效应实验系统 126
 内爆效应（图） 128

 碰撞多层间隔金属靶作用过程 146
 实验样弹（图） 132
 芯体激活模型 141
 引燃毁伤增强效应实验原理（图） 137
 引燃油箱机理（图） 152
 作用多层结构靶过程（图） 147
 作用多层金属结构靶 109
 作用金属结构靶过程（图） 132
 作用油箱计算模型（图） 119
 作用油箱响应行为（图） 138
活性侵彻弹丸及油箱 137
活性侵彻弹丸引燃油箱机理 153、154
 冲击和预点火阶段 153
 点火引燃阶段 153
 局部爆燃和空穴形成阶段 153
 油箱爆裂和油气混合物形成阶段 153
活性脱壳穿甲弹 169、175~179、186~198、205、207、210、211、214
 命中6 mm厚屏蔽板边缘引爆效应（图） 196
 命中6 mm厚屏蔽板中心引爆效应（图） 195
 命中10 mm厚屏蔽板边缘引爆效应（图） 197
 命中10 mm厚屏蔽板中心引爆效应（图） 197
 命中15 mm屏蔽板边缘引爆效应（图） 198
 命中15 mm屏蔽板中心引爆效应（图） 198
 碰撞屏蔽装药引爆行为（图） 210
 实验样弹（图） 189
 斜侵彻油箱作用过程（图） 177
 正侵彻油箱过程（图） 176
 撞击10 mm厚迎弹靶典型毁伤结果（图） 187

撞击 15 mm 厚迎弹靶典型毁伤结果
（图） 188

撞击 20 mm 厚迎弹靶典型毁伤结果
（图） 188

撞击结构靶毁伤实验结果（表） 186

撞击模拟油箱毁伤效应计算模型（图）
175

撞击模拟战斗部毁伤效应计算模型
（图） 179

撞击屏蔽装药毁伤实验结果（表）
194

作用 6 mm 厚屏蔽装药毁伤效应（图）
195

作用 10 mm 厚屏蔽装药毁伤效应（图）
196

作用 15 mm 厚屏蔽装药毁伤效应（图）
197

作用屏蔽装药毁伤效应实验原理（图）
193

作用屏蔽装药引爆增强行为 211

作用油箱典型试验结果（图） 191

作用油箱结构毁伤增强机理（图）
207

作用油箱引燃毁伤机理（图） 205

活性脱壳穿甲弹结构毁伤增强效应数值模拟
计算 170、170（图）

模型（图） 170

活性脱壳穿甲弹碰撞结构靶毁伤效应（图）
185、200

实验原理（图） 185

增强行为（图） 200

活性脱壳穿甲弹丸（图） 189、201、212

弹靶作用力学响应（图） 212

碰撞柴油油箱引燃毁伤效应实验原理
（图） 189

碎片云分布（图） 201

活性芯体 66、78、79（图）、131

爆燃率和径向膨胀随壳体厚度变化
78、79（图）

激活模型 66

样品（图） 131

活性增强侵彻战斗部 226、244、245、
248

毁伤薄钢筋混凝靶效应实验方法（图）
244

毁伤厚钢筋混凝靶效应实验方法（图）
245

作用薄钢筋混凝土靶板典型过程（图）
226

作用碉堡目标过程（图） 248

活性战斗部动能侵彻行为 251

J~K

计算模型 109、226（图）、236（图）

计算所用材料模型（表） 84

间隔靶平均穿孔直径（表） 116

结构靶 133、135、186

毁伤增强效应 133

实验布置实物（图） 186

主爆裂穿孔直径（表） 135

结构毁伤增强 146、199、201

机理 146、199

模型 201

行为 199

结构毁伤增强效应 109、110、130、
170、185

计算模型（图） 110

金属薄靶侵彻理论 15

金属弹丸侵彻混凝土靶 30

过程（图） 30

目标 30

金属中厚靶侵彻理论 24

径向力 22

径向膨胀模型 72

径向效应　43、52
　　模型　43
　　影响规律　52
径向作用　44
静阻力　24
　　计算模型（图）　24
聚爆类战斗部　13
聚乙烯芯体复合结构侵彻体侵彻（图）
　　41、42
　　侵彻3 mm厚钢靶板X光摄影（图）
　　42
　　侵彻8 mm厚铝靶板X光摄影（图）
　　41
壳体材料　55、62、84～86
　　对复合结构侵彻体侵彻效应影响（图）
　　55
　　对活性复合结构侵彻体响应行为影响
　　（图）　85
　　对平均轴向剩余速度影响（图）　86
　　影响　54、62、84
壳体单元应力分布（图）　47
壳体径向　48、77、147
　　膨胀增强模型　147
　　速度随时间变化曲线（图）　77
　　应力分布（图）　48
壳体粒子（图）　113、114、117、118
　　径向速度时程曲线（图）　114、118
　　压力时程曲线（图）　113、117
扩孔　12、253、254
　　破坏　12
　　效应假设　254
　　增强模型　253

L～P

临界锥角θ随H/d变化　11
流体动压作用爆裂模型　154
卵形弹丸侵彻　20
　　理论　20
　　侵彻薄靶过程（图）　20
铝芯体复合结构侵彻体侵爆过程典型数值模
　　拟结果（图）　88
铝芯体复合结构侵彻体侵彻钢靶板X光摄
　　影（图）　41、42
　　侵彻3 mm厚钢靶板X光摄影（图）
　　42
　　侵彻3 mm厚铝靶板X光摄影（图）
　　42
　　侵彻8 mm厚铝靶板X光摄影（图）
　　41
模拟碉堡厚钢筋混凝土靶板能量时程曲线
　　239
模拟油箱典型毁伤情况（图）　192
内爆超压效应实验原理（图）　127
内爆毁伤增强机理　140
内外径比　56～58、63
　　对复合结构侵彻体响应行为影响（图）
　　57、58
　　影响　56、63
能量传递随ξ变化特征（图）　251
碰撞不同厚度迎弹钢靶典型位置壳体粒子
　　（图）　117、118
　　径向速度时程曲线（图）　118
　　压力时程曲线（图）　117
碰撞产生冲击波　74
碰撞速度影响　228、238
屏蔽板厚度　211
屏蔽装药模拟靶（图）　194
平头弹丸侵彻　17
　　理论　17
　　侵彻薄靶过程（图）　17
破片　256
　　径向飞散假设　256
　　杀伤增强模型　256

Q～R

侵爆毁伤效应 75

侵爆联合毁伤时序模型 250

侵爆战斗部结构及其作用过程（图） 6

侵爆作用 69、83、87
　　模拟方法 83
　　模型 69
　　影响规律 87

侵彻靶板后弹体结构响应状态（图） 102、103

侵彻不同材料主靶板时侵彻体结构示意（图） 90

侵彻弹丸 6、20、22、132、137
　　冲击响应 132、137
　　对油箱目标侵彻效应（图） 6
　　受力分析 22
　　速度损失 20

侵彻弹药 12
　　技术 12
　　类型 12

侵彻过程中的体积变化 44

侵彻毁伤模式 7

侵彻金属靶基础理论 16

侵彻类弹药战斗部基本设计理念 12

侵彻量纲分析 32

侵彻实验 39

侵彻体 38、40、75、80、83、84
　　靶板材料参数（表） 40
　　长径比影响 84
　　和靶板结构参数（表） 40
　　基本结构 38、83（图）
　　结构参数影响 75
　　芯体内应力和壳体径向速度变化（图） 80

侵彻体侵彻不同材料主靶板（图） 91、92

对1#后效靶毁伤效应（图） 91

对2#后效靶毁伤效应（图） 92

侵彻效应 1、2
　　基础理论 1
　　类型 2

侵彻运动模型 30

侵彻增强 260、261
　　模型 260
　　效应（图） 261

侵彻阻力模型 24

侵彻作用 82、84
　　模拟方法 82
　　影响规律 84

侵深经验模型 33

轻型装甲目标特性 94

曲线解析形式 25

燃油 124、153、154
　　点火模型 154
　　内冲击波 124
　　蒸汽 153

容器内能量变化关系（图） 146

S～T

剩余侵彻体轴向剩余速度分析假设 69

实验方法 126、137、244

实验所得典型超压时程曲线（图） 129

实验原理 130

实验中所用屏蔽装药模拟靶（图） 194

数值计算 82、103、109、118
　　方法 103、109、118
　　模型（图） 82

数值模拟 50、82、104、110、119、224
　　方法 50、82、224
　　计算工况（表） 104、110、119

苏联/俄罗斯超声速反舰巡航导弹技术指标（表） 162

碎石杀伤增强模型 261

索引

特种效应类目标 5
 侵彻效应 5
梯度激活阈值芯体侵彻战斗部 232、242
 增强原理（图） 232
头部形状因子（表） 33
脱壳穿甲弹 4、164、165
 弹托分离过程（图） 4
 技术指标（表） 165
 脱壳过程（图） 164
脱壳穿甲活性毁伤增强侵彻战斗部 14、159、160
 技术 159
脱壳穿甲战斗部 14、163
 技术 163

W ~ X

尾部填充活性芯体脱壳穿甲弹 168
尾翼稳定脱壳穿甲弹 164、166
 结构（图） 166
未填充活性芯体的纯钨合金脱壳穿甲弹侵彻结构靶作用过程（图） 171
钨合金弹丸撞击屏蔽装药毁伤实验结果（表） 195
钨合金脱壳穿甲弹碰撞屏蔽装药典型毁伤效应（图） 198
武装直升机 14、94~96
 模拟靶标典型毁伤效应（图） 14
 目标等效（图） 96
 气动结构（图） 96
 性能参数（表） 95
箱体壁厚对油箱后铝板毁伤影响（图） 125、126
箱体结构变化（图） 123
小口径半穿甲型活性毁伤增强侵彻战斗部（图） 14
小口径活性毁伤增强侵彻弹（图） 101

小口径活性脱壳穿甲弹 14、15、166、167
 典型结构（图） 167
 基本结构 14
 基本结构（图） 15
泄压效应 145
芯体不同位置轴向压力时程曲线（图） 76
芯体材料 39、52、61、87、89、232、241
 侵彻体典型时刻壳体破片分布（图） 89
 影响 52、61、87、232、241
芯体长度 169~172
 对活性脱壳穿甲弹毁伤效应影响（图） 172
 对活性脱壳穿甲弹侵彻结构靶影响（图） 172
 毁伤作用过程（图） 169
芯体复合结构侵彻体（图） 52、53、89
 对后效靶毁伤效应（图） 89
 壳体变形及破坏状态（图） 53
 侵彻行为（图） 52、53
芯体内应力峰值随弹靶界面距离变化（图） 78
芯体应力峰值及侵彻体剩余速度变化（图） 80
芯体直径 171~174
 对活性脱壳穿甲弹毁伤效应影响（图） 174
 对活性脱壳穿甲弹侵彻结构靶影响（图） 173
修筑碉堡主要目的 218
旋转稳定式脱壳穿甲弹 165
巡航导弹 160~162
 技术 162
 研究与发展 161

Y

岩石密度参考取值（表） 35
岩体质量系数（表） 35
曳光半穿甲弹及其弹道（图） 100
以弹顶为原点的直角坐标系建立（图） 26
易碎穿甲弹作用目标过程（图） 7
引爆毁伤增强 179、193、208、211
  机理 208
  模型 211
  效应 179、193
  行为 208
引燃毁伤增强 118、137、152、153、174、189、203、206
  机理 152、203
  理论分析模型 153
  模型 206
  效应 118、137、174、189
引燃毁伤增强行为 203、204
  初始冲击阶段 203
  空穴扩展阶段 204
  空穴形成阶段 204
  油箱贯穿阶段 204
印军碉堡目标（图） 218
迎弹钢靶厚度 116、117、149
  不同厚度间隔靶平均穿孔直径（表） 116
  对活性侵彻弹丸径向膨胀影响（图） 149
硬目标特性 216
油箱 5、120、122、139、153、178
  被引燃必要条件 153
  空穴形成过程及速度分布（图） 120
  破坏情况（图） 139
  前后板位移随弹丸冲击速度变化（图） 122
  在不同着角活性脱壳穿甲弹撞击下的隆起变形（图） 178
  油箱引燃 138、204
    条件 204
    增强效应 138

Z

战场硬目标 217
战斗部 102、227、237
  结构设计 102
  径向应力分布（图） 237
  径向应力云图（图） 227
  作用厚钢筋混凝土 237
战斧巡航导弹 161
  基本结构（图） 161
  战斗部舱 161
直角坐标系建立（图） 26
中厚靶 7
中印边界印军碉堡目标（图） 218
轴向存速 48、61
  模型 48
  影响规律 61
轴向力 22
轴向稀疏波 73
  对冲击波追赶与卸载（图） 73
柱形或钝头弹侵彻刚性薄靶或中厚靶 7
装甲靶板厚对活性脱壳穿甲弹侵彻作用过程（图） 181～183
  10mm 厚（图） 181
  20mm 厚（图） 182
  30mm 厚（图） 183
装甲类目标 2、3
  侵彻效应 2
装甲运兵车 97、97（图）
  性能参数（表） 97
装填不同材料 PELE 61

索　引

　　侵彻靶板后参数（表）　61
　　轴向速度 – 时间曲线（图）　61
装药内部观测点（图）　180～183
　　　记录压力时程曲线（图）　180、182
　　　压力时程曲线（图）　181、183
撞击点位置　211

锥形或卵形头部弹丸侵彻延性靶　8
准静态超压模型　143
组合芯体对壳体破坏状态影响（图）　54
作用机理　42

（王彦祥、张若舒　编制）